零基础
学装饰装修

理想·宅 编

设计篇

北京希望电子出版社
Beijing Hope Electronic Press
www.bhp.com.cn

内 容 简 介

　　本书分为设计篇和施工篇，设计篇的内容以室内设计基础理论为主，包括室内设计理论知识、风格设计、空间布局设计、配色设计、照明设计及软装设计等。施工篇主要以室内施工知识为主，注重实践操作的讲解，包括建材选用、预算报价、具体工程施工与验收，以及环保检测等。本书面向想成为室内设计师但缺乏基础的读者，全部展示室内装饰装修所需技能，帮助读者精准了解室内施工过程，并快速上手室内设计技巧。

图书在版编目（CIP）数据

零基础学装饰装修 / 理想·宅编 . –– 北京：北京
希望电子出版社 , 2021.1
ISBN 978-7-83002-785-8

Ⅰ . ①零… Ⅱ . ①理… Ⅲ . ①室内装饰设计②室内装
饰－工程施工 Ⅳ . ① TU238.2 ② TU767

中国版本图书馆 CIP 数据核字 (2020) 第 226066 号

出版： 北京希望电子出版社	**封面：** 骁毅文化
地址： 北京市海淀区中关村大街 22 号	**编辑：** 李小楠
中科大厦 A 座 10 层	**校对：** 龙景楠
邮编： 100190	**开本：** 710mm×1000mm　1/16
网址： www.bhp.com.cn	**印张：** 24.5
电话： 010-82626261	**字数：** 500 千字
传真： 010-62543892	**印刷：** 北京军迪印刷有限责任公司
经销： 各地新华书店	**版次：** 2021 年 1 月 1 版 1 次印刷

定价：118.00 元

前　言

PREFACE

对于从来没有接触过室内设计的人而言，室内设计似乎是一门非常复杂的学科，因为它涉及的知识面较广。若想系统地学习，就要花费大量的时间和精力，甚至金钱。那些想要成为室内设计师而又没有任何基础的人，需要的是一本能将室内设计知识全面涵盖的书。这样即使没有任何相关知识基础，也能够轻松地了解并学习室内设计。

为此，我们特针对那些零基础的、想要成为专业室内设计师的人们编写了本书。本书不仅讲解了设计理论，还介绍了现场施工的知识，基本涵盖室内设计所需要的主要内容。设计理论部分着重讲解了室内装饰风格、空间布局分区、动线规划设计、墙/地/顶造型设计、室内色彩搭配和软装陈设的布置等。通过阅读这部分内容，读者能够对室内设计有初步的了解，并对进行设计时需要使用到的知识有所掌握。装修施工部分则偏重于现场实操经验的积累，主要包括装修施工流程、建材的认识、装修环保的检测等，可以有效地帮助毫无现场施工经验的读者。

除此之外，本书还贴心地加入了二维码，对于难点、重点进行拓展讲解，扫一扫二维码就能立即获得现场施工的视频教学，既可对本书内容有更直观的理解，也可增加阅读的趣味。

第一章

室内设计入门知识

一、了解室内设计 / 002
1. 室内设计的定义 / 002
2. 室内设计涵盖的内容 / 002

二、室内设计的原则 / 003
1. 功能性原则 / 003
2. 安全性原则 / 003
3. 可行性原则 / 003
4. 经济性原则 / 003
5. 审美性原则 / 003
6. 生态与环保性原则 / 003

三、室内设计的要素 / 004
1. 空间要素 / 004
2. 色彩要素 / 004
3. 照明要素 / 005
4. 装饰要素 / 005
5. 陈设要素 / 006
6. 绿化要素 / 006

第二章

风格特征与装饰要素

一、室内风格基础知识 / 008
1. 风格形成 / 008
2. 历史沿革 / 008

二、古典类风格 / 009
1. 中式古典风格 / 009
2. 欧式古典风格 / 010
3. 法式宫廷风格 / 011

三、现代类风格 / 012
1. 现代前卫风格 / 012
2. 现代简约风格 / 013
3. 工业风格 / 014
4. 现代美式风格 / 015

5. 新中式风格 / 016
6. 简欧风格 / 017

四、自然类风格 / 018
1. 北欧风格 / 018
2. 日式风格 / 019
3. 美式乡村风格 / 020
4. 韩式田园风格 / 021
5. 英式田园风格 / 022
6. 地中海风格 / 023
7. 东南亚风格 / 024

第三章

空间布局与设计手法

一、室内空间基础知识 / 026
  1. 空间设计内容 / 026
  2. 空间设计原则 / 026
  3. 空间设计思维 / 026

二、室内空间布局分区 / 028
  1. 空间功能分区 / 028
  2. 空间布局要点 / 029
  3. 空间布置方式 / 031

三、室内空间动线规划 / 038
  1. 动线的含义与划分 / 038
  2. 室内空间动线布局方案 / 038
  3. 人体工程学尺寸与动线规划 / 044

四、空间造型表现手法 / 046
  1. 造型与空间的关系 / 046

  2. 空间造型的形态元素 / 047
  3. 空间造型的形式美法则 / 049

五、空间界面设计方法 / 052
  1. 空间界面范围 / 052
  2. 空间界面设计要点 / 052
  3. 空间界面造型设计 / 055

六、室内空间设计与优化 / 058
  1. 客厅设计 / 058
  2. 餐厅设计 / 062
  3. 卧室设计 / 066
  4. 厨房设计 / 071
  5. 卫浴设计 / 075
  6. 缺陷空间优化设计 / 079

第四章

色彩常识与配色表现

一、色彩基础知识 / 086
  1. 构成与分类 / 086
  2. 色相、明度和纯度 / 088
  3. 色相寓意 / 090
  4. 色彩角色 / 092
  5. 配色原则 / 093

  5. 融合配色法 / 102
  6. 凸出主角配色法 / 103
  7. 色彩对缺陷空间的改善 / 104

三、常见空间配色方案 / 106
  1. 清爽型空间 / 106
  2. 自然型空间 / 107
  3. 温馨型空间 / 108
  4. 浪漫型空间 / 109
  5. 活力型空间 / 110

二、配色技法与调整 / 094
  1. 色相型配色法 / 094
  2. 色调型配色法 / 097
  3. 无彩色配色法 / 099
  4. 调和配色法 / 100

6. 传统型空间 / 111

7. 男性居住空间 / 112

8. 女性居住空间 / 113

9. 女孩房 / 114

10. 男孩房 / 115

11. 老人房 / 116

第五章

照明基础与设计应用

一、照明基础知识 / 118

1. 色温、光通量与照度 / 118

2. 光源种类 / 119

3. 灯光类别 / 120

4. 照明方式 / 121

5. 照明原则 / 122

二、照明设计方法与调整 / 124

1. 充分利用自然采光 / 124

2. 合理组织人工照明 / 125

3. 照明平面布置方式 / 126

4. 照明效果体现空间形态 / 128

5. 光影效果的利用和控制 / 129

6. 用照明手段创作装饰小品 / 130

7. 照明对缺陷空间的改善 / 131

三、空间照明设计方案 / 132

1. 住宅空间照明标准 / 132

2. 玄关照明设计 / 132

3. 客厅照明设计 / 133

4. 餐厅照明设计 / 134

5. 卧室照明设计 / 135

6. 书房照明设计 / 136

7. 厨房照明设计 / 137

8. 卫浴间照明设计 / 138

第六章

软装基础与陈设布置

一、软装基础知识 / 140

1. 概念与作用 / 140

2. 常见软装分类 / 143

3. 软装设计原则 / 149

二、软装陈列的技巧与手法 / 151

1. 软装陈列三原则 / 151

2. 空间陈列构图法则 / 152

3. 家具布置手法 / 153

4. 灯具装饰手法 / 154

5. 布艺搭配手法 / 155

6. 墙面挂件悬挂手法 / 156

7. 工艺品摆设手法 / 157

8. 花艺装点手法 / 158

三、室内软装布置方案 / 159

1. 节日性软装布置 / 159

2. 季节性软装布置 / 162

3. 居住人群与软装布置 / 166

第一章

室内设计
入门知识

　　通过对本章进行学习，厘清室内设计的内涵，掌握室内设计的内容、原则，了解室内设计涉及的要素与特点，以更好地为室内设计作准备。

一、了解室内设计

1. 室内设计的定义

室内设计是指为满足一定的建造目的（包括人们对它的使用功能的要求和视觉感受的要求）而进行的准备工作，以及对现有的建筑物内部空间进行深加工的增值准备工作。

2. 室内设计涵盖的内容

室内设计既然以营造理想的室内环境为目的，其内容就必然涉及室内环境的各个方面。

室内设计		
	空间处理	包括调整空间的形状、大小、比例，确定空间的开敞与封闭程度；在实体空间中进行空间的再分隔，并处理好内部空间与外部空间的关系
	家具陈设	包括设计和选择家具与设备，并按使用要求和艺术要求进行配置
	界面装修	包括对墙/地/顶界面、主要构件和部件进行造型设计和构造设计，确定材料和做法
	装饰美化	包括设计或选择装饰画、布艺挂饰、陈设小品等，并合理地进行配置
	灯具照明	包括确定照明方式，选择或设计灯具，并合理地进行配置
	自然景物	包括设计石景、水景和绿化，直至设计规模较大的内庭

二、室内设计的原则

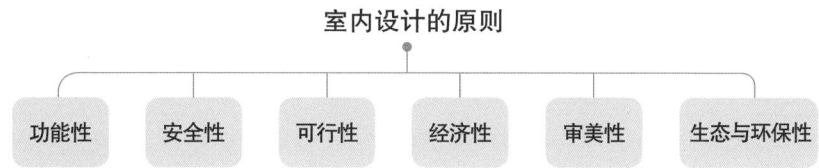

1. 功能性原则

这一原则要求室内空间、装饰装修、物理环境、陈设绿化最大限度地满足功能所需，并使其与功能相和谐、相统一。

2. 安全性原则

无论是墙面、地面或顶棚，其构造都要求具有一定的强度和刚度，符合计算要求，特别是各部分之间用于连接的节点，更要安全、可靠。

3. 可行性原则

之所以进行设计，是要通过施工将设计变成现实，因此，室内设计一定要具有可行性，力求施工方便、易于操作。

4. 经济性原则

这一原则是以最小的消耗达到所需的目的，设计方案要为大多数消费者所接受，必须要在代价和效用之间谋求一个均衡点，但要注意的是，降低成本不能以损害施工质量为代价。

5. 审美性原则

营造室内环境的目标之一，是在物质层面上满足人们对室内环境的实用及舒适程度的要求。此外，还要最大程度地满足人们在视觉审美方面的要求，在使用中要传达美的感受，体现丰富的文化内涵，以及个性化的特质。这种对于审美要求的迫切性与多样性越来越具有重要的意义。

6. 生态与环保性原则

随着科技的进步，新装饰材料的出现层出不穷，在为人们带来更多选择的同时，也对室内空间环境带来一定影响，例如材料中的甲醛、苯等有害物质的释放。因此，在设计过程中应尽量选用一些污染小的装饰材料与陈设物品，以保证居住环境的健康、环保。

三、室内设计的要素

1. 空间要素

使空间布局合理化并给人以美的感受是设计的基本任务。要勇于探索时代发展、技术进步赋于空间的新形象，不要拘泥于过去已形成的空间形象。

↑ 餐厅是一个单独规划的空间，客厅也是一个单独规划的空间，可以在造型上有所区别

2. 色彩要素

室内色彩除对视觉环境产生影响外，还直接影响人们的情绪和心理。科学的用色有助于工作，有利于健康。色彩处理得当，既能符合功能要求，又能产生美的效果。

↑ 室内色彩除了必须遵循一般的色彩规律外，随着时代审美观的变化还会有所不同

3. 照明要素

　　人类喜爱大自然的美景，常常将阳光直接引入室内，以消除室内的黑暗感和封闭感。特别是顶光和柔和的散射光，使室内空间效果更为亲切、自然。

↑ 光影的变幻，使室内效果更加丰富多彩，给人以多种感受

4. 装饰要素

　　整体室内空间中不可缺少的建筑构件（如柱子、墙面等）结合功能需要加以装饰，可共同构成完美的室内环境。充分利用不同装饰材料的质地特征，不仅可以获得不同风格、千变万化的室内艺术效果，还能体现不同地区的历史文化特征。

↑ 使用不同的材料装饰客厅界面，既能体现主人的风格，又能具有独特的装饰效果

5. 陈设要素

室内的家具、地毯、窗帘等均为生活必需品，其造型往往具有陈设的特征，大多起着装饰的作用。实用性和装饰性二者应互相协调，在功能和形式上统一而有变化，使室内空间舒适、得体，富有个性。

↑ 可以在茶几上放置精美的果盘等，既能发挥实用功能，又能达到装饰效果

6. 绿化要素

室内设计中的绿化可以成为改善室内环境的重要手段。在室内移花栽木，利用绿化小品沟通室内、外环境，对增强室内的空间感及美化空间均起着积极作用。

↑ 绿色植物的加入，可以使空间看起来更有活力

第二章

风格特征
与装饰要素

现代家居风格呈现出丰富多样的特性，每一种风格都彰显着独具特色的设计风情。对于初入行的设计师来说，只有掌握不同家居风格的设计要点，才能有效地针对居住者的需求，设计出符合其心意的家居环境。

一、室内风格基础知识

1. 风格形成

　　一种典型风格的形成具有强烈的地域和民族特征，凝聚着不同时代整个民族意识形态的特质。

　　外在因素：民族特性、社会体制、生活方式、科技发展、风俗习惯、文化潮流、地理位置、宗教信仰。

　　内在因素：创作者的构思、创作者的素养。

2. 历史沿革

以时间为轴的风格历史：

古希腊时期	虽是古典主义，但内饰简约，讲究对称
古罗马时期	以柱式结构为主的时代，注重从教堂圆形拱顶得来的启示
中世纪时期	文化艺术完全被宗教所垄断，成为为宗教服务的宣传工具
文艺复兴时期	室内装饰追求豪华，强调表面装饰
巴洛克时期	色彩华丽并用金色予以协调，以形成室内庄重、豪华的氛围
洛可可时期	色彩明快，装饰纤巧、细腻、柔媚
新古典时期	将复古的浪漫情怀与人们对生活的需求相结合
现代主义时期	强调突破旧传统，创造新风格，重视功能和空间组织
后现代主义时期	融合感性与理性，集传统与现代于一体

以地域为轴的风格历史：

古代中国	美洲区域 / 欧洲区域	地中海区域 / 东南亚区域	古代日本
以中国古代宫廷建筑为代表的中式古典室内装饰艺术特色	追求华丽、典雅、高贵 在对古典有新的认识的基础上，强调简洁、明晰的线条和优雅、得体有度的装饰	包括"海"与"天"在内的明亮的色彩，以及土黄色与红褐色交织而成的强烈的民族色彩 在热带雨林的自然之美中融合浓郁的民族特色	以淡雅克制、禅意深邃为境界，重视实用功能

二、古典类风格

古典类风格案例

1. 中式古典风格

配色特点	常用建材	常用家具	常用装饰	常用形状图案
吉祥、喜庆的红色，作为皇室象征的黄色	木材、文化石、青砖、传统纹样壁纸	明清圈椅、案类家具、博古架、榻、隔扇	青花瓷、中式屏风、文房四宝、木雕花壁挂、佛像、挂落、雀替	垭口、藻井式吊顶、窗棂、镂空类造型、回字纹、冰裂纹

2. 欧式古典风格

配色特点	常用建材	常用家具	常用装饰	常用形状图案
以棕色系、黄色系为主，以墨绿色、象牙白、米黄色为辅	石材拼花、护墙板、欧式花纹壁布、软包、天鹅绒	兽腿家具、贵妃沙发床、欧式四柱床、床尾凳	水晶吊灯、欧式地毯、罗马帘、壁炉、西洋画、装饰柱、雕像	藻井式吊顶、拱顶、花纹石膏线、欧式门套、拱门

3. 法式宫廷风格

配色特点	常用建材	常用家具	常用装饰	常用形状图案
色彩雅致、明快，常用象牙白、浅绿、粉红等	大镜面、大理石、雕刻护墙板、软包、织锦	硬木家具、描金漆家具、纤细弯曲的尖腿家具	天顶画、水晶吊灯、油画、罗马柱、华贵的地毯、壁炉、架烛台	不对称、C形/S形/弧形/曲线、皱褶、涡纹雕饰、植物类纹饰、拱形门套

三、现代类风格

现代类风格案例

1. 现代前卫风格

配色特点	常用建材	常用家具	常用装饰	常用形状图案
饱和度较高的色彩，对比强烈的色彩	复合材料、金属材料、文化石、大理石、木饰墙面、玻璃	造型茶几、躺椅、布艺沙发、线条简练的板式家具	抽象艺术画、时尚灯具、金属工艺品、隐藏式厨房电器	几何结构、直线、点/线/面组合、方形、弧形

抽象艺术画

躺椅

金属造型茶几

色彩明快的造型座椅

时尚灯具

直线条座凳

造型座椅

玻璃组合茶几

饱和度较高的色彩

2. 现代简约风格

配色特点	常用建材	常用家具	常用装饰	常用形状图案
大量的白色、木色或亮色点缀	纯色涂料、瓷砖、镜面/烤漆玻璃、石材、石膏板造型	低矮家具、直线条家具、多功能家具	纯色地毯、黑白装饰画、吸顶灯、灯槽	直线、直角、大面积色块、几何图案

石膏板顶面
大量的白色
多功能家具
低矮家具
纯色地毯

灯槽
木色点缀
直线造型
直线条沙发
多功能金属茶几

3. 工业风格

配色特点	常用建材	常用家具	常用装饰	常用形状图案
常见灰色和红砖色	金属、红砖、艺术玻璃、水泥、板材、皮革、铁艺、仿古砖	创意家具、不规则家具、金属材质的家具、对比材质的家具	抽象工艺品、水管风格装饰、动物造型装饰、斑驳的老物件、造型灯具	曲线、弧线、非对称线条、几何形状、怪诞图案

4. 现代美式风格

配色特点	常用建材	常用家具	常用装饰	常用形状图案
以旧白色为主色，以大地色为副色，或以红、比邻配色为点缀	棉麻、铁艺、木材、金属	平直线条的板式家具、布艺家具、铆钉皮家具	自然主题装饰画、绿植、禽类动物摆件、铁艺装饰品	拱形垭口、花鸟虫鱼图案、几何图案

铁艺装饰品
铆钉皮沙发
平直线条的板式茶几
平直线条的高背椅

自然主题装饰画
花草图案靠枕
麋鹿摆件
棉麻座椅

5.新中式风格

配色特点	常用建材	常用家具	常用装饰	常用形状图案
大量地运用白色系	木材、竹木、青砖、石材、中式风格壁纸	圈椅、无雕花架子床、简约博古架、线条简练的中式家具	仿古灯、青花瓷、茶案、水墨山水画、中式书法	中式镂空雕刻、中式雕花吊顶、直线条、梅兰竹菊图案、龙凤图案

6. 简欧风格

配色特点	常用建材	常用家具	常用装饰	常用形状图案
多选用浅色调，如白色、金色、黄色	石膏板工艺、镜面玻璃顶面、花纹壁纸、护墙板、软包墙面、拼花大理石	线条简化的复古家具、曲线家具、真皮沙发、皮革餐椅	欧风茶具、抽象图案/几何图案地毯、仿壁炉外框、欧式花器、欧式风格工艺品	波状线条、欧式花纹、装饰线、对称图案、雕花

石膏装饰线

线条简化的复古家具

拼花大理石

抽象图案地毯

护墙板

石膏装饰线

对称台灯

曲线家具

四、自然类风格

1. 北欧风格

配色特点	常用建材	常用家具	常用装饰	常用形状图案
温和的中性色彩	天然材料、板材、石材、藤、白色砖墙、玻璃、铁艺、实木地板	板式家具、布艺沙发、带有收纳功能的家具、符合人体工程学的家具	木相框或画框、组合装饰画、照片墙、线条简洁的壁炉、绿植	流畅的线条、条纹、几何造型、大面积色块、对称

玻璃分子灯

组合装饰画

绿植

布艺沙发

带有收纳功能的茶几

实木地板

大面积色块

白色砖墙

条纹靠枕

符合人体曲线的座椅

几何图案的地毯

2. 日式风格

配色特点	常用建材	常用家具	常用装饰	常用形状图案
色彩多偏重于浅木色，与白色搭配使用	原木、白灰粉墙、藤、草席	低矮家具、榻榻米、传统日式茶桌、升降桌	浮世绘、蒲团、清水烧、障子门窗、枯枝/枯木装饰	横平竖直的线条、樱花图案、竹子图案、山水图案、木格纹

3. 美式乡村风格

配色特点	常用建材	常用家具	常用装饰	常用形状图案
以自然色调为主，绿色、土褐色最为常见	自然裁切的石材、砖墙、花纹壁纸、实木、棉麻布艺、仿古地砖	粗犷的木家具、皮沙发、摇椅、四柱床	铁艺灯、金属风扇、绘有自然风光的油画、织有大朵花卉图案的地毯、仿古装饰品	鹰形图案、人字形吊顶、藻井式吊顶、浅浮雕、圆润的线条（拱门）

4. 韩式田园风格

配色特点	常用建材	常用家具	常用装饰	常用形状图案
以白色为主，以粉色、绿色、黄色为辅	木材/板材、花朵图案的壁纸、直线条壁纸、纯色涂料	低姿家具、韩式手绘家具、白色家具+碎花、韩式榻榻米床	韩式工艺品、带裙边的坐垫、木相框、银质餐具、花卉图案地毯、小株植物	花卉图案、花草纹饰、蝴蝶图案、直线条

直线条壁纸

木相框

花朵图案的壁纸

白色家具

花草图案靠枕

小株植物

带裙边座套

实木茶几

花卉图案地毯

5. 英式田园风格

配色特点	常用建材	常用家具	常用装饰	常用形状图案
木色、暖黄色系、清新淡雅的颜色	木材、墙布、护墙板、仿古砖	布艺沙发、胡桃木家具、雕花家具、条纹家具	英伦风装饰品、木质相框、复古花器、墙裙、半帘	碎花、格子、条纹、雕花、米字旗图案

6. 地中海风格

配色特点	常用建材	常用家具	常用装饰	常用形状图案
色彩丰富、配色大胆，以白色＋蓝色为经典配色	原木、马赛克、仿古砖、手绘墙、细沙墙面、铁艺杆、棉织品	铁艺家具、木质家具、布艺沙发、船型家具、白色四柱床	地中海吊扇灯、壁炉、铁艺装饰品、瓷器挂盘、海洋装饰、船模、船锚装饰	拱形、条纹、格子纹、鹅卵石图案、罗马柱式装饰线、流畅的线条

白色＋蓝色配色
条纹靠枕
木质摇椅

拱形背景墙
铁艺壁灯
布艺沙发
条纹家具

7. 东南亚风格

配色特点	常用建材	常用家具	常用装饰	常用形状图案
以木色或大地色系为主，红色、绿色、紫色等作为点缀	木材、石材、藤、麻绳、黄铜、金属色壁纸、绸缎绒布	实木家具、木雕家具、藤艺家具、无雕花架子床	佛手、木雕、锡器、纱幔、大象饰品、泰丝抱枕、花草植物	树叶图案、芭蕉叶图案、莲花图案、莲叶图案、佛像图案

第三章

空间布局
与设计手法

空间设计是整个室内设计中的重要部分。空间处理的合理性会影响到人们的生产、生活活动，因此，在空间设计中要对室内空间分隔合理，使得各室内空间功能完整而又丰富多变。

一、室内空间基础知识

1. 空间设计内容

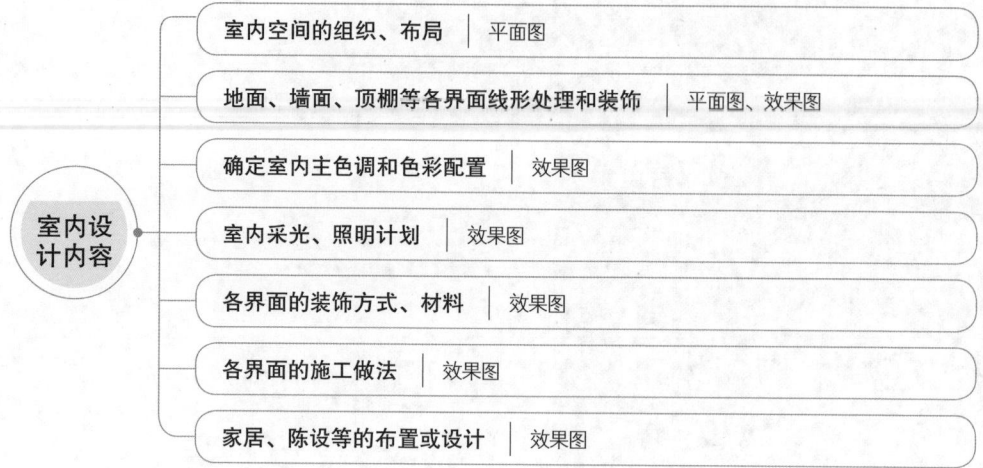

室内设计内容
- 室内空间的组织、布局 | 平面图
- 地面、墙面、顶棚等各界面线形处理和装饰 | 平面图、效果图
- 确定室内主色调和色彩配置 | 效果图
- 室内采光、照明计划 | 效果图
- 各界面的装饰方式、材料 | 效果图
- 各界面的施工做法 | 效果图
- 家居、陈设等的布置或设计 | 效果图

2. 空间设计原则

空间设计要体现"以人为本"的设计理念,针对不同家庭的人口构成、职业性质、文化生活、业余爱好和个人生活习惯等特点,设计独具特色和富有个性的居家环境。具体设计时应遵循"安全、适用、健康、美观"的原则。

安全: 是指任何装修和装饰绝不能给居住者留下安全隐患。例如,如对承重结构的损坏致使结构坍塌,没有分隔防范的开敞式煤气厨房导致煤气中毒,电气线路的不规范连接引发火灾等。

适用: 是指要使空间的使用者感到舒适、便捷。功能布局合理,例如,公共活动区域和私密空间在位置上做到动与静分区、内与外关系明确;装饰用材恰当,应解决好保温、隔热、隔声等问题;设施配置适用、合理等。

健康: 是指室内装饰、装修都应有利于人们的身心健康。装饰材料污染、室内通风不畅、刺眼或昏暗的照明、过多的色彩、杂乱的陈设,都容易导致居住者的视觉超负荷。

美观: 是指室内设计的整体效果在风格、文化、品位、气质等方面引起的视觉愉悦感。

3. 空间设计思维

可将设计的思维方式分为抽象思维和形象思维两种。这两种思维方式是对室内空间设计思维方式具有典型性和代表性的划分。设计阶段不同，所使用的思维方式会发生变化，形象思维和抽象思维是综合发挥作用并互相融合的。

（1）空间平面布局

在进行空间平面布局时，首先把握室内空间的整体布局，并对思维过程中产生的信息进行组织、重构、个性特征分析，然后将所得信息转化塑造成室内空间构建的初步形象，再使用艺术表现手法进行空间风格氛围的营造，最后根据设计风格进行空间造型、家具、陈设、植物等的设计。

↑ 空间的布局设计是由整体到局部、从宏观到细节的一个过程

（2）功能分布设计

在室内空间功能设计中，需要设计师运用抽象的逻辑思维，对建筑结构、室内空间环境进行分析。由于室内空间是一个在建筑中通过各个实体界面围合组成的相对封闭的虚拟空间，在进行功能设计时应注意建筑结构与空间流畅性的关系、灯光及照明的布置、室内装饰与家具陈设的整体风格等。此外，技术、经济条件的限定也都通过抽象的逻辑思维来把握。

↑ 空间功能的分布需要利用抽象思维提前作好整体的规划

（3）设计综合整理完善

在室内空间设计中，不同的设计阶段采用的主要的思维方式略有不同。

设计理念的形成、平面空间的布局、空间性质功用和植物等的设计，以及室内空间气氛的营造与效果

设计之初，设计任务、设计条件、设计目标等前期计划的构想阶段

抽象思维　形象思维

设计构思、大体风格的形成过程

在完成初期设计后，对室内空间的整体环境进行分析，包括空间功能优化、室内家具陈设、施工条件及审美价值评定，以及最后商定方案

二、室内空间布局分区

1. 空间功能分区

　　空间功能是居住者生活需求的基本反映，要根据其生活习惯进行合理的分区，将性质和使用要求一致的功能空间组合在一起，避免与其他性质和使用要求不同的功能空间相互干扰。但由于空间平面受到原有户型的影响，功能分区只是相对的，会有重叠的情况，如烹饪和就餐、起居和就餐，设计时可以灵活处理。

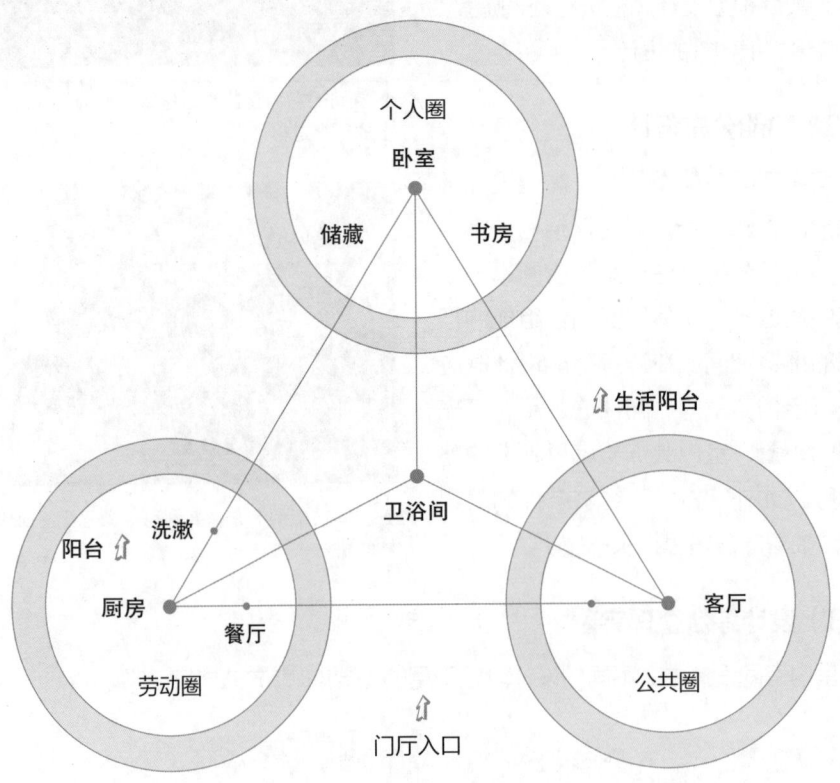

　　公共活动空间： 家庭活动包括聚餐、接待、会客、游戏、视听等内容。这些活动的空间总称为公共空间，一般包括玄关、客厅、餐厅。

　　私密性空间： 私密性空间是家庭成员进行私密行为的功能空间，其作用是保持亲近的同时又保证了单独的自主空间，从而减小了居住者的心理压力。私密性空间主要包括卧室、书房、卫浴间等。

家务活动辅助空间：家务活动包括清洗、烹调、养殖等。人们会在家务活动辅助空间内进行大量的劳动，因而在设计时应该将每一个活动区域都布置在一个动线合理的位置。家务活动辅助空间主要包括厨房、卫浴间等。

2. 空间布局要点

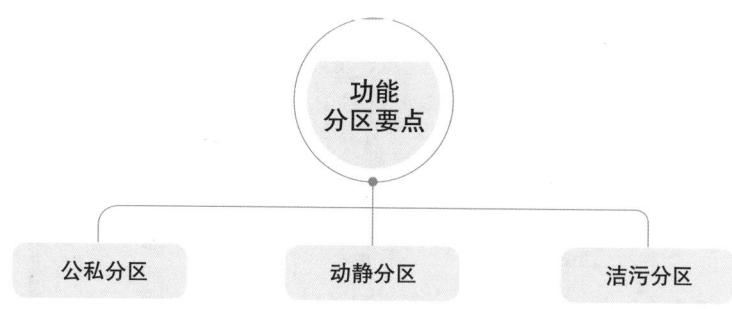

（1）公私分区

公私分区是按照空间使用功能私密程度的层次来划分的。一般来说，住宅内部的私密程度随着人口数和活动范围的增加而减弱，而公共程度随之增加。

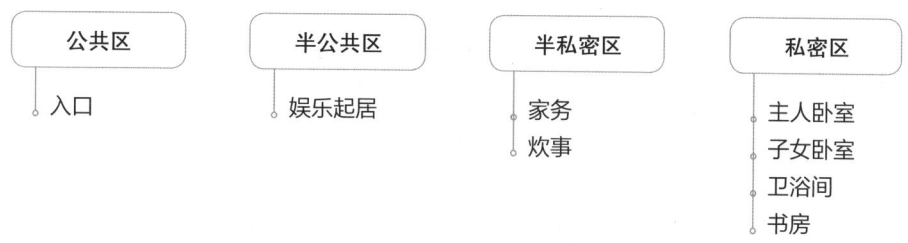

（2）动静分区

动静分区是指将客厅、餐厅、厨房等主要供人活动的场所与卧室、书房等供人休息的场所分开，互不干扰。动静分区细分为昼夜分区、内外分区、父母子女分区。

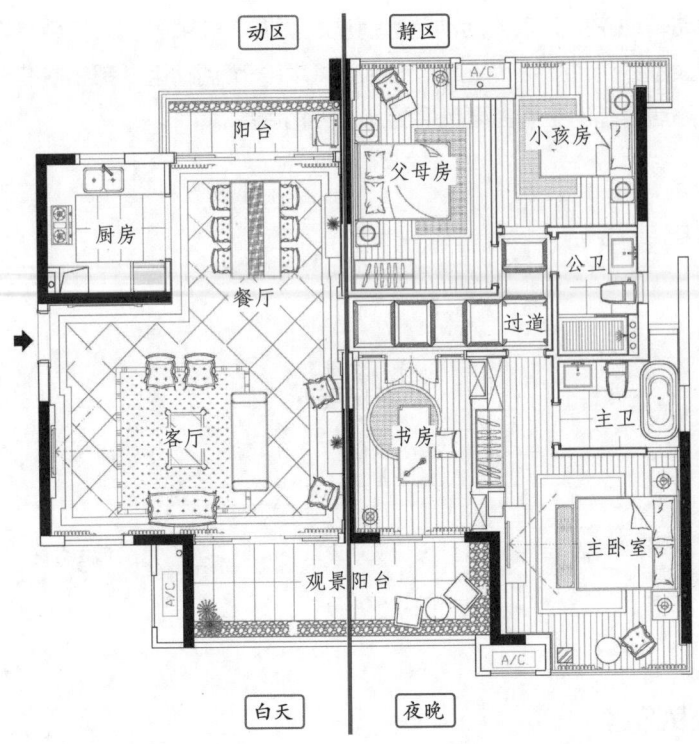

动区　静区

静区

A/C

阳台

父母房　小孩房

厨房

公卫

餐厅

过道

主卫

客厅

书房

主卧室

观景阳台

A/C

A/C

白天　夜晚

拓展 1：昼夜分区和内外分区

昼夜分区：动静分区从时间上划分就成为昼夜分区。白天时的起居、娱乐、餐饮活动集中在一侧，为动区；另一侧的休息区域为静区，使用时间主要为晚上。

内外分区：动静分区从人员上划分可分为内外分区。客人区域是动区，相对来说属于外部空间；主人区域是静区，相对来说属于内部空间。

拓展 2：父母子女分区

父母子女分区：父母和孩子的分区从某种意义上来讲也可以算作动静分区，子女为静，父母为动，彼此留有空间，减少相互干扰。

（3）洁污分区

洁污分区主要体现为烟气、污水、垃圾及清洁卫生空间的分区，也可以概括为干湿分区，即用水与非用水空间的分区。卫浴间和厨房都要用水，都会产生废弃物、垃圾，并且相对来说垃圾比较多，因而可以置于同一侧；但由于两个空间的功能分区不一致，在集中布置时要作洁污分区处理。

3. 空间布置方式

空间不同，其布置方式也不同。常见的室内空间布置方式有五种，包括餐食厨房型、小方厅型、起居型、起居餐厨合一型和三维空间组合型。

（1）餐食厨房型（DK 型）

◎ DK 型

DK 型是指厨房和餐厅合用，适用于面积小、人口少的住宅。采用 DK 型的布置方式时要注意厨房油烟和采光的问题。

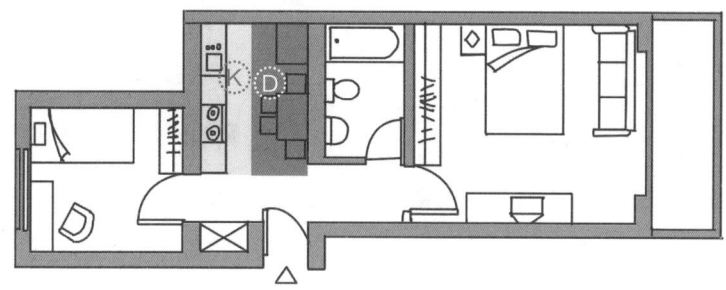

↑ 厨房和餐厅合并可以节约空间

◎ D·K 型

D·K 型是指将厨房和餐厅适当分离设置，但依然相邻，从而使动线方便，燃火点和用餐空间相互分离，还可以隔离油烟。

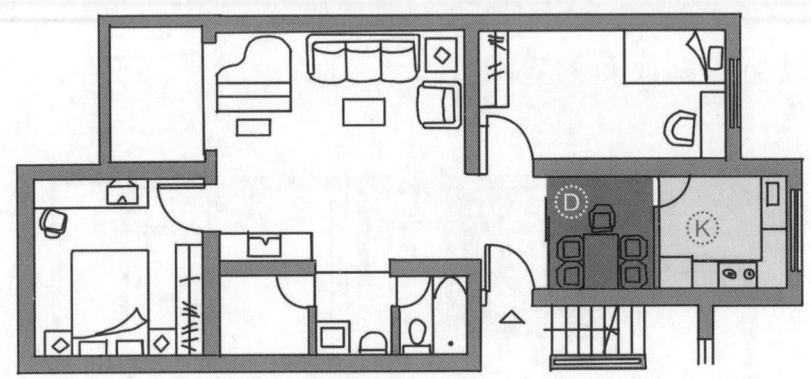

↑ 厨房与餐厅虽然不在一个空间里，但是紧邻，从厨房到餐厅依然很方便

（2）小方厅型（B·D 型）

小方厅型是将用餐空间和休息空间隔离。这一室内空间布置方式兼具就餐和部分起居、活动功能，可以起到联系作用，同时克服了部分功能空间的相互干扰。但这种布置方式有间接遮挡光照、缺少良好视野、门洞在方厅集中的缺点，所以经常在人口多、面积小、标准低的情况下使用。

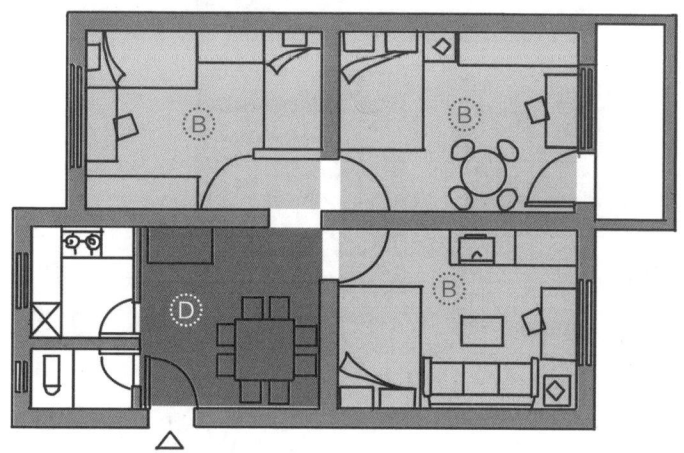

（3）起居型（LBD 型）

这种室内空间布置方式是以起居室（客厅）为中心，将其作为团聚、娱乐、交际等活动的地点，相对来说适用于户型面积较大的住宅，可以协调各个功能空间的关系，使家庭成员和睦相处。起居型布置方式主要有三种类型。

◎ L·BD 型

这种布置方式是将起居和睡眠空间分离。

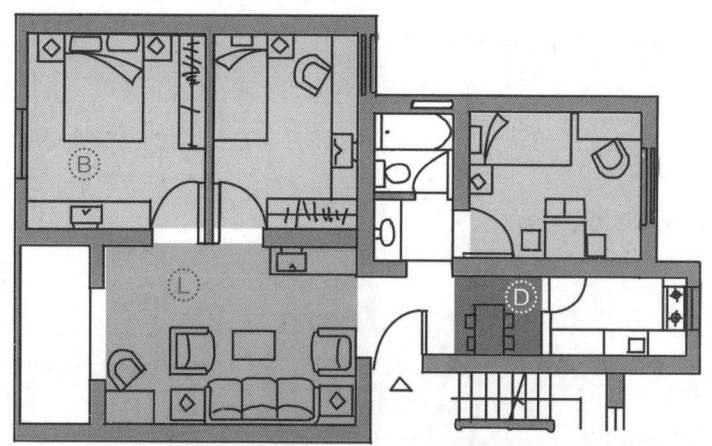

◎ L·B·D 型

这种布置方式是将起居、睡眠、用餐空间分离开，各个功能空间互相干扰较少。

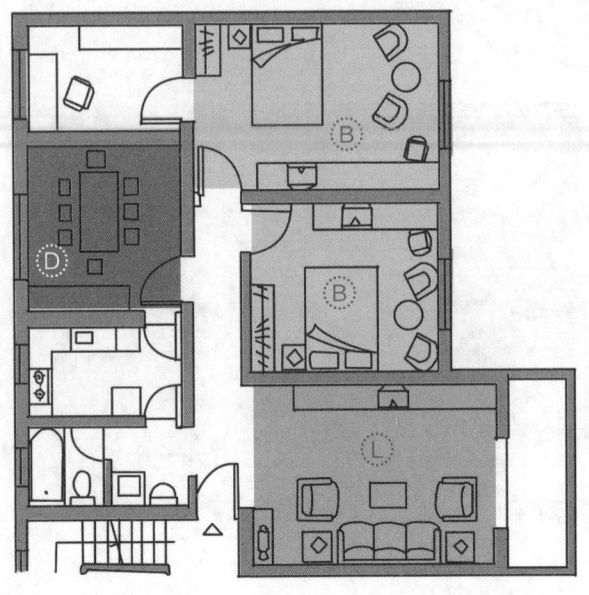

◎ B·LD 型

这种布置方式是将睡眠空间独立，将用餐和起居空间放置在一起，动静分区明确，是目前比较常用的一种布置方式。

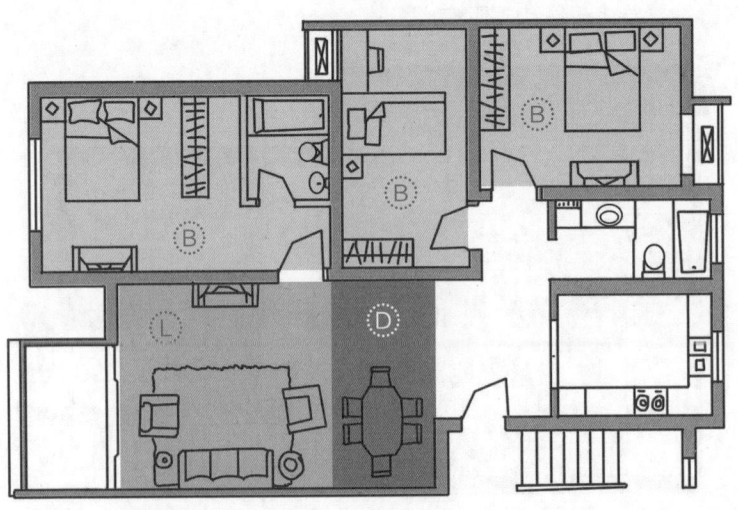

（4）起居餐厨合一型（LDK 型）

　　这种布置方式是将起居、用餐、炊事活动设定在同一空间内，再以此为中心设置其他功能。由于油烟的污染，这种布置方式常见于国外的住宅。不过随着排油烟电器的发展和经济水平的提高，国内住宅对这种布置方式的使用频率也大幅度增加。

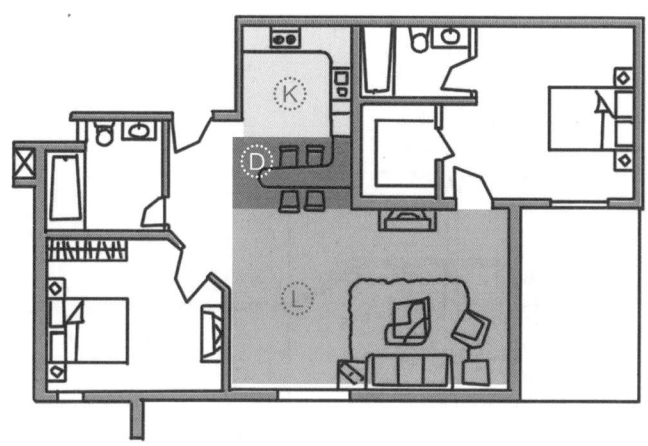

↑ 将客厅、餐厅和厨房结合在一个空间内时，注意功能区的划分方式要直观。例如，以色彩、软装分隔或者高低差等方式进行划分，若划分不清看上去会显得很混乱

（5）三维空间组合型

采用这种布置方式是由于各个功能分区有可能不在一个平面上，需要进行立体型改造，即通过楼梯来相互联系。

◎变层高的布置方式

在进行住宅的套内分区后，将人员较多的功能空间布置在层高较高的空间内，如客厅；将人员较少的功能空间布置在层高较低的空间内，如卧室。

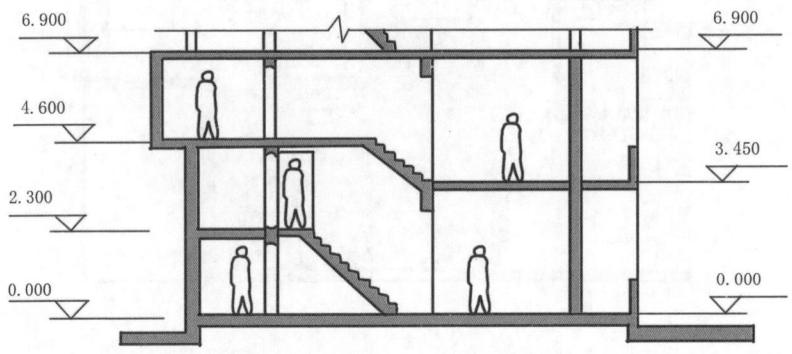

↑二层客厅的层高较高，而里侧的卧室相对来说层高较低

◎复式住宅的布置方式

这种布置方式是将部分功能在垂直方向上重叠在一起，可以充分利用空间，但需要较高的层高才能实现。

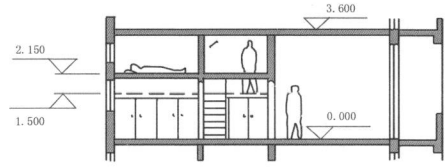

↑ 复式住宅可以在有限的空间里增加使用面积，提高房屋的空间利用率

◎跃层住宅

跃层住宅是指住宅占用两层空间，通过公共楼梯联系各个功能空间。在一些顶层住宅中，也可以将坡屋顶处理为跃层，以充分利用空间。

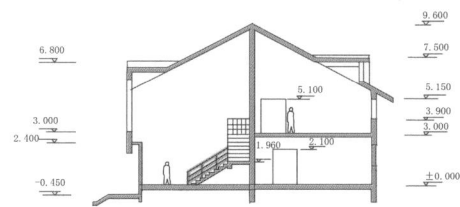

↑ 跃层住宅的首层一般为公共活动空间，如客厅、厨房、餐厅等

拓展：住宅空间最低限度面积

客厅	16.20m² （3.6m×4.5m）
餐厅	7.20m² （3.0m×2.4m）
主卧室	13.86m² （3.3m×4.2m）
次卧室（双人）	11.70m² （3.0m×3.9m）
厨房（单排型）	5.55m² （1.5m×3.7m）
卫浴间	4.50m² （1.8m×2.5m）

三、室内空间动线规划

1. 动线的含义与划分

　　动线是指人们日常活动的路线，是在室内设计中经常用到的一个基本概念。根据人的行为方式将一定的空间组织起来，通过动线设计分隔空间，可以达到划分不同功能区域的目的。

按人群划分		按运动的频繁性划分	
家人动线	**访客动线**	**主动线**	**次动线**
关键在于保证私密性	避免与家人动线中的休息空间相交	是从一个空间移动到另一个空间的主要动线	是在同一个空间内的琐碎动线与功能性的移动

2. 室内空间动线布局方案

（1）根据空间重要性确定主动线

　　根据空间重要性即按照通常意义上的功能定位对住宅进行大致的功能动线分析，通过草图梳理出主动线的序列，并对不合理的地方进行更改，以避免浪费空间。

（2）根据生活习惯安排空间顺序

　　每个家庭、每个居住者的生活习惯不同，会对住宅空间有不同的安排，也就有了不同的空间顺序，从而导致动线的不同。因此，在规划动线之前必须先了解住宅成员的生活习惯，这样才能作好空间顺序的安排，打造适合居住者使用的顺畅动线。

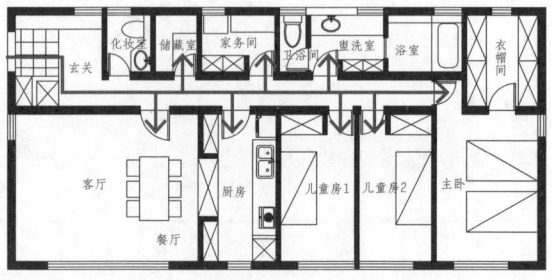

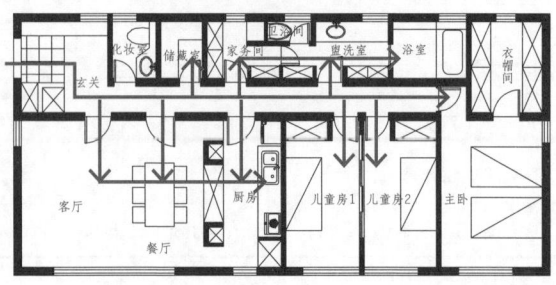

（3）根据公、私领域安排布局

面对一个空间布局，可以先将其划分为公共领域和私密领域，然后从公共领域开始安排布局。公共领域通常有客厅、餐厅，或者再多一个弹性空间——书房。如果确定了客厅或者餐厅的大小，那么作为弹性空间的书房只能缩小，这样就能得出公共领域各空间的大小。再以书房连接私密领域的三个房间，面积大一些的房间为主卧室，另外两个面积较小的房间是次卧室。确定好布局之后，就可以确定动线，而公共领域和私密领域两个空间的相交处就是动线。

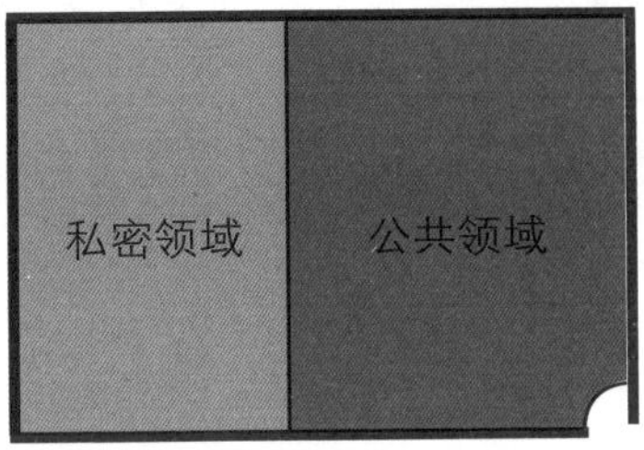

门的开法决定动线

第一步
初步分解公共领域
和私密领域

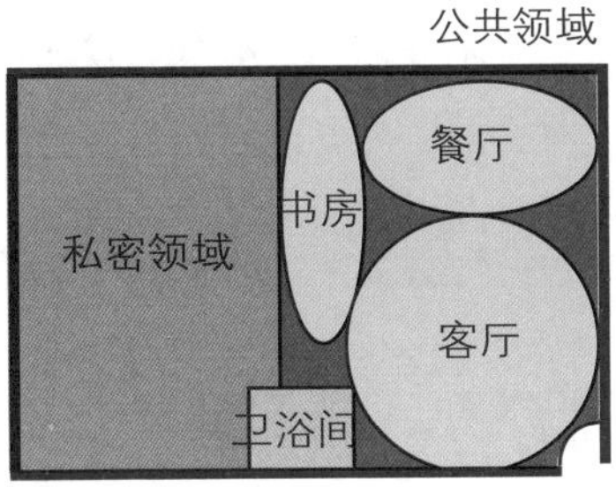

第二步
大体确定公共领域的
配置情况

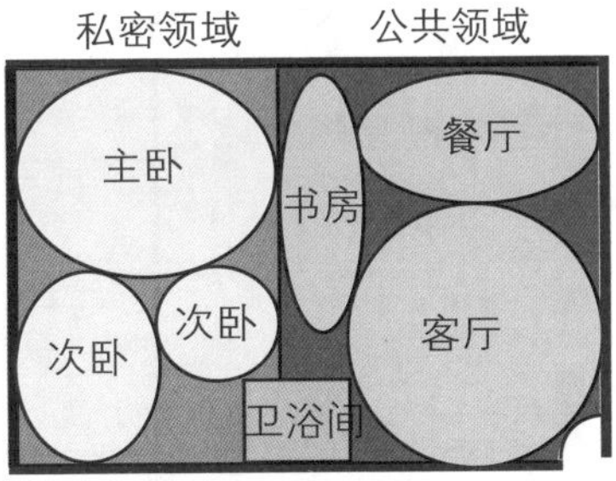

第三步
大体确定私密领域的
配置情况

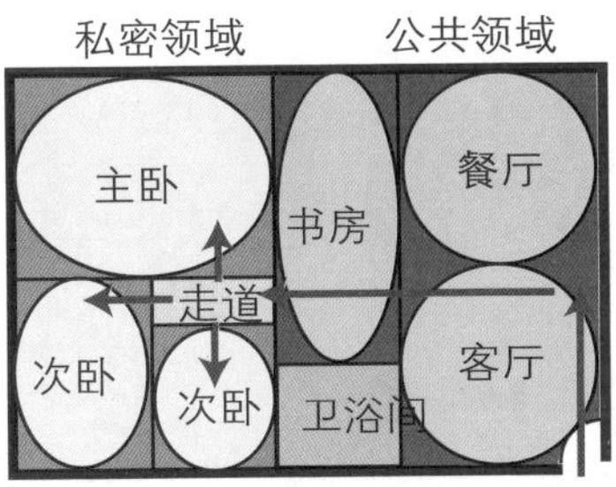

第四步
勾勒墙面并确定出
主要动线

（4）共用动线，重叠主、次动线

动线可分成从一个空间移动到另一个空间的主动线，以及在同一空间内所发生的包括移动性与功能性的次动线。将多个移动性的主动线整合为一个主动线，或者将移动性的主动线与功能性的次动线重叠在一起，都能共用动线。共用动线不仅可以使动线更加明快、流畅，而且还可以节省不必要的空间，使空间变大，视野宽敞度也会相对增加。

◎主动线＋主动线的重叠

将在空间与空间之间移动的主动线尽量重叠，可以节省空间。例如，玄关—客厅—主卧—厨房—次卧—书房本来需要五条主动线，现在可以用一条贯穿的主动线来整合这五条移动的主动线，使主动线一直重叠，这样就能节省空间，从而提高空间的使用效率。

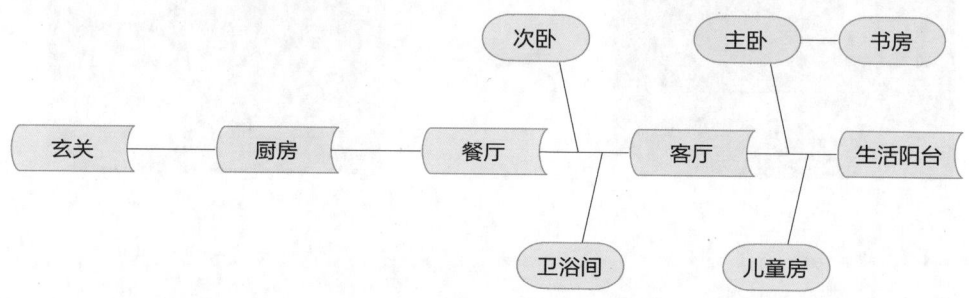

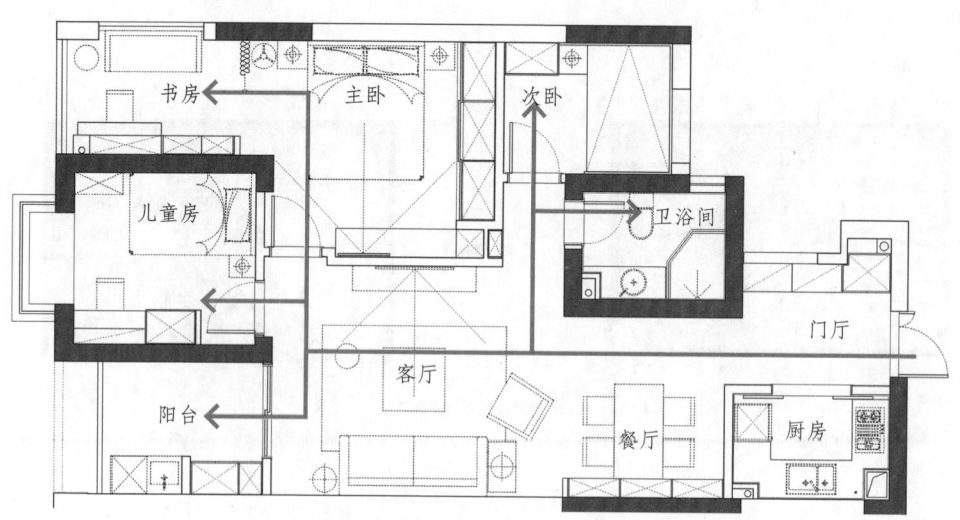

↑ 将厨房、餐厅、客厅与阳台的主动线重叠，然后通过客厅两边限定出的虚拟走道将其他功能空间的主动线串联起来，从而形成较为简单的网状动线结构

◎主动线 + 次动线的重叠

主动线与次动线重叠，不仅节省空间，还能创造流畅的动线。例如，将从客厅移动到书房的主动线与在客厅使用电视柜时电视柜前的次动线整合在一起，就是将主动线与次动线重叠。

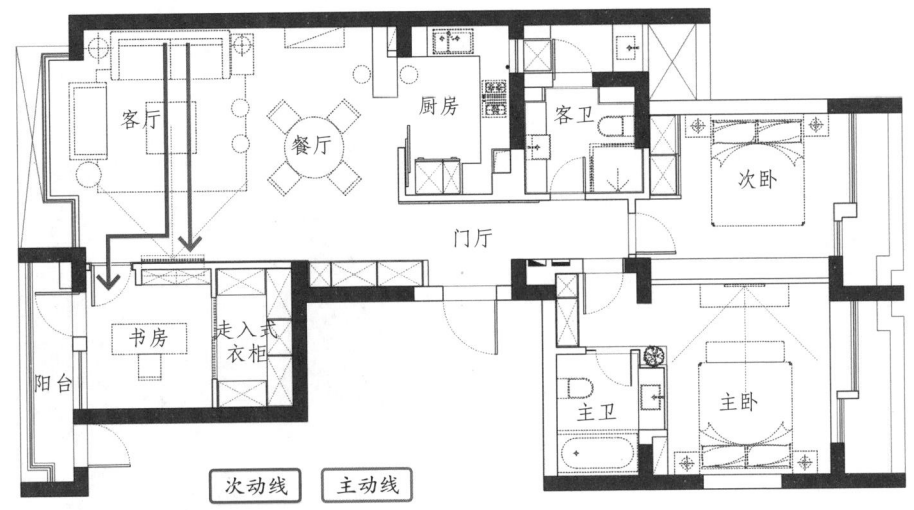

◎主动线 + 主动线 + 次动线的重叠

将主动线与主动线及次动线全部整合在一起，可以打造包括空间到空间的移动行走，以及空间中使用功能上的最佳动线。例如，用一条共用走道整合所有的动线，包括玄关—客厅—餐厅—厨房—卧室—卫浴间等空间移动到空间的主动线，还包括使用客厅电视与使用餐厨的功能次动线。

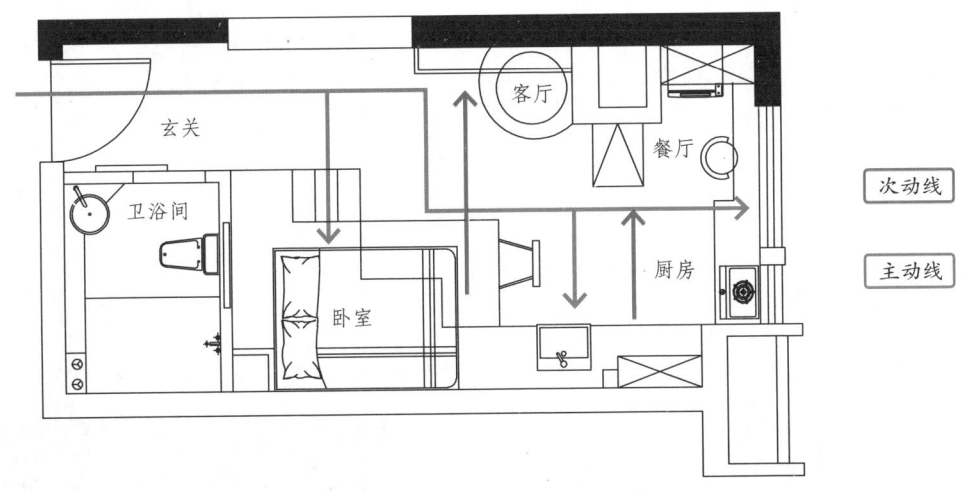

动线停止设置

（5）优化走道动线

当空间布局因为安全问题而无法大改时，就会有不可避免的走道产生。如果提升走道的价值性，如赋予走道实用功能，或营造走道的美感氛围，就不会浪费走道空间。

◎赋予走道实用功能

走道不仅是行走的动线，也可以根据居住者的需求赋予其实用功能。例如，喜欢户外运动的业主，可以将自己的户外装备悬挂在走道的墙面上，一方面可以起到收纳作用，另一方面也可以作为装饰展示。

→ 在走道的一侧设计了两个收纳槽，除了可以摆放日常用品以减轻家中的收纳压力，也可以摆放一些装饰物件以装点空间

◎营造走道的美感氛围

如果家中的走道看上去明亮又充满设计美感，那么就打破了走道给人的固有的沉闷感受，反而营造出富有韵味的走道氛围。在设计时，可以利用灯具、界面线条或色彩来打造视觉焦点。

→ 在走道顶面进行了立体化设计，多彩色木质顶面与射灯搭配，使整体空间更具有设计感；再在走道一侧以镜面装点，使走道看起来更加宽敞与明亮

◎灵活变化的动线

虽然直线动线行走明快、节省空间，但有时反而会失去空间变化的趣味性。可以根据空间布局的特性规划出回字形动线，与直线动线有机结合，就能使行走路线有两种变化方式，从而增强空间转换的趣味性。

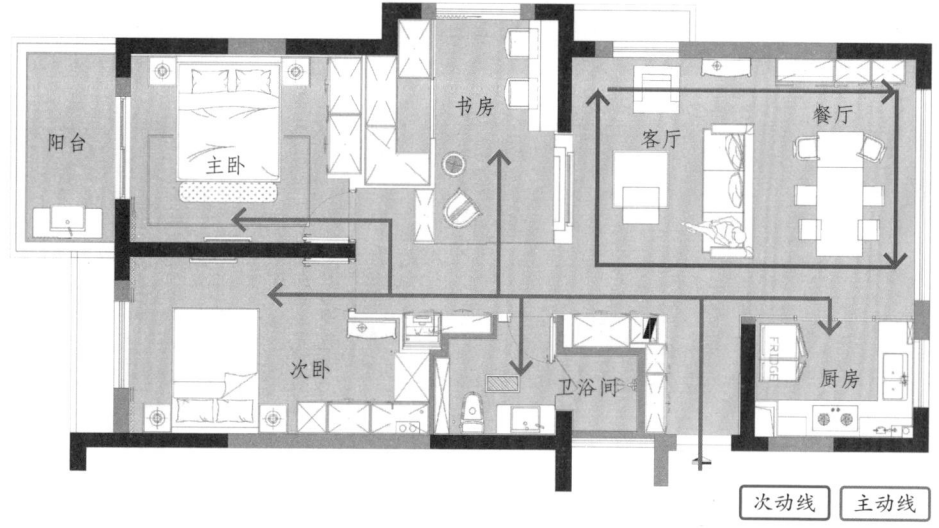

（6）化走道于无形

许多户型中常会出现长走道，不仅浪费空间，还会使动线不够明快。可以通过空间配置重新调整布局，从而达到让走道"消失"的目的。

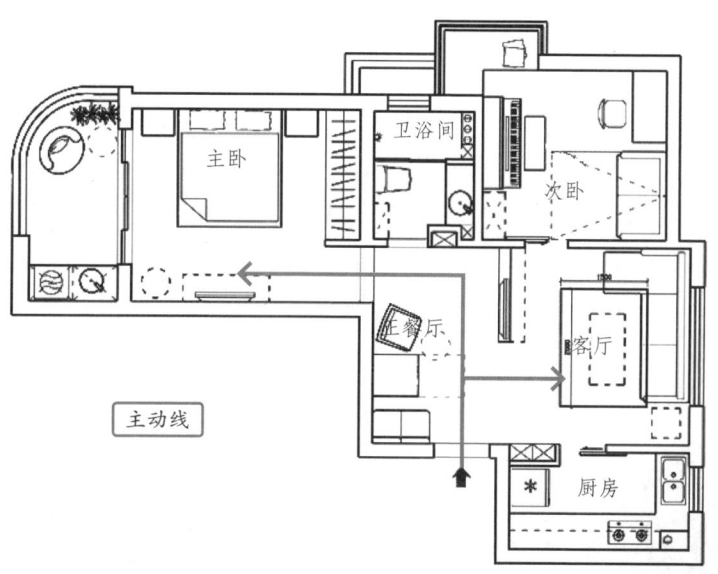

↑ 在重新进行空间布局时，可以尝试将私密领域安排在户型的同一边，或是将卧室安排在户型的两边，这样就不会有走道产生

3. 人体工程学尺寸与动线规划

人体工程学是研究人体尺寸，使人的行动更安全、人体感觉更舒适的一门科学。虽然人体工程学有一定的尺寸标准，但人是活动的，并且各项尺寸不尽相同，因此，当规划动线时要考虑到个人的动作需求，而非按照人体工程学参考标准死板地进行设计。

（1）了解人体工程学尺寸

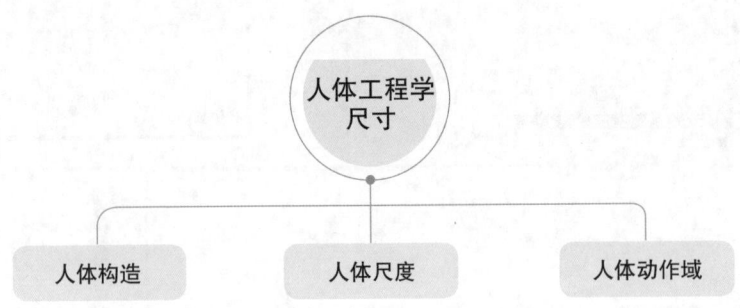

◎人体构造

与人体工程学关系最紧密的是骨骼、关节、肌肉，这三部分在神经系统的组织下能够完成一系列的动作，使人体各部分协调运作。

立姿人体尺寸：
① 眼高
② 肩高
③ 肘高
④ 手功能高
垂直手握距离
侧向手握距离
⑤ 会阴高
⑥ 胫骨点高

◎人体尺度

人体尺度是人体工程学研究最基本的数据之一。它主要以人体构造的基本尺寸为依据，通过系统的研究数据来比较与分析结果，从而对实践进行指导。

成年人体尺寸数据

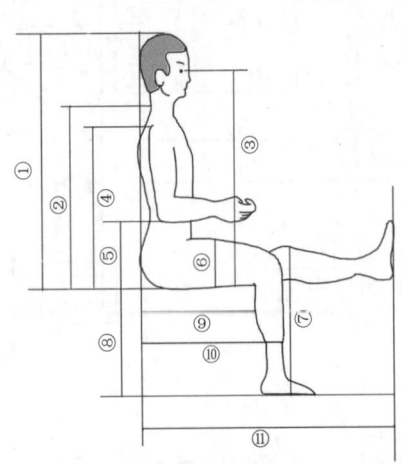

坐姿人体尺寸：
① 坐高
② 坐姿颈椎点高
③ 坐姿眼高
④ 坐姿肩高
⑤ 坐姿肘高
⑥ 坐姿大腿厚
⑦ 坐姿膝高
⑧ 小腿加足高
⑨ 坐深
⑩ 臀膝距
⑪ 坐姿下肢长

◎人体动作域

　　人体尺度是静态的。相对于人体尺度来说，人体动作域是动态的，这种动态的尺度与活动情景的状态有关。人体动作域是人们在室内运动的范围的大小，是确定室内空间的因素之一。室内家具的布置、室内空间动线的组织安排，都需要考虑人在活动的情况下所需的空间。

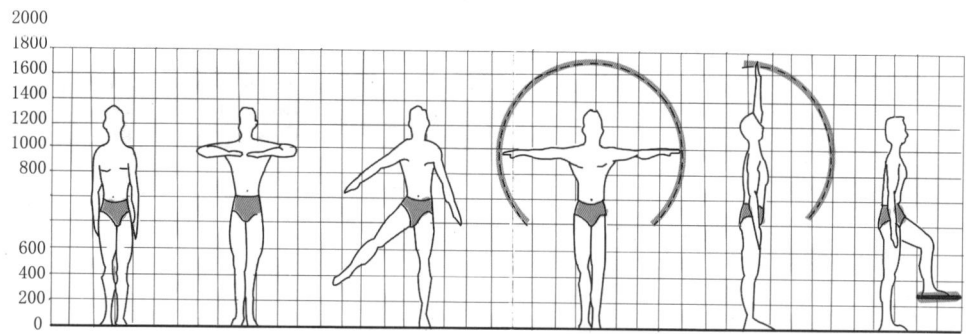

人体基本动作尺度1——立姿、上楼动作尺度及活动空间（单位：mm）

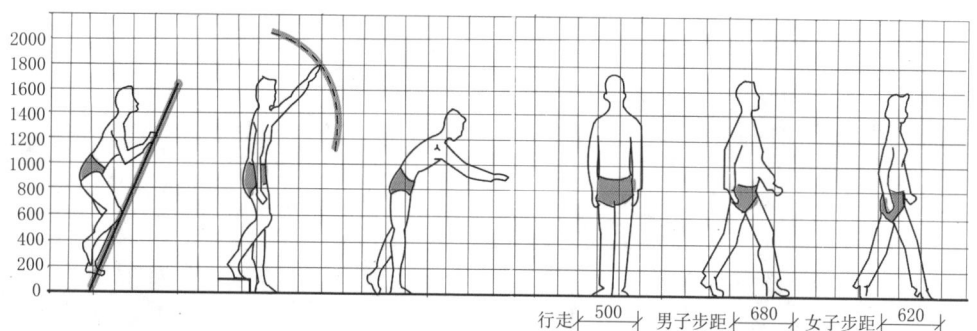

人体基本动作尺度2——爬梯、下楼、行走动作尺度及活动空间（单位：mm）

（2）动线设计中人体工程学尺寸的应用

　　个体站立时的空间是通行动线设计的主要依据，但由于不同季节或者不同人体情况的差异，人体工程学尺寸对于通行动线设计有着一定的影响。

人体工程学尺寸应用

四、空间造型表现手法

1. 造型与空间的关系

（1）空间形状影响造型设计

空间的形状直接影响室内设计的造型，室内设计的造型又直接受到户型的影响。室内空间的高低、大小、曲直、开合等都会影响人们对空间的感受。

↑ 较小空间的客厅使室内设计的造型更偏向简洁、明亮

（2）造型设计优化室内空间

在改变室内空间形态的同时，造型设计也对室内空间的功能与美感进行了优化，这其中就包含生活物品所占用的室内空间。

通过对各种生活分区进行造型设计，使有限的使用面积发挥出最大的功效；通过对家具进行造型设计，将室内空间的使用向立体化转变，摆脱平面使用的局限性，如引入吊床、多功能沙发和嵌入式柜台等。

↑ 多功能的电视柜造型使空间看上去更富有美感

2. 空间造型的形态元素

（1）点元素

在空间造型的形态元素中，点是最基本、最简洁的几何形态。点和面是相比较而言的。墙面上的点，如壁灯、壁挂、装饰画及墙纸上的图案等，应作为整体设计中的一个部分来综合考虑。在点的排列中要考虑到线的分割，并在无序中纳入有序。

↑ 在墙上的画是点，落地灯是点、线组合，互相对比、呼应　　↑ 顶面上的筒灯按直线排列构成灯线　　↑ 地面上的点大多为地坪组成图案的单元

（2）线元素

线条具有方向性和力感。合理而巧妙地运用线条，可以产生多种不同的环境视觉效果。例如，如果用垂直线条划分墙面，可加强空间的高度感；如果用水平线条划分墙面，则有减低层高、扩大空间感的作用。

↑ 采用线形布局的顶面饰面板形成材质、色调的对比，使顶面具有导向性和极强的透视感　　↑ 采用色砖深浅搭配，拼成不规则图案，具有强烈的装饰性和导向性

（3）面元素

面的设计离不开点和线，而点和线必须依附于面。由于面是空间分隔中的重要元素，通过面的设计往往可以在某种情况下改变空间关系。例如，在一个空旷的客厅里增加一个悬吊顶，使空间产生紧凑感，并且改变了气氛；如果在顶面上增加一些装饰灯具，则丰富了空间变化。

↑ 以墙面为背景的室内设计

↑ 顶面做成倒升形，富有立体感

3. 空间造型的形式美法则

> 形式美法则：指客观事物和艺术形象在形式上的美的表现，涉及社会生活、自然中各种形式因素（如线条、形体、色彩、声音等）的组合规律。

（1）法则一：对比与统一

对比与统一是形式美法则中的重要法则，既相互依存又相互矛盾。

对比： 通过色彩的对比、肌理的对比、形体的对比、材质的对比来完成。

统一： 是与"对比"相矛盾的概念，将空间造型中不同元素的形态、形式、材质统一起来，为空间造型的最终形态服务。

↑ 客厅座椅类家具之间色彩、形状的对比与风格、材质的统一，达到了简洁而别致的效果

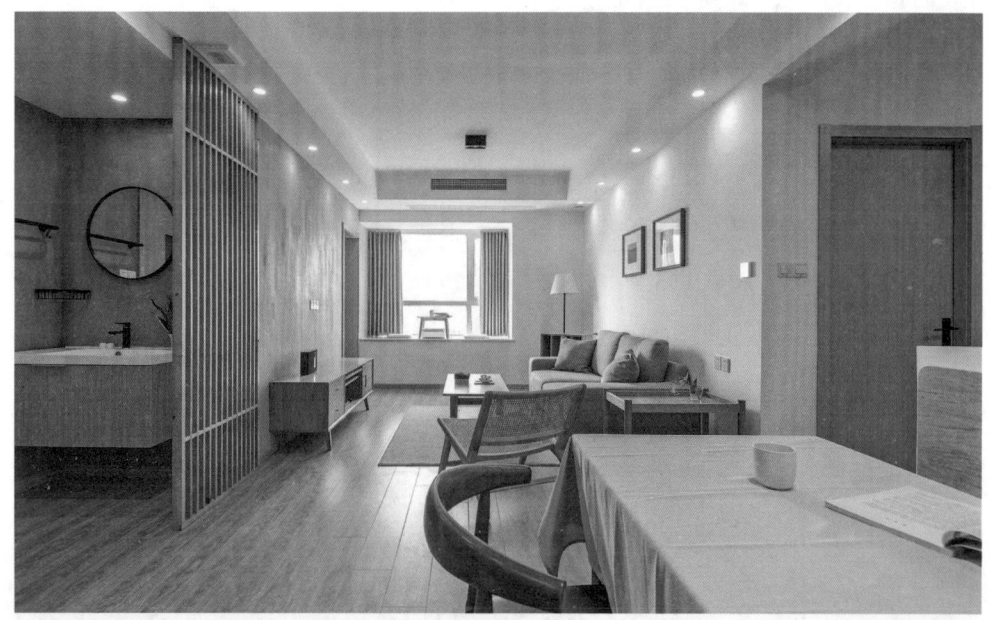

↑ 以实木材料为主的空间有着统一的整体感，与棉麻材料产生对比，从而形成统一中有着对比变化的效果

（2）法则二：节奏与韵律

在空间造型中，节奏与韵律以多种方式存在着。节奏是韵律的单纯化，韵律是节奏的丰富化。例如，空间造型中的点、线、面各元素通过排列的不同、大小的不同、疏密的不同可以形成节奏和韵律。

节奏与构成元素的关系：元素越复杂，节奏就越强；元素越简洁，节奏就越弱。

韵律与构成元素的关系：韵律源于各元素的反复出现，单纯地反复所形成的规律通过发展变化会产生韵律。

↑ 几何图案元素在地毯、靠枕上反复出现，能够增加韵律感

（3）法则三：比例与尺度

在空间造型中，比例是指形体整体与部分、部分与部分之间的比值关系。形体的比例是可以通过视觉来感知的，采用符合人的审美要求的比例，才能创造出令人愉悦的空间造型效果。0.618 是一个无理数，是使事物呈现出最完美比例的分割点。按此比例分割的造型非常具有美感，这一比例也代表着生活和艺术最理想的比例标准。

→ 玄关处的装饰摆件以黄金分割比例布置，给人留下美观的印象

（4）法则四：对称与平衡

在空间造型中，对称与平衡是指视觉上达到一种均衡的状态，如果两者均衡得当，就会产生一种美的感觉。对称的特点是具有规律性，整齐、统一。值得注意的是，空间造型中的对称会产生呆板、单调的感觉。为避免这一问题，在设计中应适当加入不对称的因素。

↑ 客厅的对称布局，给人以自然、安定、整齐、端庄的美感

五、空间界面设计方法

1. 空间界面范围

在室内空间中，界面是指围合室内空间的顶面、地面和墙面，以及建筑构件和装修中所产生的装饰表皮层。室内界面的设计直接影响空间的整体效果，界面的装饰和造型的设计要考虑到整体造型和整体风格的要求。

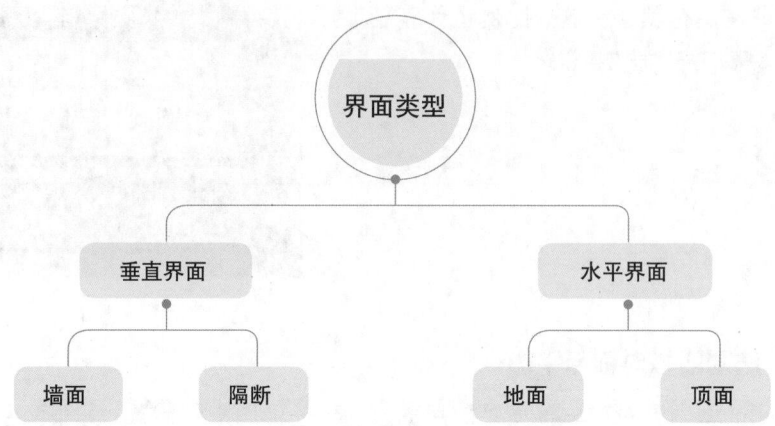

2. 空间界面设计要点

（1）地面设计要点

地面是室内空间中与人们接触最多的界面，人们在空间中的大多数活动都需要地面的承载。地面在视线中占有的面积比例相当大，对于整个室内空间的格调、氛围起着重要的作用，必须具备很高的艺术性。

> 地面设计的功能性需求：耐磨、耐脏、耐腐蚀、防潮、防水、防滑等。某些区域还要求具备保温、防尘、防静电、防辐射、隔声等特殊功能。

地面装修有木地板、塑料地板、瓷砖、马赛克、大理石及一般水泥抹面等，不同的室内空间对地面的要求也不同。

↑ 客厅使用木地板，具有一定的弹性和温暖感　　↑ 卫浴间使用瓷砖铺地，显得更加干净、明亮

（2）顶面设计要点

顶面是室内空间中最富于变化和引人注目的界面，对于空间的形式起着十分重要的决定作用。同时，顶面的高低直接限制了空间的竖向尺度，会对人的心理感受产生影响。

↑ 较低顶面给人以亲切、温暖、宁静的感受　　↑ 较高顶面给人以开阔、自如、崇高、庄重的感受

良好的顶面设计可以更有效地满足所有辅助功能并巧妙地隐藏相关管线设施。在顶面均匀布置空调风口、照明灯具、烟感、喷淋、扬声器等，可以使人产生使用功能上的满足感及视觉上的清爽感。

← 根据风格的不同，顶面管线也可以不作隐藏设计

(3) 墙面设计要点

墙面是室内空间中的垂直界面。但是随着室内设计的发展，墙面也并不总是一成不变的垂直界面了，许多倾斜墙面及异形墙面造型开始出现在人们的生活中。墙体最重要的功能是围合空间及分隔空间，对空间的形状及大小起着决定性的作用。

↑ 墙体的装饰设计，除了满足使用功能和精神层面的要求并完成室内整体艺术效果外，还必须考虑安全性

> 注意：有些墙体在建筑结构上起着承重作用，在进行室内设计时有时为了改变空间结构需要拆除墙体或者新建墙体，这时就要注意墙体的拆除不能破坏建筑的结构体系。

墙面材料品种繁多，应根据整体环境合理选用。材料的选用要以满足空间功能为主，要做到恰到好处。

↑ 镜面材料可以放大空间，增补光线

↑ 人造革硬包可以突出精致、优雅的风格

(4) 隔断设计要点

隔断不是建筑结构中必有的要素，但在室内设计中是十分重要的界面。隔断的界面形式非常丰富，除了封闭的常规界面，还有通透的和半通透的界面。

> 通透的隔断界面：一般采用透明的材料，如玻璃、亚克力等；装饰形式可以是一整块大玻璃或几片玻璃的错落叠加，但是整体界面保持通透性，可以透过界面看到对面的空间。
>
> 半通透的隔断界面：样式非常多，如镂空图案的隔断板，可以透光，视线也可以穿透；但是还有不通透的地方，会呈现出若隐若现的效果。

↑实体矮墙隔断与电视结合，既可以分隔空间，又具有实际用途

↑磨砂玻璃隔断既保证透光性，又保护私密性

3. 空间界面造型设计

（1）地面造型设计

◎平面式地面造型

平面式地面造型是指通过地面材质或图案的处理来进行地面造型设计。图案可设计为抽象几何形、具象植物和主题式等。

↑利用几何图案拼接而成的地面造型，呼应了顶面设计，营造了餐厅氛围，并增添了现代感

↑材质和图案的混搭使用，形成既有装饰性又有空间分隔作用的地面造型

◎立体式地面造型

立体式地面造型是指通过凹凸变化形成有高差的地面，使室内空间富有层次，而凸出、凹下的地面形态可以是方形、圆形、自由曲线形等。

→抬高部分地面，形成立体造型

（2）顶面造型设计

室内顶面造型多样，不同造型的顶面适用于不同的层高和房形，塑造的风格也不同。由于不同种类的吊顶对房间的高度和大小有所限制，需要根据家居的整体风格及预算确定吊顶的种类。

◎平面式吊顶

含义： 是指表面没有任何造型和层次的吊顶。这种顶面构造平整、简洁、利落、大方。

材料： 一般以 PVC 板、石膏板、矿棉吸音板、玻璃纤维板、玻璃、饰面板等为主，照明灯置于顶部平面之内或吸顶上。

适用范围： 一般用于玄关、餐厅、卧室等面积较小的区域。

适合风格： 非常适合简约风格、北欧风格的空间使用。

◎迭级吊顶

含义： 是指不在同一平面的降标高吊顶，类似阶梯的形式。

设计要点： 用平板吊顶的形式，将顶部的管线遮挡在吊顶内，顶面可嵌入筒灯或内藏日光灯，使装修后的顶面形成两个层次。若迭级吊顶采用的是云型波浪

线或不规则弧线，则一般不超过整体顶面面积的 1/3。

适合风格： 可应用于多种风格的空间，一般中式风格的空间会在顶面添加实木线条，而欧式风格、法式风格的空间可与雕花石膏线相结合。

◎井格式吊顶

含义：是指吊顶表面呈井字形格子的吊顶。

设计要点：这种吊顶一般都会配以灯饰和装饰线条，以打造出比较丰富的造型，从而合理区分空间。

适用范围：适用于大户型，在小户型的空间内会显得比较拥挤。

适合风格：一般在欧式风格、法式风格的空间中较为常见。

◎悬吊式吊顶

含义：是指将各种板材、金属、玻璃等悬挂在结构层上的一种吊顶形式。

设计要点：常通过各种灯光照射产生别致的造型，营造光影的艺术趣味。

适合风格：这种顶面造型适合多种风格的空间。

（3）墙面造型设计

在墙面造型设计中最重要的是虚实关系的处理。一般门窗、漏窗、垭口为虚，墙面为实，因此，门窗与墙面形状、大小的对比和变化往往是决定墙面形态设计成败的关键。墙面造型设计可以通过对墙面图案的处理来进行，例如，对墙面进行分格处理，使墙面图案的肌理产生变化；或采用墙纸、面砖等手段丰富墙面设计；或通过几何形体在墙面上的组合构图、凹凸变化，构成具有立体效果的墙面装饰。

↑ 利用金属线条和硬包对墙面进行分格

↑ 利用柱体、垭口的设计实现虚实结合

六、室内空间设计与优化

1. 客厅设计

（1）客厅功能分区

功能分区

视听区	在居住空间与日常生活模式中，大部分客厅设计是将家庭交流与视听功能相结合。这其中最基本的是电视娱乐，部分还有音响娱乐
会客区	会客区一般以组合沙发为主。组合沙发轻便、灵活、体积小、扶手少，能围成圈，又可充分利用墙角空间。会客时无论是以正面还是以侧面进行交谈，都会有一种亲切、自然的感觉
阅读区	比较安静，可处于客厅一隅，区域不必太大，营造舒适感很重要，并要与周围环境融为整体
陈列收纳区	由于客厅是一个对外接待、对内沟通的空间，恰到好处的陈列设计可以展示居住者的生活阅历与审美品位

（2）客厅的布局与动线规划

◎客厅布局规划思路

第一步：确定核心区属性

客厅是家人经常聚集的地方，确定核心区属性是客厅布局规划的重点。不同核心区属性的空间划分和布置略有不同，需要根据需求进行确定。通常来说，核心区属性有以下几种。

视听属性

这是核心区最常规的属性，以茶几或电视为中心进行划分

交谈属性

将人与人之间的交流作为主体，削弱或摈弃视听功能

健身属性

取消茶几，保证前方充足的运动区域

游戏属性

常见于儿童年龄较小的家庭，可为儿童提供娱乐区域，同时防止儿童与茶几的磕碰

第二步：确定与其他空间的整合方式

作为一个多功能的空间，客厅有着开放、包容的属性，这也决定了客厅既可以成为独立的区域，也可以和其他的空间相互融合，形成较为开放的布局。

→ 客厅是家居生活的中心地带，如果与餐厅和厨房进行开放式组合，会显得空间更大，动线也更流畅

◎不同需求的客厅动线规划

类型一：招待客人型

需求：对于常邀请亲朋好友到家中做客的人而言，客厅就是用来接待朋友的。

规划思路：将整体布局一分为二，一半是以客厅为主的公共区域，一半是以卧室为主的私密区域，并将公共区域与私密区域的主动线分开，使客人在客厅时不会影响私密区域。

规划实施：将客厅、餐厅或者书房连接在一起，形成开放式的公共空间，这样在接待朋友时可以有足够多元化的空间来使用。

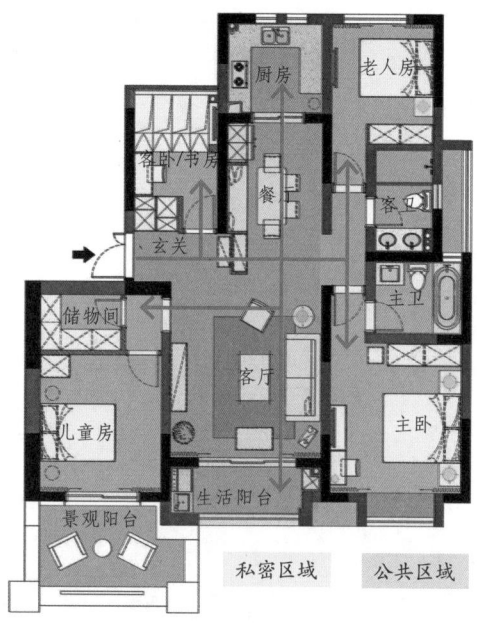

私密区域　　公共区域

类型二：家人相聚型

需求：家人看电视、聊天的场所，不常接待亲友，注重家人相聚。

规划思路：利用主动线串联公共区域与私密区域，使家人既可以方便地走动到公共区域相聚，同时也可以拥有自己的空间。

规划实施：将客厅作为主动线的起点，然后延伸至餐厅、卧室等区域，使客厅成为中心连接点。

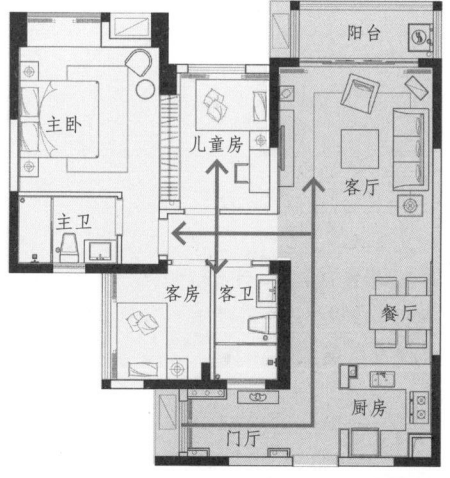

私密区域　　公共区域

（3）客厅平面布局方式

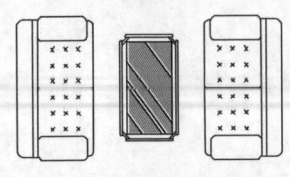

面对面式

适用于各种面积的客厅，可随着客厅的大小变换沙发及茶几的尺寸，灵活性较强，更适合会客时使用。面对面的布局方式在视听方面较为不便，需要人扭动头部、调整角度来观看电视，影响观感。

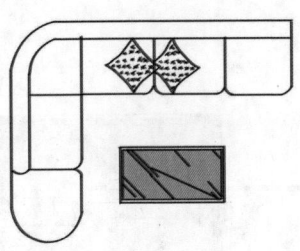

L 形

L 形的布局方式是客厅最常见的，可以采用 L 形的沙发组合，也可以用 3+2 或者 3+1 的沙发组合。

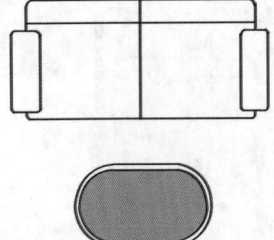

一字形

一字形的布局方式适合小户型的客厅使用，小巧、舒适，整体元素较为简单。

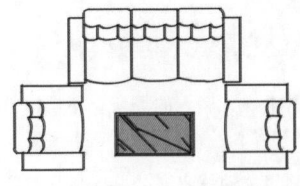

U 形

U 形的布局方式适用于大面积的客厅，面对面的沙发可根据实际情况进行放置，这种团坐的布局方式使家庭气氛更浓厚。

（4）客厅家具的合理动线尺寸

a）300~400mm：茶几的高度应与沙发、座椅被坐时的高度一致

b）760~910mm：茶几与座椅之间的可通行距离

c）墙面的 1/2 或 1/3：沙发靠墙摆放的最佳宽度

a）1500~2100mm：沙发与电视的距离，具体需根据客厅及电视的尺寸来确定

b）300~450cm：茶几与主沙发之间要保留的距离

c）1000~1300mm：人坐时，双眼到电视中心点的高度

2. 餐厅设计

（1）餐厅功能分区

```
           ┌─ 就餐区 │ 餐厅最基本的功能就是提供舒适、轻松的就餐场所，使家人能在这一固
           │         │ 定场所完成餐饮活动
           │
  功能      │         │ 现代餐厅还具有一定的收纳功能，多体现在餐柜上。餐柜用于收纳家中
  分区 ●────┼─ 收纳区 │ 的零食、副食品、餐具等，可以作为厨房空间的扩展；也可以作为收纳
           │         │ 酒类、精美餐具等物件的展架，在营造餐厅就餐氛围的同时，提升主人
           │         │ 的品味
           │
           └─ 交流   │ 在经济高速发展的现代社会，餐厅逐渐成为家人之间日常交流，或者亲
              娱乐区 │ 朋好友聚会、娱乐的场所
```

（2）餐厅的布局与动线规划

◎不同需求的餐厅布局规划

需求一：品酒休闲

针对有品酒喜好的人群而言，在套内面积有限的情况下，可将品酒区与餐厅相结合，在餐厅增加酒柜是很好的结合方式。

↑ 靠墙处设计酒柜可以满足品酒的需求

需求二：充分采光

部分户型受限于先天布局，餐厅没有良好的采光，从而显得空间阴暗、逼仄，可能会导致用餐时的心情不够愉悦。

↑ 将餐厅和客厅用玻璃门连接，既保证了各自的私密性，也使餐厅更加明亮

需求三：满足收纳

餐厅中最容易造成混乱的地方无疑是餐桌。作为餐厅中使用率最高的地方，餐桌上存放的物品也繁杂多样，可以通过优化布局增加相应的储物空间。

↑ 将餐边柜和卡座进行一体化设计，并将收纳的空间置于墙面和卡座底部，既能满足日常储物，也能节省空间

◎不同需求的餐厅动线规划

需求一：避免油烟

在规划避免油烟的动线时，首先要将餐、厨进行隔离，而由于开、关门会造成动线的短暂停顿，在这种情况下，就更要简化餐厅内部及其与其他空间联系的动线，以避免不必要的动线迂回。

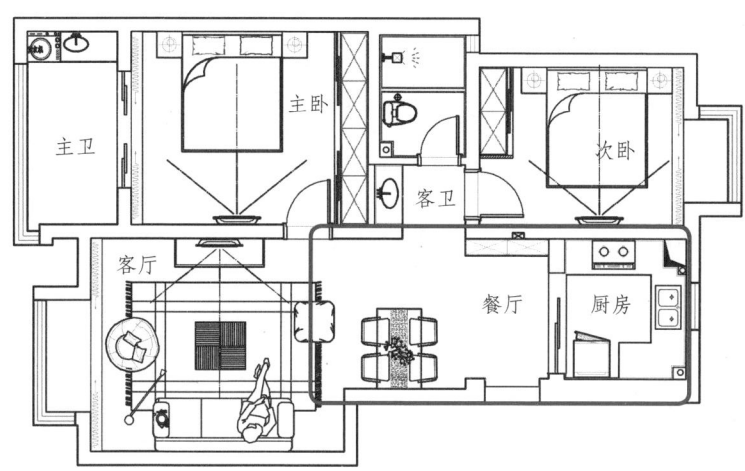

← 将餐厅靠墙设置，可以为另一侧留出足够的通行空间；将玄关置于餐厅和厨房的中部也能延长动线，并减弱油烟在内部的扩散

需求二：注重交流

实现交流动线的前提条件是要形成较为开放的空间，可以通过吧台、隔断、玻璃推拉门来实现。

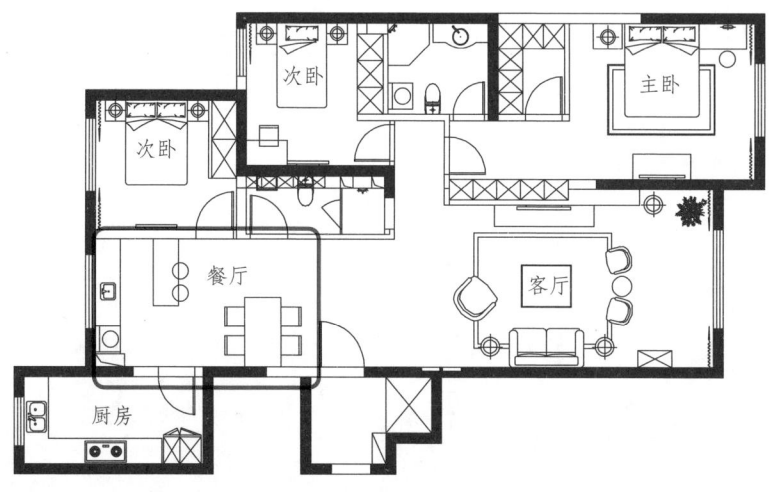

← 厨房、餐厅之间没有明显的遮挡物，可以在原位进行交流，无需来回折返

（3）餐厅平面布局方式

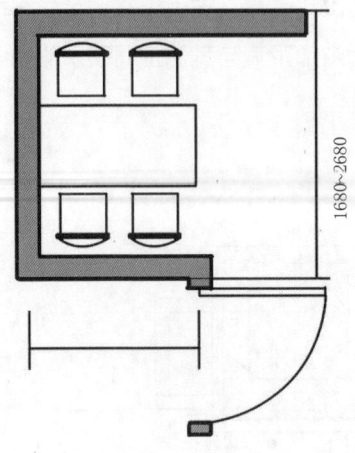

独立式餐厅

独立式餐厅是指餐厅在空间上单独存在，不与其他功能空间发生直接联系，但是尽量保持与厨房的紧密联系，以免动线过长，影响上菜的效率。

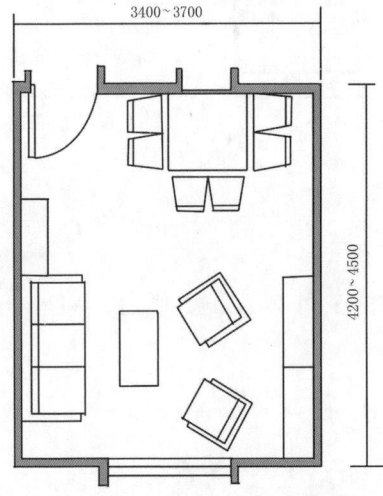

和客厅合并

这种布局方式相对来说比较常见于小户型。餐厅和客厅都是活动场所，布置在一起可以体验更宽敞的就餐环境。这两种空间的融合丰富了餐厅功能的表现形式，同时还增大了客厅的面积。将餐厅与客厅设在同一个空间时，为了使餐厅与客厅在空间上有所区分，可通过矮柜、组合柜或软装饰进行半开放或封闭式的分隔。

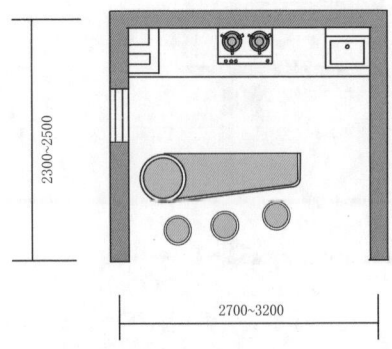

和厨房合并

将餐厅和厨房合并布置是西方国家的一种布局方式，我国目前也较为流行。这种布局方式缩短了餐厅到厨房的动线，使家务的操作更加顺畅。有所不足的是，烹调区域的油烟无法完全排除，进餐时会受到影响。

（4）餐厅家具的合理动线尺寸

a）1210~1520mm：从桌子到墙的总距离，是有人就餐时椅子后方可以供一人舒适行走的距离

b）450~610mm：餐椅拉出的舒适距离，若餐厅面积过小，则按照椅面座深设计即可

c）760~910mm：餐椅到边柜的通行宽度，极限情况下需侧身通行

a）1830mm：标准的六人用圆餐桌的直径，圆桌更有益于家人之间的交流

b）450~610mm：圆桌就座区的宽度

c）≥305mm：餐椅与墙面的最小距离，小于305mm则一人侧身通过时可能会有困难

d）3350~3650mm：两侧都可供人侧身通过的六人餐桌布置区间，若餐厅面宽和进深无法满足则要考虑更换布置方式

3. 卧室设计

（1）卧室功能分区

功能分区

- **睡眠区**：卧室的核心功能是为居住者提供睡眠的场所，要保证居住者心情平静，能安心入睡，因此，卧室也是住宅中较为私密和安静的空间

- **阅读区**：有些住宅没有条件设置单独的书房，而家庭成员有阅读与工作的需求。如果说书房中的阅读和工作是比较正式和紧张的，那么卧室中的阅读和工作则是即时和较为放松的。因此，现代家庭的卧室设计经常会带有一个小型的工作区域，或者是一张休闲椅，以满足居住者随时工作与学习的要求

- **储物区**：卧室与睡眠有关，居住者每日就寝前、起床后都有更衣、梳妆的行为过程，因此，卧室也有储存衣物、被褥、隐私物品，以及更衣、梳妆的需求，从而为居住者提供基本的生活辅助功能

- **视听区**：卧室的主要功能是提供睡眠场所，在休息时播放音乐，或者观看电视、电影，能调节生活气氛，增添生活乐趣，放松心情。卧室也能作为独立活动空间，不影响其他人的休息

（2）卧室的布局与动线规划

◎不同需求的卧室布局规划

需求一：舒适、明亮的卧室

采光是一项重要的指标，好的卧室应有充足的自然光。因此，朝北的卧室可以尽量将窗户做大，以防止窗户过小导致房间阴暗，让人心情压抑。

↑ 采光充足的卧室给人愉快、明亮的感觉

需求二：引入沐浴空间

沐浴空间一般位于主卧，能满足主人的盆浴需求。通常是在原有主卫的基础上进行设计，若主卫面积不足则采取使用原有走道或占用次卧的方式来打造沐浴空间。

↑ 利用走道改造出沐浴空间

需求三：打造衣帽间

将衣帽间设置在卧室，随用随取、比较方便，衣物的收纳比较有条理、不易杂乱。因此，在卧室面积条件允许的情况下设置一个衣帽间，能够让卧室的使用效率更高。

↑ 衣帽间的设置可以增加空间的储藏能力

需求四：弹性需求的卧室

如果家庭访客较多，或者户型面积较小，但对空间有较多的功能需求，可以选择从公共区域或半公共区域借用空间的方式，将其打造成多功能性的空间。

↑ 利用玻璃隔断将客厅分出阅读和休闲的区域，既保证功能的多样性又不互相影响

◎不同需求的卧室动线规划

需求一：收纳功能强

收纳是卧室的主要功能之一，进行系统的收纳整理能够有效避免卧室的杂乱。需要注意的是，简单的收纳方式应以床为出发点进行设置，这样可以减少动线的迂回，而单独的衣帽间在动线设计上的灵活性较强。

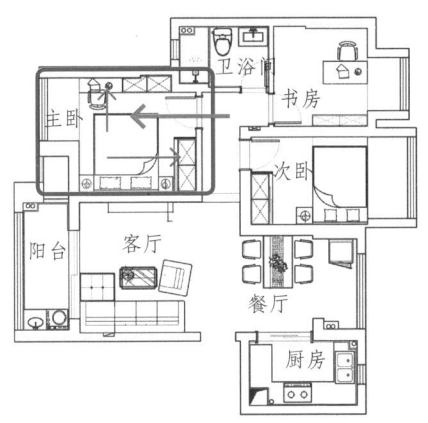

← 在床的右侧和床尾处都设置了收纳家具，在满足大容量收纳需求的同时，也可将收纳动线集中在卧室的右半部分，以减少与其他功能动线的交叉

需求二：阅读功能强

阅读属于卧室的附加需求，在动线设计中一般有两种方式：一种是与其他功能动线进行重合，以减少走动范围；另一种是单独设计阅读动线，以减少与其他功能动线的交叉，防止彼此之间进行干扰。这两种方式各有利弊，选择时要根据实际情况确定。

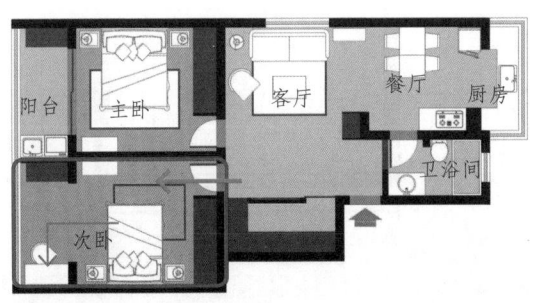

← 阅读动线仅在阳台内部，可以减少他人进入卧室时的视线干扰

067

（3）卧室平面布局方式

◎纵向布局的卧室

单人床的布置形式： 采用单人床的卧室一般空间面积较小，在纵向卧室布置单人床时应尽量将床沿墙摆放，以减少走道的通行面积。

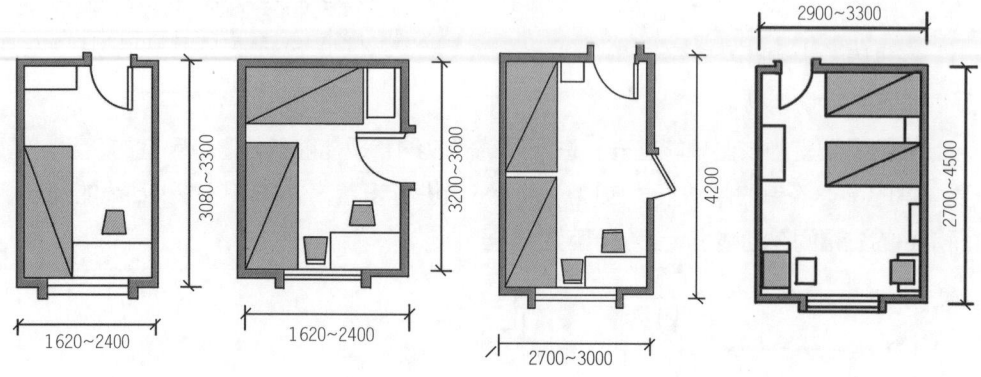

双人床的布置形式： 在纵向卧室布置双人床时，要注意门不要直接对着床，以免开门时一览无余，从而丧失私密性和安全感。

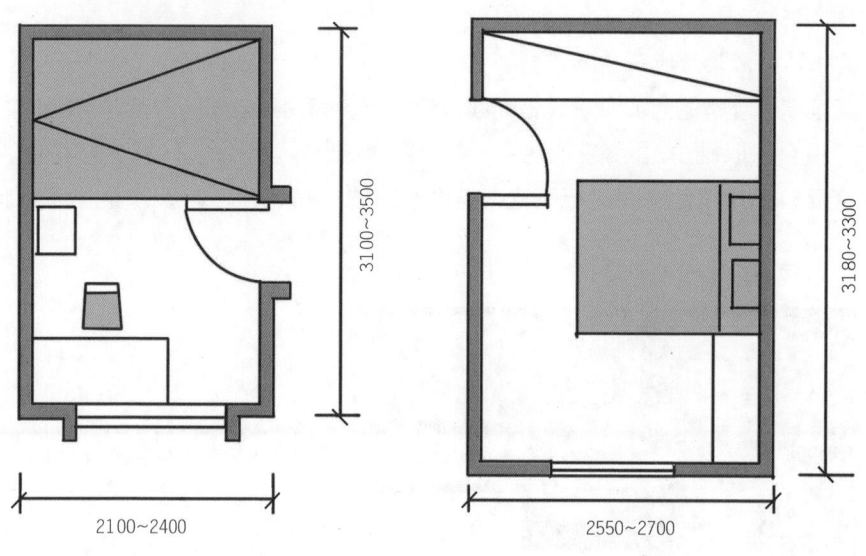

◎横向布局的卧室

单人床的布置形式： 在横向卧室布置单人床时，要注意留有足够的通行空间，在摆放柜子时要注意柜门的开启方向，尽量保证室内面积的完整。

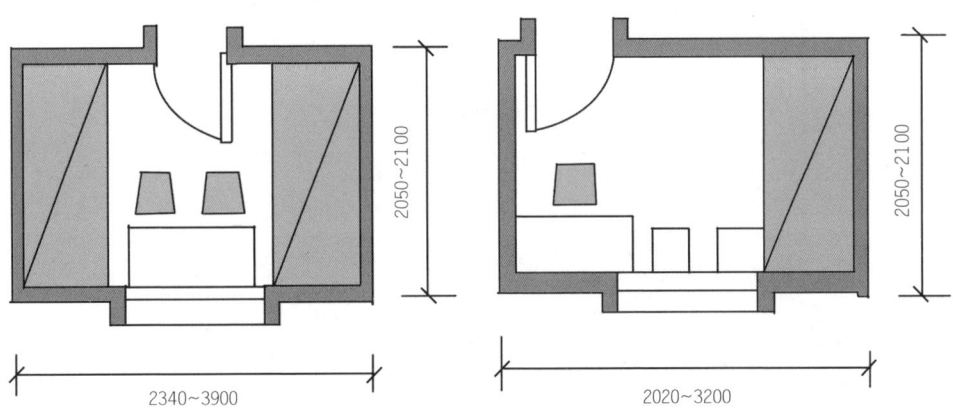

双人床的布置形式： 在横向卧室布置双人床时，可将床放在中心区域，预留出充足的行走空间，其他家具（如柜子）可沿门口区域的墙布置，书桌或者梳妆台尽量布置在窗户附近。

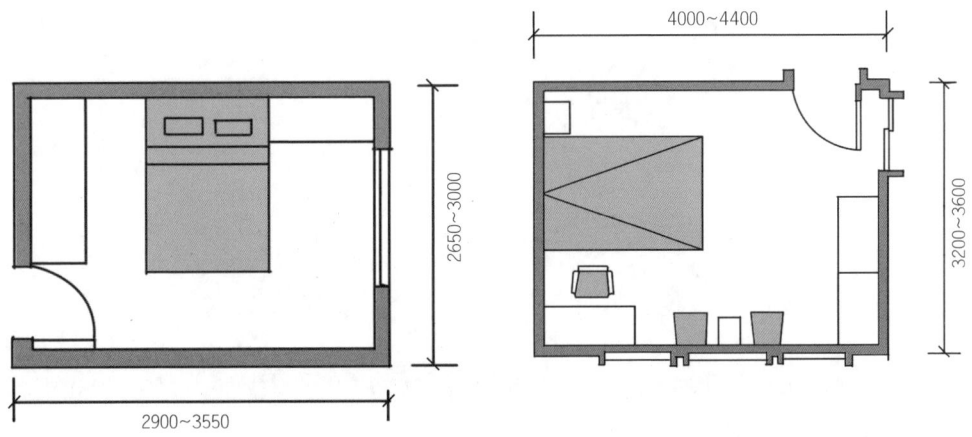

（4）卧室家具的合理动线尺寸

卧室家具的布置除了要考虑风格外，还要注意动线的规划，然后根据家具的大小、形式来决定动线的设计。

a）500~600mm：将衣柜设在床的侧面时，床与衣柜之间的最小距离

b）床的面积：最好不要超过卧室面积的 1/2，理想的比例是 1/3

c）400~600mm：床头柜的宽度

a）1060~1220mm：在卧室放置一张桌子时，椅子距离床的适宜距离

b）500~750mm：桌子的宽度容纳座椅的最佳深度

c）500~600mm：床周围可供一人通行需要预留的距离

4. 厨房设计

（1）厨房功能分区

功能分区

烹饪区｜进行烹饪活动的空间，主要集中在灶台前的区域

清洁区｜进行蔬菜、餐具等的洗涤及家务清洗等活动的空间，主要为洗涤池前的区域

准备区｜进行烹饪准备、餐前准备、餐后整理及凉菜制作等活动的空间，主要集中在操作台及备餐台前的区域

贮藏区｜用于摆放和整理食品原料、饮食器具、炊事用具，对食品进行冷冻、冷藏的空间

设备区｜炉灶、洗涤池、抽油烟机、上/下水管线、燃气管线及燃气表、排风道，以及安装热水器等设备所需的通行空间

（2）厨房的布局与动线需求

需求一：丰富的储藏空间

一般家庭厨房都采用组合式吊柜、吊架、底柜等，以合理地利用一切可储存物品的空间，增强厨房的使用效率。

餐具器皿的收纳

烹饪设备、电器的放置

较重的厨具收纳

需求二：足够的操作空间

在厨房里要洗涤和配切食品，要有搁置餐具、熟食的周转场所，还要有存放烹饪器具和佐料的地方，以保证基本的操作空间。这些操作空间不仅要相互独立还要相互联系，在规划时可根据厨房的操作流程进行细分，预留出足够的操作空间。

烹饪流程	拿取食材	处理食材	备用食材	烹饪	装盘上桌
涉及空间	冰箱 储物柜	清洗（水池） 加工区	备餐区	调味品区 灶台	装盘区

需求三：充分的活动空间

厨房里的布局是遵循食品的储存和准备、清洗和烹饪这一操作过程设计的，应沿着炉灶、冰箱和洗涤池这三种主要设备组成一个三角形。因为这三种主要设备通常要互相配合，所以要布置在最适宜的距离处以节省时间和人力。这三边之和以 3.6~6m 为宜，过长和过短都会影响操作。

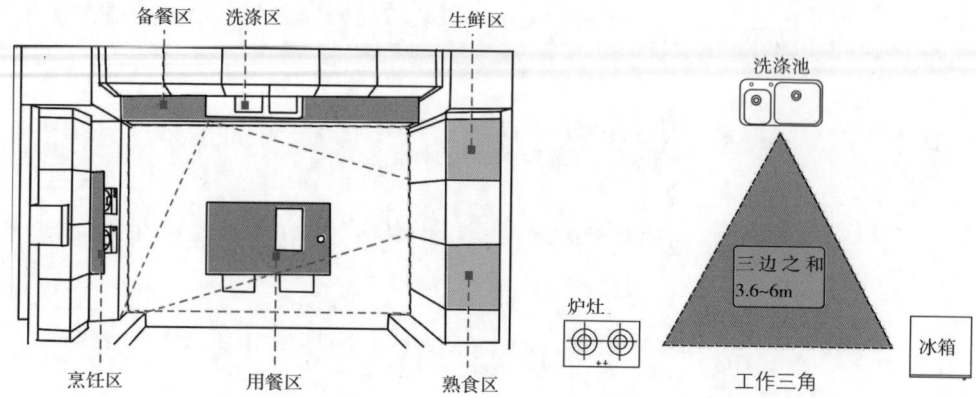

通过图示分析操作步骤，可以发现，在厨房操作时洗涤区和烹饪区的往复最频繁，将这一距离调整到 1.22~1.83m 较为合理。为了有效利用空间、减少往复，建议将存放蔬菜的篮子、刀具、清洁剂等以洗涤池为中心进行放置，在炉灶两侧留出足够的空间以放置锅、铲、碟、盘、碗等器具。

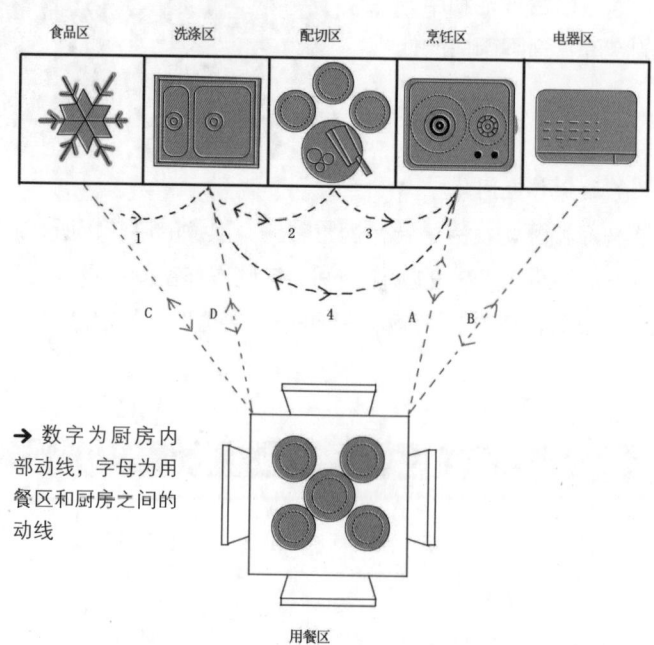

➡ 数字为厨房内部动线，字母为用餐区和厨房之间的动线

用餐区

（3）厨房平面布局方式

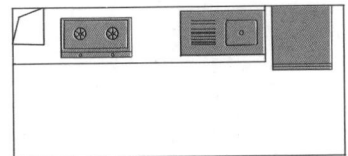

一字形厨房

一字形厨房即厨房和橱柜呈"一"字形布局，适用于小户型的厨房，也适用于餐、厨结合的开放式厨房。

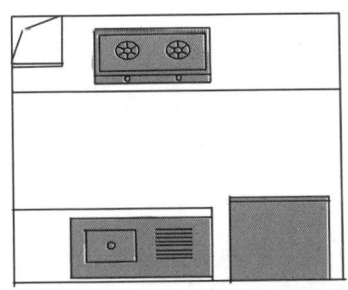

二字形厨房

二字形厨房的布局是操作平台位于过道两侧，要求厨房有足够的宽度，以容纳双操作台和走道。

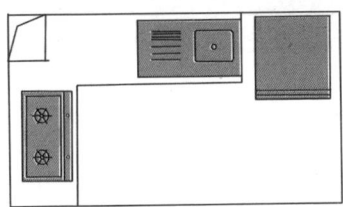

L 形厨房

L 形厨房是整个厨房的布局呈"L"字形，沿着两个墙面上布置的连续的操作台，是一种比较常见的布局方式，适用于狭长、长 / 宽比例大的厨房。

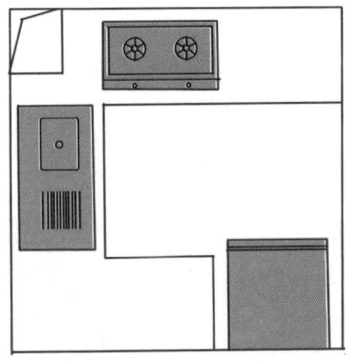

U 形厨房

U 形厨房是双向走动、双操作台的布局方式，实用而高效。这种布局方式利用三面墙布置台面和橱柜，适用于宽度较大的厨房；若宽度不够，建议做成 L 形。

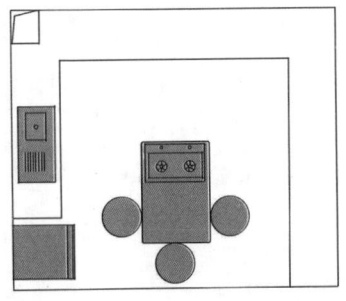

岛形厨房

岛形厨房一般是在一字形、L 形或者 U 形厨房的基础上加以扩展，中部或者外部设有独立的工作台，呈现岛状。

（4）厨房家具的合理动线尺寸

a）890~920mm：炉灶的标准高度

b）≥1010mm：炉灶工作区的距离。通常按照两人并排行进的最小距离来测算

c）600~1800mm：使用者站立时举手伸到吊柜到垂手开底柜门的距离

d）700mm：抽油烟机的高度，是炉面到抽油烟机底的距离

a）890~915mm：槽面的高度

b）≥305mm：槽面边缘与拐角处台面之间的最小距离，任意一侧满足此项条件即可

c）710~1065mm：双眼水槽的长度。若设置单眼水槽，其长度为440~610mm

5. 卫浴设计

（1）卫浴间功能分区

功能分区

- **如厕区** | 解决日常的如厕问题，这是卫浴间最基本也是最重要的功能之一
- **盥洗区** | 提供日常的盥洗功能，如洗手、洗脸、刷牙等。现代生活对盥洗功能的要求越来越高，除了日常的洗脸、刷牙外，还有部分清洁、护理、美容美发等活动也会在卫浴间进行
- **沐浴区** | 满足人们日常的沐浴需求，宽敞的卫浴间可以尝试更加独特的休闲沐浴方式，如桑拿浴
- **家务区** | 如住宅中没有生活阳台，卫浴间还要承担部分清洁家务功能，如洗衣、晾晒、拖地等
- **收纳区** | 如厕、盥洗、沐浴、家务这四项活动所需要的器具、设备等都有一定的设备放置空间与储物空间

（2）卫浴间的布局与动线需求

◎卫浴间的布局需求

类型一：小型卫浴间

小型卫浴间的面积在 3~4m² 左右。这个面积的卫浴间在中小型的住宅中比较常见，由单人盥洗区、如厕区、沐浴区几个基本功能模块组成，以提供日常生活所必需的卫浴功能。

↑ 小型卫浴间的布局原则是各功能模块紧凑、舒适、合理，在满足人体工程学所需最小尺度的前提下，使家庭成员都能方便、高效、舒适地使用卫浴间

类型二：中型卫浴间

中型卫浴间的面积在 5~7m² 左右。中型卫浴间的空间较为宽裕，基本可以做到干湿分离或者卫浴分离，同时可以为使用者提供舒适、宽敞、独立的卫浴环境。

↑ 一般中型卫浴间都是为主人卧室设置的，多为双人位盥洗空间，通道也比较宽敞。卫浴间内有足够的空间设置浴缸，坐便器也有一定的隔断措施与其他空间分隔，可以做到卫浴分离

类型三：大型卫浴间

大型卫浴间的面积一般在 8m^2 以上，多出现在大型住宅的主人套间中。这个面积的卫浴间已经不仅仅是一个提供基本卫浴功能的空间，它可以做到每个功能模块都自成独立的专门空间，彼此流通，又互不影响，通道与活动空间宽裕。一般浴缸都临窗而设，有较好的光环境，使沐浴超出了日常清洁的功能，变成一种休闲方式。

↑ 盥洗区也可以设置梳妆台，扩大卫浴间的清洁、护理功能，使生活更加方便

◎卫浴间的动线需求

在布置卫浴间时可以避开大家聚集的地方，选择在走廊与卧室的中间，并分别与其保持一定的距离；也可以和厨房一起安排在邻近玄关的位置，以便于管线集中。此外，在规划动线时最好使厕所门开着的时候，从外面看不到坐便器，以保护隐私。

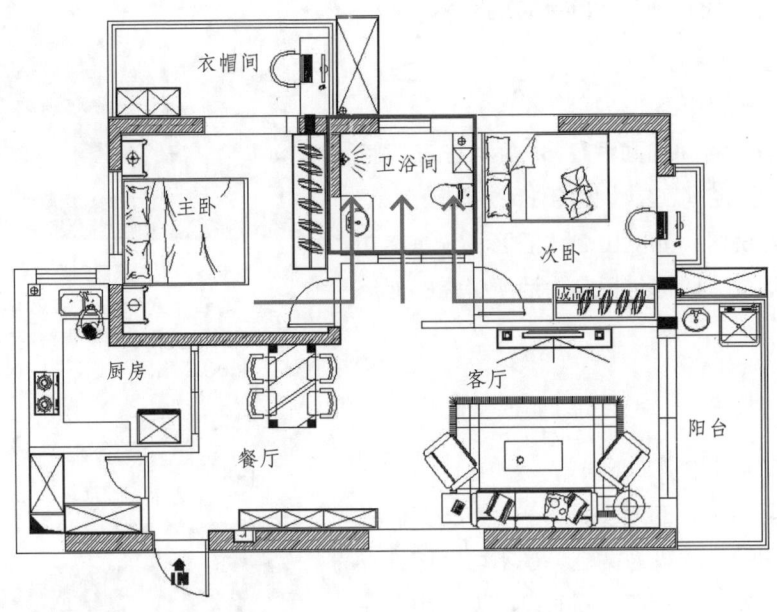

↑ 设置在卧室附近，可以缩短卧室到卫浴间的动线，方便使用

↑和厨房布置在一起，比较方便处理管线，可以更好地为公共区域服务

（3）卫浴间平面布局方式

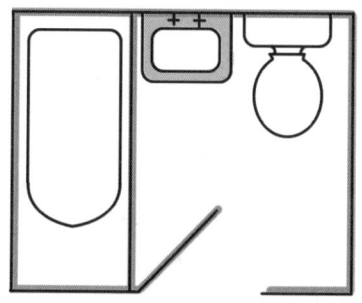

兼用型卫浴间

兼用型卫浴间的布局方式是将洗手盆、坐便器、淋浴或浴缸放置在一起。兼用型卫浴间的优点是，节省空间，管道布置简单，相对来说经济实惠、性价比高；缺点是，面积较小时其相应的储藏能力会降低，不适合人口多的家庭使用。

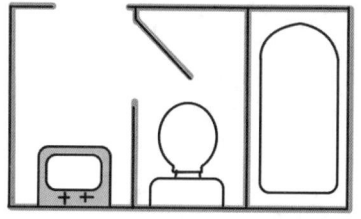

折中型卫浴间

折中型卫浴间的布局方式是指卫浴间中的基本设备相对独立，但有部分合二为一。相对来说，折中型卫浴间经济实惠，使用方便，不仅节省空间，组合方式也比较自由；但是将部分设备布置在一起，可能会产生相互干扰的情况。

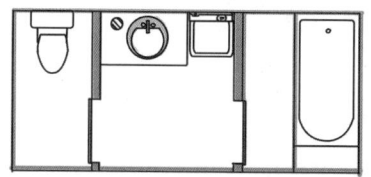

独立型卫浴间

独立型卫浴间的布局方式是将卫浴间中的盥洗区、浴室、厕所分开布置。独立型卫浴间的优点是，各个空间可以同时使用，在使用高峰期可以避免相互之间的干扰，分工明确，减少了不必要的等待时间，感受更为舒适，适合人口多的家庭使用；缺点是，占用较大的空间面积，造价也较高。

（4）卫浴间洁具的合理动线尺寸

a）≥ 1060mm：沐浴间的进深尺寸。需要预留一人弯腰的距离

b）≥ 1830mm：成人用淋浴喷头的高度。该喷头可以调节，具体到某一个使用者时可以自行选择高度

c）455~760mm：洗手台到障碍物或者墙的距离。455mm 是人弯腰洗脸时所需的最小距离

d）533~610mm：洗手台台面的深度

e）450mm：坐便器到障碍物的距离。坐便器前方需要留出可以保证如厕动作流畅、方便的距离。

a）355~410mm：两个洗手台之间的距离

b）940~1090mm（男性），815~914mm（女性），660~813mm（儿童）：洗手盆的高度。可根据具体的使用者进行定制化设计，以优化动线的立体呈现

c）1100~1200mm：镜子距地高度。尽可能地将镜子的中心部分置于与视线相平的位置

6. 缺陷空间优化设计

缺陷一：不规则的空间

原户型中的一侧墙面为斜边型，既带来不好的视觉体验，又不利于家具的摆放。

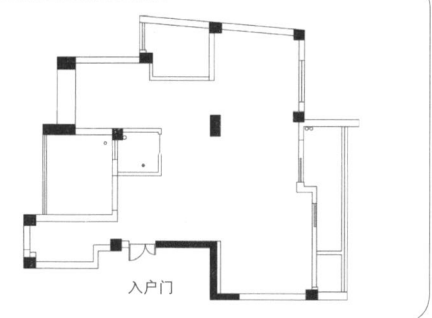

优化设计一：利用造型柜弥补缺陷

利用造型柜找平墙面，形成方正的空间，以便于床和床边柜的摆放，同时又为主卧增加了一定的储物功能。通过精心的设计进行弥补，不完美的户型也能带来美好的生活体验。

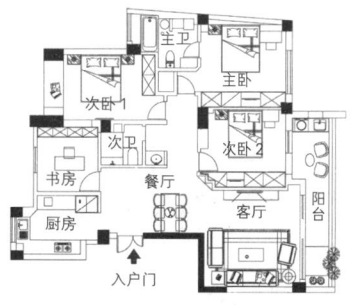

类似空间的改造方法：

①巧建隔墙——依空间斜面建造可以拉正空间的墙面，形成规整格局（建议较大空间使用）。

②拆除隔墙——可将无用的非承重隔墙拆除，建造开放式空间。

③改变门的开启位置——有的不规则空间是因为门的开启方向所导致的，可改变门的位置，建造规整格局。

缺陷二：面积狭小的空间

原户型中的卧室较多，但主卧隔壁的次卧面积较小，利用率较低。另外，厨房的面积也较小，还被分成了两部分，中间有一个门连窗，内侧非常狭窄。

优化设计二：合并空间

将主卧和次卧之间的隔墙拆除，合并成一个空间。由于卧室与客厅的隔墙延长，使电视墙的比例更舒适。另外，为了扩大厨房的面积，使橱柜更好摆放，拆除了中间的门和窗，使空间变成了一个整体。

类似空间的改造方法：

①隔墙改造——巧借临近空间的面积，使狭小空间变开阔。

②色彩弥补——利用具有膨胀感的色彩涂饰墙面，在视觉上放大狭小空间。

缺陷三：过道狭长的空间

这是一个整体呈长条形的户型。由于厨房和卫浴间的位置在中间，公共区域的两侧出现了两条非常狭长的过道，破坏了整休比例，使人感觉非常不舒服。

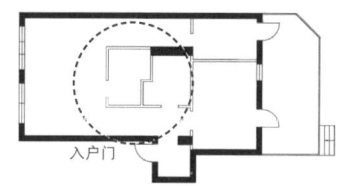

入户门

优化设计三：拆除隔墙

现有厨房的面积比较小，所以仅保留了一面墙壁，其余隔墙全部拆除，狭长的区域于是消失了。此外，将原来通向次卧的过道利用起来，用短隔墙做几道间隔，将橱柜嵌入其中，可以增加厨房的面积。

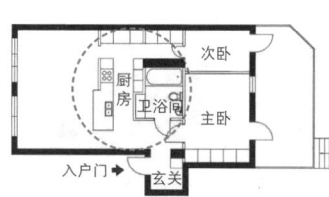

类似空间的改造方法：

①巧设造型墙——将原有生硬的隔墙拆除，再设计一面造型墙，可避免狭长过道带来的逼仄感，也为空间带来美的视觉感受。

②色彩弥补——不方便拆除的隔墙，可利用后退色来营造视觉上的扩大感。

缺陷四：动线不合理的空间

原有布局将与客厅相邻、没有阳台的小空间作为餐厅，不仅面积较小，而且厨房和餐厅之间虽然只有一墙之隔，却要经过两道门。如果菜肴的汤汁比较多，难免会洒到地上，清理麻烦并且非常不卫生。

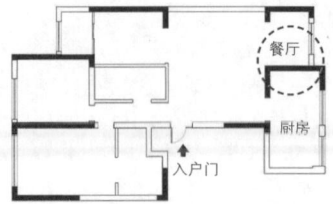

优化设计四：合并空间

将餐厅移到厨房中，缩短两者之间的距离；并将原餐厅作为地台式休闲区，还可收纳部分物品。

类似空间的改造方法：

①有效合并空间——拆除不必要的隔墙，使两个原本拥挤的空间变成一个宽敞的空间，将产生家务动线的空间并为一个空间。

②功能空间互换——理顺家居动线，将产生居住动线、家务动线、访客动线的空间进行重新界定。

缺陷五：采光条件差的户型

此户型中，卧室和卫浴间用隔墙分隔，公共区域只能依靠一扇窗来单面采光，显得非常阴暗，让人感觉压抑、没活力。

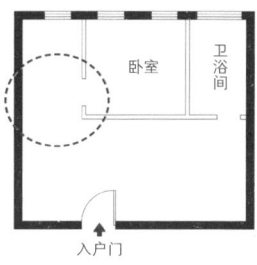

优化设计五：将隔墙换成玻璃门

将卧室墙面拆除，改成玻璃墙和推拉门，并将玻璃的中间部分进行磨砂处理。这一设计除了遮挡卧室的部分视线外，最大化地引进了光线，改善了原有的昏暗问题。只要充满阳光，房间再小，也都是幸福的味道。

类似空间的改造方法：

① 墙体改造——将一些无用的隔墙拆除，使光线蔓延至室内。

② 空间挪移——将诸如客厅等主要空间重新规划在室内阳光充裕的区域。

③ 色彩弥补——室内空间以浅色系为基调，也可以结合多元灯具直接补光。

④ 材质反射——利用镜面、光亮的瓷砖和玻璃推拉门提升室内的亮度。

缺陷六：功能空间不足的户型

原始户型在布局上没有太大问题，但由于居住者需要父母来帮忙照看小孩，需要多出一间卧室。

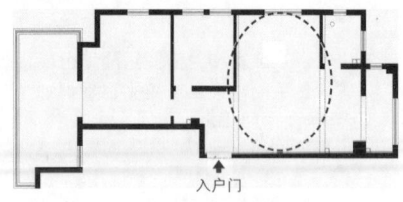

入户门

优化设计六：加建隔墙

利用面积比较充裕的客厅压缩出一间卧室。但由于加建了隔墙，导致开放式客、餐厅的采光受到影响，因此，厨房选用通透的玻璃隔断拉门，以避免产生阴暗效果。

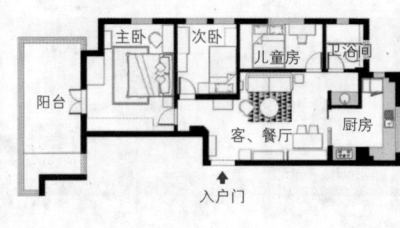

入户门

类似空间的改造方法：

① 增加隔墙——找出面积较充裕的室内空间加建隔墙，使居室多出一个房间。

② 建造多功能空间——根据需求，为一个室内空间注入多种使用功能。

③ 隔断分隔——使用通透性较强的隔断将一个大空间进行分隔，使其具有多种用途。

第四章

色彩常识
与配色表现

　　色彩设计是室内设计的一个重要组成部分，舒适的色彩搭配能够使人们对整体空间留下深刻的印象。本章将全面生动地讲解室内色彩的基础知识，帮助读者更好地运用色彩美化空间。

一、色彩基础知识

1.构成与分类

（1）色彩构成三要素——光源、物体、视觉

光源：光是由红、橙、黄、绿、青、蓝、紫七种波长不同的单色光组成的。波长为 760~400nm、能引起人视觉反应的光被称为可见光，红、橙、黄、绿、青、蓝、紫就是可见光。

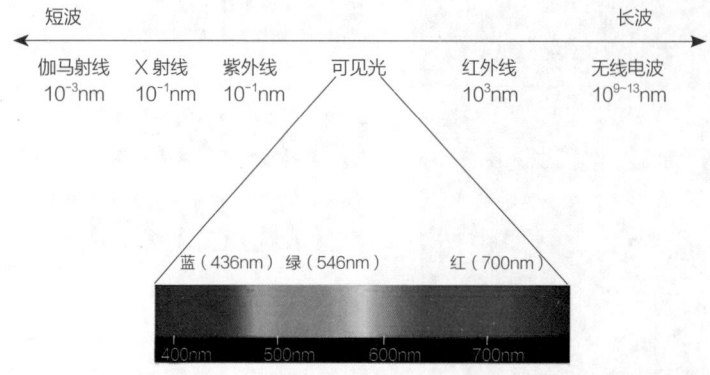

物体：物体对光的选择性吸收是物体呈现颜色的主要原因。所谓物体的颜色，是从照射的光里选择性地吸收了一部分波长的色光，反射了剩余的色光，而人们所看到的物体的颜色就是剩余的色光。

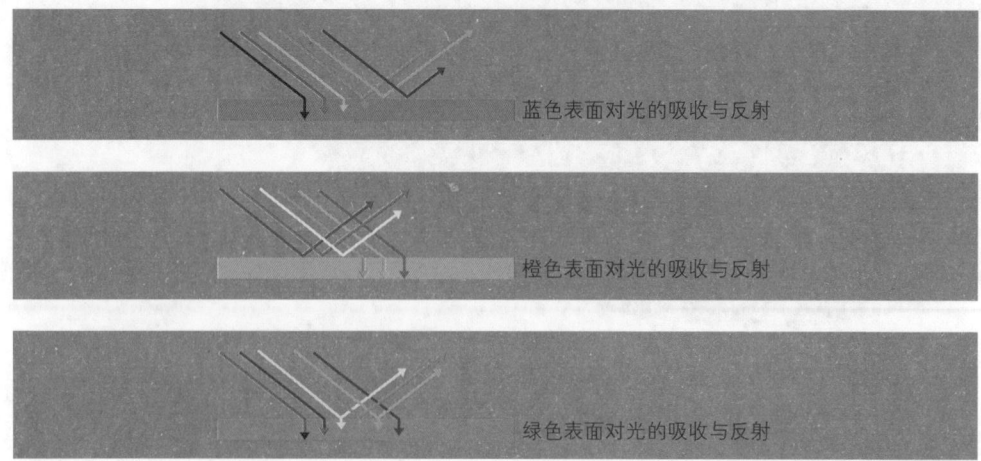

视觉： 人们看到的色彩并不是物体本身的色彩，而是人的视觉对物体反射的光通过色彩的形式进行感知。

↑ 光线在物体表面反射或穿透，进入人的眼睛，再传递到大脑。例如，人看到的沙发是绿色的，并不代表沙发本身是绿色的，而是人的脑垂体和脑部结构判断为绿色

（2）色彩的分类

色彩分类		概 念	室内应用
无彩色系		①没有彩度变化的颜色； ②包括黑色、白色、灰色、银色、金色	①单一无彩色不易塑造强烈个性； ②两种或多种无彩色搭配，能塑造强烈个性
有彩色系	暖色系	①给人温暖感觉的颜色； ②包括紫红、红、红橙、橙、黄橙、黄、黄绿等； ③给人柔和、柔软的感觉	①若大面积使用高纯度暖色，容易使人感觉刺激； ②可调和使用
	冷色系	①给人清凉感觉的颜色； ②包括蓝绿、蓝、蓝紫等； ③给人坚实、强硬的感觉	不建议将大面积暗沉冷色放在顶面和墙面，容易使人感觉压抑
	中性色	①紫色和绿色没有明确的冷暖偏向； ②冷色、暖色之间的过渡色	①绿色为主色时，能够塑造惬意、舒适的自然感； ②紫色高雅且有女性特点

↑ 无彩色系

↑ 暖色系

↑ 冷色系

↑ 中性色

2. 色相、明度和纯度

（1）色相

实用配色表

色相即各类色彩所呈现出来的相貌，是色彩的首要特征，是区别各种不同色彩的标准。任何黑、白、灰以外的颜色都有色相这一属性。

◎原色、间色、复色

色相是由原色、间色和复色构成的。

原色：红、黄、蓝
间色：橙、紫、绿
复色：蓝紫、红紫、蓝绿、黄绿、红橙、黄橙

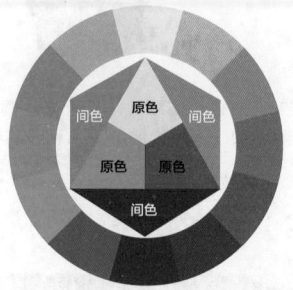

↑ 色相秩序的归纳

◎色相的归纳

色彩学家将色相按照原色呈三角形分布后，将间色（二次色）放在原色中间，再将复色（三次色）以混合顺序插入，按照规律归纳后排列组合，就形成了色相环。根据色相数量的不同，常用的色相环有 10 色相环、12 色相环、24 色相环、36 色相环和 72 色相环等。

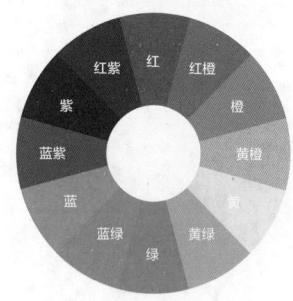

↑ 12 色相环

（2）明度

明度是指色彩的明暗程度。各种有色物体由于反射光量的不同而产生颜色的明暗强弱，这就是人们看到的颜色的明度区别。例如，黄色在明度上的变化能够得到深黄、中黄、淡黄、柠檬黄等不同黄色，红色在明度上的变化能够得到紫红、深红、橘红、玫瑰红、大红、朱红等不同红色。

◎明度的调节

同一色相添加白色越多，明度越高；添加黑色越多，明度越低。每一种纯色都有其对应的明度，色相不同，明度也不同，黄色明度最高，蓝紫色明度最低，红、绿色为中间明度。

◎物体的明度与光线

当照射物体的光线强度不同时，也会有明度上的变化。强光下物体要显得明亮一些，反之则灰暗一些。

（3）纯度

色彩的纯度也被称为色彩的彩度或饱和度，是指色彩的纯净程度，表示颜色中所含有色成分的比例。含有色成分的比例越多，则色彩的纯度越高；含有色成分的比例越小，则色彩的纯度也就越低。

◎纯度的调节

当在一种纯色中加入黑色或白色时，其明度会发生变化。与明度不同，在纯色中不论是加入黑色、白色，还是加入其他色彩，其纯度都会降低。纯度最高的色彩是原色，间色次之，复色最低。

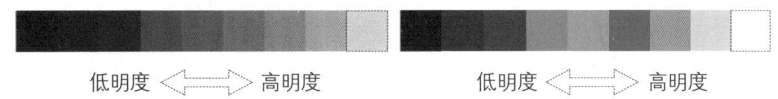

低明度 ⟷ 高明度   低明度 ⟷ 高明度

◎物体的纯度与光滑程度

有色物体的纯度与物体表面的光滑程度有关。如果物体表面粗糙，其漫反射作用将使色彩的纯度降低；如果物体表面光滑，其全反射作用将使色彩显得比较鲜艳。

↑ 相同的橙色应用在光滑的墙面材料与粗糙的地面材料上，视觉观感上的纯度有所不同

3. 色相寓意

（1）红色

视觉感受： 使人有一种迫近感和心跳加速感，可以引发兴奋、激动的情绪。

配色要点： 适合用在客厅、活动室或儿童房中，鲜艳的红色不适合大面积使用，以免过于刺激。

（2）黄色

视觉感受： 使人感觉温暖、明亮，象征快乐、希望、智慧和轻快的个性，带给人灿烂、辉煌的视觉效果。

配色要点： 大面积使用鲜艳的黄色，容易给人苦闷、压抑的感觉。可以缩小使用面积，作为点缀或花纹。

（3）蓝色

视觉感受： 给人博大、静谧的感觉，是永恒的象征，纯净的蓝色有文静、理智、安详、洁净的意象，能够使人的情绪迅速地镇定下来。

配色要点： 适合用在卧室、书房、工作间和压力较大的人的房间中。

（4）橙色

视觉感受： 具有明亮、轻快、欢欣、华丽、富足的感觉。

配色要点： 橙色能够激发人们的活力和创造性，使人喜悦，适合用在客厅、餐厅、活动室或儿童房中。

（5）绿色

视觉感受： 使人感到轻松、安宁，是一种非常平和的色相。

配色要点： 绿色是自然界中最常见的颜色。在居室中使用绿色，能使人联想到自然，基本上没有使用限制。

（6）紫色

视觉感受： 具有使人情绪高涨、提高自尊心的效果。

配色要点： 不论什么色调的紫色，在加入白色进行调和后，给人的感觉都非常柔美。需要注意，男性空间应慎用紫色。

（7）粉色

视觉感受： 具有可爱、温馨、娇嫩、青春、纯真、甜美等意象。

配色要点： 粉色搭配白色更显娇美、可爱，与黑色组合具有优雅感。

（8）棕色

视觉感受： 可以使人联想到泥土和自然，给人可靠、有益健康的感觉。

配色要点： 完全使用棕色作为装饰，效果有些不鲜明，可以搭配较明亮的色彩进行平衡。

4.色彩角色

背景色	是指据空间中最大比例的色彩（占比60%以上），通常为家居空间中的墙面、地面、顶面、门窗等的色彩，面积较大，是决定空间整体配色印象的重要元素

主角色	是指空间的主体色彩（占比20%左右），包括大件家具、装饰织物等构成视觉中心的物体的色彩，是配色的中心

配角色	陪衬主角色（占比10%左右），视觉重要性和用色面积次于主角色，通常为小家具（如边几、床头柜等）的色彩，可以使主角色更突出

点缀色	是指空间中最易变化的小面积的色彩（占比10%左右），通常为工艺品、靠枕、装饰画等的色彩。点缀色通常比较鲜艳，若追求平稳感，也可与背景色靠近

5.配色原则

（1）整体色彩统一原则

　　室内空间配色最好不要超过三种颜色，黑色和白色不属于色彩的范围内。室内空间配色的整体倾向以统一色调为主，色彩表现尽量和谐，色相、明度和纯度尽可能靠近，这样才能产生统一感。

↑ 室内色彩过多，会使人眼花缭乱，导致视觉上过分刺激，但同时也要避免太过平淡、沉闷和单调

（2）满足室内空间需求原则

　　不同的色彩带给人的视觉感受和由此引起的色彩心理都是不同的，在选择色彩时要充分考虑到人们的感情色彩。例如，大面积黑色的运用会使人感觉压抑；温暖、沉稳的颜色符合大众的审美意趣。根据室内空间布局，不同的空间具有不同的功能，在色彩的运用上也可以采用不同的配色方案。

↑ 儿童房需要营造出欢快、明朗的氛围，因此，色彩上要明亮化

（3）构图需求原则

　　室内色彩搭配首先服务于空间的美化。在进行室内色彩设计时，要先定好主角色，因为主角色在整个室内设计中起到了主导的作用。在确定主角色的前提下，再搭配一定的对比色和相近色等。

↑ 对于大面积色块，不建议采用纯度太高的色彩，小面积色块则可以

二、配色技法与调整

1. 色相型配色法

在进行配色设计时，通常会采用至少两到三种色彩进行搭配，这
种色相的组合方式被称为色相型。色相型总体可分为闭锁和开放两种效果。闭锁的色
相型用在家居配色中，能够营造平和的氛围；而开放的色相型用在家居配色中，色彩
数量越多，营造的氛围越自由、越活泼。

（1）同相型、类似型配色

区别： 两者都给人稳重、平静的感觉，仅在色彩印象上存在差异。

> 同相型配色限定在同一色相中，具有闭锁感；类似型配色的色相幅度
> 比同相型有所扩展。

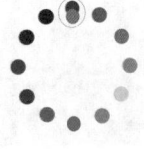

同相型

同相型： 完全采用同
一色相的配色方式。

↑ 不同纯度的绿色形成同相型配色，沉稳又不
会有单调感

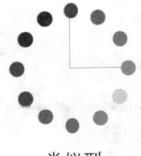

类似型

类似型： 采用邻近色
进行组合的配色方式。

↑ 红色与橙色搭配为类似型配色，活泼又不过
于刺激

（2）互补型、对比型配色

区别： 对比型配色形成的氛围与互补型配色类似，但冲突感、对比感、张力有所降低，兼有对立与平衡的感觉。

互补型

互补型： 在色相环上位于 180° 相对位置的色相进行组合。

↑ 红色和绿色形成互补型配色，具有强烈的视觉冲击力

对比型

对比型： 在色相环上接近 120° 位置的色相进行组合。

↑ 在大面积的蓝色空间中采用纯度较高的红色进行搭配，体现张力的同时也不乏紧凑感

（3）三角型、四角型配色

区别： 四角型配色可以营造醒目、安定又具有紧凑感的空间氛围，比三角型配色更开放、更活跃，是视觉冲击力最强的配色类型。

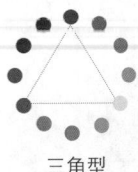

三角型

三角型： 在色相环上能够连线成为正三角形的三种色相进行组合。

↑ 采用纯度较高的三原色进行搭配，空间给人的印象是鲜亮、有活力

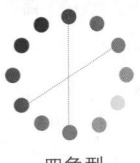

四角型

四角型： 两组互补型色彩或对比型色彩组合的配色方式。

↑ 四角型配色使空间显得活泼、生动，为了避免过于刺激，可采用无彩色系进行调和

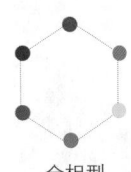

全相型

（4）全相型配色

全相型： 使用全部色相进行配色，无冷暖偏颇。通常使用的色彩数量有五种，就会被认为是全相型。

↑ 空间配色虽然为全相型，但采用的色彩多为浊色，使卧室整体不会显得过于激烈

2. 色调型配色法

色调是色彩外观的基本倾向，指色彩的浓淡、强弱程度。在色相、明度、纯度这三个色彩属性中，某种因素起主导作用就称为某种色调。

纯色调	纯色调 = 没有加入黑、白、灰的最纯粹的色调 情感意义：鲜明、活力、热情、艳丽、开放、醒目	
明色调	明色调 = 纯色调 + 少量白色 情感意义：天真、单纯、快乐、舒适、纯净	
淡色调	淡色调 = 纯色调 + 大量白色 情感意义：童话、温和、朦胧、温柔、淡雅、舒畅	
强色调	强色调 = 纯色调 + 少量黑色 情感意义：豪华、沉稳、内敛、动感、强力、厚重、疏离	

深暗色调	深暗色调 = 纯色调 + 大量黑色 情感意义：坚实、复古、传统、结实、安稳、古老	
柔色调	柔色调 = 纯色调 + 少量灰色 情感意义：高雅、高端、冷静、现代	
淡浊色调	淡浊色调 = 纯色调 + 大量高明度灰色 情感意义：高雅、雅致、素净、高级	
浊色调	浊色调 = 纯色调 + 中明度灰色 情感意义：朦胧、宁静、沉着、质朴、稳定、柔弱	

3. 无彩色配色法

　　室内空间最常用的无彩色为黑、白、灰三种颜色，它们没有冷暖倾向，属于广义上的中性色。当感觉室内色彩不够稳定时，可以加入无彩色进行调节。

（1）白色突出主角色

　　白色是明度最高的色彩，任何彩色与其放在一起，都显得尤为引人注目。当家居空间中的主角色不是很突出时，可以使用白色的墙面或者在主角色附近加入白色，使配色中心变得稳固。

↑ 白色背景墙使客厅主角色变得突出

（2）黑色强化稳定感

　　当墙面或主角色使用比较突出的彩色时，空间色彩容易显得过于激烈，此时可以选择黑色作为配角色，用强烈的下沉感来增加稳定感。

↑ 蓝色背景墙色彩突出，使用黑色沙发增加客厅的稳定感

（3）灰色调节层次、融合视线

　　当空间中的某一区域色彩数量较多时，可以加入不同明度的灰色，使所有色彩在明度上形成渐变，以增加空间配色的稳定感。

↑ 儿童房用色较多，为了增加稳定感，以不同明度的灰色进行搭配

4.调和配色法

（1）面积调和

面积调和与色彩三要素无关，是通过增大或减少色彩面积来达到调和的目的，使空间配色更加美观、协调。在具体设计时，色彩面积比例应尽量避免 1：1 对立，最好保持在 5：3~3：1；如果是三种色彩进行搭配，可以采用 5：3：2 的方式。

（2）重复调和

在进行空间色彩设计时，若一种色彩仅小面积出现，与其他色彩没有呼应，则空间配色会缺乏整体感。这时不妨将这一色彩分布到空间中的其他位置，如家具、布艺等，形成共鸣、重合的效果，以提高整体空间的融合感。

↑ 1：1 的面积配色稳定，但缺乏变化　　↑ 降低黑色的面积，使配色效果具有动感　　↑ 加入灰色作为调剂，使配色更加具有层次感

（3）秩序调和

秩序调和可以是改变同一色相的色调所形成的渐变色组合，也可以是一种色相到另一种色相的渐变。例如，红色渐变到蓝色，中间经过黄色、绿色等。这种色彩调和方式可以使原本强烈对比、刺激的色彩关系变得和谐、有秩序。

↑ 同一色相的渐变　　　　　　　　↑ 从一种色相到另一种色相的渐变

（4）同一调和

同一调和包括同色相调和、同明度调和、同纯度调和。

同色相调和：色相环中 60° 以内的色相进行调和，色相差别小，非常协调。

同明度调和：色彩的明度相同，可达到含蓄、丰富的调和效果。

同纯度调和：色彩的饱和度相同，基调一致，容易达成统一的配色印象。

同色相调和	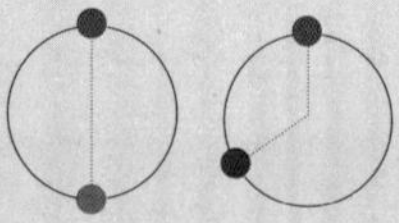 ↑ 大色相差→强力、活泼、动感	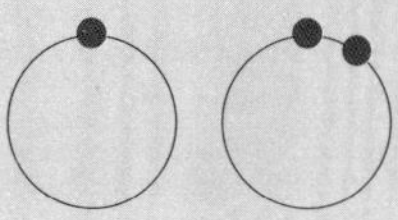 ↑ 小色相差→稳定、温馨、恬静
同明度调和	↑ 纯色调和淡色调搭配，明度差异较大，配色效果强烈	↑ 将配色统一成淡色调，零明度差，给人稳定感
同纯度调和	↑ 随意组合的各种色调，有杂乱感	↑ 调和色调，配色层次融合

（5）互混调和

将两种色彩混合在一起，形成第三种色彩，第三种色彩同时包含前两种色彩的特性，可以有效连接前两种色彩。第三种色彩适合作为辅助色，用于铺垫。

↑ 将蓝色和红色互混，得到玫红色，融合了蓝色的纯净和红色的热情，丰富了配色层次，弱化了蓝色和红色的强烈对立性

5. 融合配色法

如果感觉室内色彩搭配过于混乱，想要平和、稳定一些，可以通过调整色彩属性来达到目的。具体方法是：通过靠近色彩的明度、色调，添加类似色或同类色，以及重复、统一色阶等方式来进行。

（1）减小色相差

当室内空间中所使用的色彩之间的色相差过大时，容易使人感觉刺激、不安。可以减小它们之间的色相差，使配色效果看上去更舒适。

↑ 背景色与主角色的色相差较小，整体感觉更加稳定

（2）减小明度差

增加明度差可以凸显主角色，减小明度差可以降低因明度差过大所造成的不安定感。当不同色彩角色之间明度差过大而使配色显得凌乱时，可以通过这种方式进行调整。

↑ 空间之内的明度差较小，可以形成舒适、安定的氛围

（3）使色调靠近

配色印象的主要决定因素是色调，同类色调给人的感觉也是类似的，如淡雅的色调都柔和、甜美。因此，当不想改变色相型组合时，可以改变所用色彩的色调，使它们靠近，这样就能够得到融合、统一、柔和的视觉效果。

↑ 粉色与蓝色使用淡色调可以弱化对比感，营造柔和气氛

6. 凸出主角配色法

在完成室内色彩设计后，可能会存在整体配色重点不突出的情况，可以通过突出主角色的方式进行调整。当看到一组配色时，只有主角色的主体地位明确，才能使人感觉舒适、稳定。

↑ 鲜艳的色彩比灰暗的色彩更能聚焦视线，主体地位也更强势

（1）提高主角色的纯度

当主角色的纯度比较低而使其不够突出时，可以提高它的纯度，增强其与其他色彩的纯度差。

（2）改变主角色的明度

当主角色与背景色或配角色之间的明度比较接近而使主角色不够突出时，可以改变主角色的明度，通过明暗对比来强化主角色的主体地位。需注意，即使同为纯色，不同色相的明度也不相同。

↑ 配角色的明度较高，主角色的明度较低，强烈的对比使空间重点突出

（3）增加点缀色

主角色选择某些浅色或某些与背景色过于接近的色彩时，其主体地位也容易不够突出。在不改变主角色的前提下，可以通过增加点缀色的方式来突出它的主体地位。增加点缀色不仅能够突出主角色，还能够使整体配色更有深度。

↑ 沙发的颜色作为主角色，与背景色相近，在视觉上不够突出，可以使用多色靠枕来凸显其主体地位

7. 色彩对缺陷空间的改善

（1）调整高度的色彩

◎轻色

使人感觉轻、具有上升感的色彩，可以将其称为轻色。

> 相同色相，明度越高，上升感越强；
> 相同纯度和明度，暖色更有上升感

↑ 层高较矮时，将轻色放在顶面，将重色放在地面，在视觉上产生延伸感，使房间的高度得以提升

◎重色

与轻色相对，有些色彩使人感觉很重，有下沉感，可以将其称为重色。

> 相同色相，明度越低，重量感越强；
> 相同纯度和明度，冷色更有重量感

↑ 当顶面色彩较轻、墙面或主体家具的色彩较重时，会使人有一种下坠的视觉感受，进而带来动感

（2）调整宽、窄的色彩

◎前进色

高纯度、低明度的暖色具有前进的感觉，可将此类色彩称为前进色。它可以使远处的墙面具有前进感。

↑ 在距离较远的地方摆放使用了前进色的家具，能够从视觉上缩短距离感

◎后退色

低纯度、高明度的冷色具有后退的感觉，可将此类色彩称为后退色。后退色能够使近处的墙面显得比实际距离远一些。

↑ 在小客厅用浅蓝色涂刷墙面，搭配深灰色的沙发，可以减弱拥挤感

◎膨胀色

使物体的体积或面积看起来与其本身相比有膨胀感的色彩。高纯度、高明度的暖色都属于膨胀色。

↑ 将膨胀色用作墙面的背景色，其他色彩与其进行明度或色相的对比，以减弱寂寥感

◎收缩色

使物体的体积或面积看起来与其本身相比有收缩感的色彩。低纯度、低明度的冷色属于此类色彩，很适合面积较小的房间使用。

↑ 在空间距离较短的墙面上使用收缩色，从视觉上使空间显得更宽敞

三、常见空间配色方案

1. 清爽型空间

①具有清新感的居室，宜采用淡蓝色或淡绿色作为配色主体
②低对比度融合性配色，是清新型配色最显著的特点
③无论是蓝色还是绿色，建议与白色组合，能够使清新感更强烈

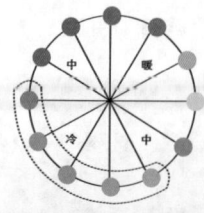

以蓝色和绿色为主

高明度蓝色	绿色系
明度接近白色的淡色调蓝色，最能体现清凉与舒爽的清新感，非常适合小户型	中性色的淡绿色或淡浊绿色，在清新中带有自然感，使家居环境显得更加惬意

蓝色＋绿色	浅灰色系
选择一种高明度色彩的淡色调，另一种色彩纯度稍微高些的纯色调，此配色比同时使用淡色调或明浊色调的配色更显层次丰富	浅银灰色、茶灰色及灰蓝色不仅具有清新感，还具有温顺、细腻的感觉，更倾向于舒适的清爽型

配色禁忌

尽量避免将暖色作为背景色和主角色使用。如果暖色占据主体位置，就会失去清爽感。暖色可以作为点缀色使用，如以花卉的形式表现，以弱化冷色调空间的冷硬感

2. 自然型空间

①源于自然界的配色最具自然的意象，以绿色为最，其次为棕色、浅茶色等大地色系
②浊色调的绿色无论是与白色、粉色还是与红色组合，都具有自然感
③自然韵味最浓郁的配色是用绿色组合大地色系

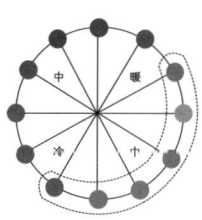

以棕色、绿色、黄色为主

绿色系	大地色系
最具代表性的自然色彩，营造充满希望的、欣欣向荣的氛围；加入大地色进行调节，自然韵味更浓厚	通过大地色系内不同明度的色彩变化，形成层次感进行配色调节，使空间显得质朴却不厚重

绿色系 + 黄色系	绿色系 + 红色、粉色点缀
以绿色为主色，氛围更清新；以黄色为主色，氛围更温馨	以明浊或暗浊绿色作为主角色，搭配红色或粉色作为配角色或点缀色，这种源于自然的配色看上去非常舒适

配色禁忌
不适合大量运用冷色系及艳丽的暖色系，但是这些亮色可以小范围地运用在饰品上，而不会影响整体室内氛围

3.温馨型空间

①具有温馨感的配色主要依靠将明亮的暖色作为主角色
②常见的色彩有黄色系、橙色系，这类色彩最趋近于阳光的感觉，可以为空间营造暖意洋洋的氛围
③在色调上，纯色调、明色调、微浊色调的暖色系均适用

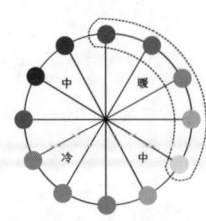

以暖色为中心

黄色系	橙色系
柠檬黄和香蕉黄是最经典的配色。若不喜欢过于明亮的黄色，可加入少量白色进行调剂	相较于黄色系，橙色系显得更有安全感，可作为空间中的背景色，奠定空间温馨的基调

木色系	米色、白色＋黄色
浅木色的大量使用可以更好地体现温馨的空间印象；深木色可作为调剂，用于丰富空间的层次	相对低调的温馨型配色，较为适合婴儿房及老人房

配色禁忌

避免冷色调占据过大面积，使空间失去温暖感。另外，无彩色系中的黑色、灰色、银色也应尽量减少使用

4. 浪漫型空间

①要表现浪漫感的配色，可以采用明亮的色调营造梦幻、甜美的感觉，例如，粉色、紫色、蓝色等

②如果用多种色彩组合表现浪漫感，最安全的做法是用白色作为背景色；也可以根据喜好选择色彩组合中的一种色彩作为背景色，其他色彩有主有次地分布

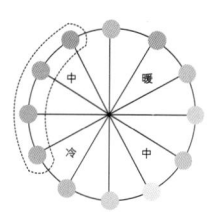

以紫红、紫色、蓝色等为主

粉色系	紫色系
将或明亮、或柔和的粉色作为背景色，浪漫氛围最浓郁，搭配黄色更甜美，搭配蓝色更纯真，搭配白色会显得很干净	淡雅的紫色既有浪漫感，又有高雅感；还可以在紫色系中加入粉色与蓝色，这样的色彩组合最能表现出浪漫的家居印象

蓝色系	多色彩组合
将具有纯净感的明色调作为背景色，组合类似色调的其他色彩，如明亮的黄色、紫色、粉色等	粉色必不可少，然后在粉紫、果绿、柠檬黄、水晶紫中随意选择两三种进行搭配，但主色调应保持在明色调上

配色禁忌

避免使用纯色调＋暗色调、冷色调的色彩搭配，这种色彩搭配不会产生浪漫的效果

5. 活力型空间

①具有活力感的配色主要依靠将高纯度的暖色作为主角色，搭配白色、冷色或中性色，使活泼的感觉更强烈
②暖色的色调很关键，即使是同一组色相组合，改变色调也会改变氛围。活力感的塑造需要高纯度的色调，若有冷色组合，冷色的色调越纯，效果越强烈

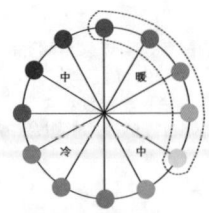

以暖色为主

对比配色	全相型配色
以高纯度的暖色作为主角色，搭配对比色或互补色，例如，红与绿、红与蓝、黄与蓝等	全相型没有明显的冷暖偏向，若营造活力氛围，配色中至少有三种明度和纯度较高的色彩

暖色系	单暖色＋白色
用高纯度暖色系中的两种或三种色彩进行组合，能够塑造出最具活力感的配色印象	白色的明度最高，用其搭配任意一种高纯度暖色，都能通过明快的对比，强化暖色的活泼感

配色禁忌

活力氛围主要依靠明亮的暖色作为主角色来营造，冷色的加入可以提升配色的张力。若以冷色系或者暗沉的暖色系作为主角色，氛围则会失去活力

6. 传统型空间

①传统型的配色主要依靠暗色调、暗暖色及黑色来体现，采用近似色调进行搭配，用明浊色调的色彩作为背景色，可以避免空间过于沉闷

②如果将暗暖色（如巧克力色、咖啡色、绛红色等）与黑色同时使用，则可以融合厚重感和坚实感

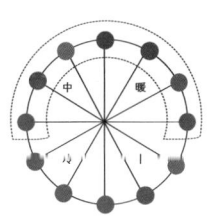

以暖色为主

暗暖色	黑色系
以暗暖色调（如暗色调的咖啡色、巧克力色、暗橙色、绛红色等）作为主角色，打造具有传统韵味的室内空间	黑色与其他无彩色组合，占据较大面积，就能使空间具有厚重感

暗暖色 + 暗冷色	**中性色点缀**
以暗暖色为主角色，加入暗冷色，形成对比配色，在厚重、怀旧的基础氛围中还能增添可靠的感觉	以暗色调或浊色调暖色系为主角色，加入暗紫色、深绿色等与主角色为近似色调的中性色，塑造具有格调感的厚重的色彩印象

配色禁忌

尽量不要选择高浓度暖色作为主角色或配角色，如红色、紫红色、金黄色等。此类色调具有华丽感，很容易改变厚重的印象

7. 男性居住空间

男性色彩空间需体现阳刚、力量感

男性给人的印象是阳刚、有力量感，为男性居住空间进行配色设计应表现出此特征，可以借助蓝色或者黑、灰色等无彩色系组合表现男性理智的一面

无彩色系	蓝色系
黑、白、灰三色中至少有两种作为主角色，搭配少量彩色进行点缀，空间配色冷峻、时尚	以蓝色系作为主角色或背景色，搭配无彩色系或少量彩色，效果冷峻、坚毅

绿色系	灰色系＋暗暖色
搭配无彩色系，绿色作为主角色或背景色时多用暗色系，亮色多作为点缀	有色彩偏向的灰色（黄灰、绿灰、蓝灰等），搭配暗暖色，可表现男性特点

配色技巧

用色相组合与明度对比强化男性气质

将色相组合与明度对比相结合，例如，蓝色与棕色组合，蓝色的明度与棕色的明度相差多一些，能够体现出既具理性又具坚实感的空间配色

配色禁忌

避免过于柔美、艳丽的色彩

过于淡雅的暖色及中性色具有柔美感，不适合大面积用于男性居住空间的环境色中。鲜艳的粉色、红色具有女性特质，也应避免

8. 女性居住空间

女性色彩空间需体现浪漫、柔和感

女性居住空间的配色在色相的使用上基本没有限制，黑色、蓝色、灰色也可应用，但需注意色调的选择，避免深暗色调及强对比色调。另外，红色、粉色、紫色这类具有强烈女性特征的色彩在空间配色中运用广泛，也应注意色相不宜过于暗淡、深重

红色 / 粉红色系 + 无彩色系	紫色系 / 蓝色系 + 无彩色系
红色、粉红色系搭配无彩色系，能够在女性的妩媚感中增添时尚感，强化配色的张力	紫色系搭配白色显得清爽、浪漫，可以避免甜腻感过浓

红色 / 粉红色系 + 淡浊色调	紫色系 / 蓝色系 + 淡浊色调
淡浊色调（如米灰色、浅黄灰色、浅灰绿色等）能够增加空间配色的高雅感	搭配淡浊色调可以强化高雅感

配色技巧

浅色系搭配适合小空间

用淡蓝色、米色与白色组合，温馨中糅合清新感，非常适合小户型。蓝色调宜爽朗、清透，深色调的蓝色仅可用在地毯或花瓶等装饰上，不可占据视觉中心

配色禁忌

避免大面积暗色系

女性居住空间虽可用冷色表现，但要避免大面积使用暗沉冷色。这类色彩可作为点缀色，或用在地毯等地面装饰上。另外，暗色系暖色具有复古感，要避免与纯色调或暗色调冷色同时大面积使用，否则容易产生强对比，安全的配色方式是组合色相相近的淡色调

9.女孩房

丰富多样是女孩房配色的诉求

暖色系基调的颜色倾向，很多时候会令人联想到女孩子的房间，如粉红色、红色、橙色、高明度的黄色或是棕黄色。另外，女孩房也常常会用到混搭色彩，以达到丰富空间配色的目的。需要注意的是，配色不要过于杂乱，可以选择一种色彩，通过明度对比，再结合一到两种同类色来进行搭配

粉色 + 白色	糖果色
以粉色搭配白色作为基调，同时搭配高纯度的彩色	糖果色相互搭配，塑造鲜亮、可爱的空间氛围

冷色系	暖色系
蓝、紫冷色系中最好加入粉红色作为调剂，柔和又不失唯美	非常适合女孩房的配色，只需注意避免大面积运用

配色技巧

擅用中立色彩

除了暖色，浅灰色、咖啡色、卡其色这类色彩也可以出现在女孩房中。例如，运用这类色彩进行大面积铺陈，床上用品再根据孩子的性情、年龄段搭配不同色系，为孩子的成长预留出更多的空间

配色禁忌

避免大面积浓重、鲜艳的色彩

女孩房的色彩大多较为鲜艳，但要注意度的把握。大面积浓重、鲜艳的色彩容易造成视觉疲劳，同时产生不安宁感。可以将浓重、鲜艳的色彩运用在局部，如吊顶、主题墙、家具和软装布艺上

10. 男孩房

男孩房的配色可针对年龄来选择

男孩房的配色需针对不同年龄段区别对待。3～6岁的男孩活泼、好动,可以选择常规的绿色系、蓝色系进行配色;处于青春期的男孩会比较排斥过于活泼的色彩,而趋近于选择冷色及中性色

蓝色系或绿色系为主	淡雅暖色 + 冷色
以色调较纯的蓝色系或绿色系作为主色,搭配白色或淡雅的暖色,能够表现清爽感	淡雅的暖色搭配白色,点缀以冷色或绿色,能够表现温馨感

浊冷色 + 暖色	无彩色系 + 高纯度色彩
要表现大男孩的活泼,可以用低纯度的冷色与类似色调或高明度的暖色进行对比	用无彩色系搭配少量高纯度的色彩,能够表现出大男孩的时尚感

配色技巧

最好将暗色运用在软装上

在配色时若需要使用暗沉的冷色,最好将其用在床品上;同时,应选择带有对比色的图案增加一些活泼感,这样更适合表现男孩的性格特点

配色禁忌

避免过于温柔的色调

男孩房与男性的房间一样应避免粉红色系的运用,但温暖的黄橙色系则可以用于男孩房中

11. 老人房

安逸、舒适的配色更能满足老年人的需求

老年人一般喜欢相对安静的环境，在装饰老人房时需要考虑这一点，使用一些安逸、舒适的配色。例如，使用色调不太暗沉的温暖色彩，可以表现出亲近、祥和的感觉，红色、橙色等高纯度、易使人兴奋的色彩应避免使用。在配色柔和的前提下，也可使用一些对比色来增加层次感和活跃度

暗沉暖色系	淡雅暖色 + 白色 / 淡浊色调
将暗沉暖色系作为背景色或者主角色，能够营造沧桑、厚重的氛围	淡雅暖色搭配白色或淡浊色调，能够营造兼具明快和温馨感的氛围

绿色系点缀	蓝色系点缀
微浊色调的绿色更显稳重，搭配米色系软装，形成柔和又自然的配色效果	避免纯度过高的蓝色，以浊色调、微浊色调或暗色调为主，可用作软装

配色技巧

擅用对比色活跃空间氛围

老人房中的对比色包括色相对比和色调对比。色相对比要柔和，避免使用纯色对老年人的视力造成刺激；色调对比可以强烈一些，以避免发生磕碰事件

配色禁忌

避免色彩太过鲜艳

无论使用什么色相，色彩都不能太过鲜艳，否则容易使老人感觉头晕目眩。老年人的心肺功能有所下降，鲜艳的色彩很容易令人感觉刺激，不利于身体健康

第五章

照明基础
与设计应用

　　良好的室内照明设计有利于室内设计其他内容的更好体现，因此，掌握好照明基础知识和设计应用，有助于创造出更加优质、人性化的室内空间环境。

一、照明基础知识

1. 色温、光通量与照度

（1）色温

色温是表示光源光色的尺度，单位是开尔文，符号表示为 K。通常，人眼所见到的光线是由七种色光的光谱叠加组成的，但其中有些光线偏蓝，有些光线则偏红。越是偏暖色的光线，色温就越低，能够营造柔和、温馨的氛围；越是偏冷色的光线，色温就越高，能够表现出清爽、明亮的感觉。

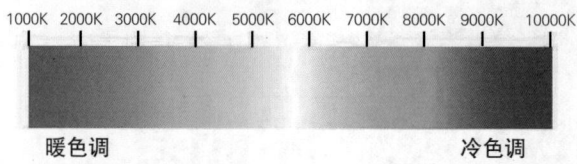

室内空间的人工照明主要依靠白炽灯和荧光灯两种光源。这两种光源对室内的配色会产生不同的影响，白炽灯的色温较低，偏暖，具有稳重、温馨的感觉；荧光灯的色温较高，偏冷，具有清新、舒爽的感觉。

家庭常用灯具色温表	
灯具类型	色温范围
白炽灯	2500~3000K
220V 日光灯	3500~4000K
冷色的白荧光灯	4500K
暖色的白荧光灯	3500K
普通白光灯	4500~6000K
反射镜泛光灯	3400K

（2）光通量

光通量的单位是流明，符号表示为 lm，它是衡量光源输出多少光的指标。在日常生活中，常常使用光通量表示可见光输出了多少。

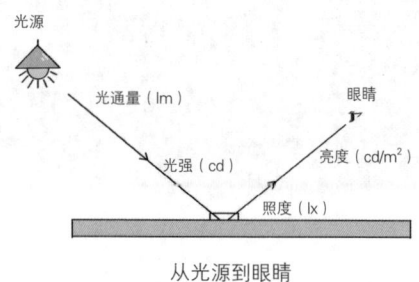

从光源到眼睛

（3）照度

照度的单位是勒克斯，符号表示为 lx。它的定义是在单位面积上的光通量的大小，也就是，1lx 表示 $1m^2$ 被照面上的光通量为 1lm。

→ 空间内每处位置都亮度均匀，这种情况被称为环境与重点照度的比例是 1：1

2. 光源种类

（1）直射光

含义： 是指直接照射到被照面上的光。

优点： 照度大，电能消耗小。

缺点： 光线往往比较集中，容易引起眩光，干扰视线。

（2）反射光

含义： 是指光线的下方受到不透明或半透明的灯罩的阻挡，同时光线的一部分或全部照到墙面或顶面上再反射回来。

优点： 光线均匀，没有明显的强弱差。

缺点： 不易表现物体的体积感，不易强调某些重点物体。

（3）漫射光

含义： 是指利用磨砂玻璃灯罩或乳白灯罩及其他材料的灯罩、格栅灯，使光线形成各种方向的散射。

优点： 比较柔和，艺术效果好。

缺点： 光线比较平，使用不当会使空间效果平淡，缺少立体感。

3. 灯光类别

类　　别	特　　点	图　　例
环境光	是照明范围最大的常规光源，直接光源和光照方向不明显，具有柔和的光照效果	
轮廓光	主要用于强调墙壁、天花板等的轮廓，可以营造空间的层次感，也可以增添室内的美感	
焦点光	照明范围相对较小，光照集中，主要用来营造局部的氛围	

4.照明方式

（1）环境光照明方式

半直接照明	半间接照明	间接照明	漫射照明
中心光源较亮，照明范围大，光线较柔和	照明范围大，光线较柔和	照明范围较大，光量较弱，光线柔和	光量弱，光线柔和

（2）轮廓光照明方式

直接照明	半间接照明	间接照明	
安装在天花板与墙壁的交界处，能够照亮墙壁的细节，适合安装在电视墙上	向上的光有挑高天花板的效果，向下的光辅助照明	光照到天花板上再反射回来，不易产生阴影，在视觉上挑高天花板	营造天花板挑高的效果，适合安装在天花板的凹处

（3）焦点光照明方式

直接照明		直接＋间接
光直接向下照射，容易产生阴影，光量大，适合作为局部照明	容易产生阴影，光量大，适合作为局部照明	照明范围比前两者大，容易产生阴影

5. 照明原则

（1）实用性原则

照明设计必须满足功能的
要求，根据不同的空间、不同
的对象选择不同的照明方式和
灯具，并保证适当的照度和亮
度。例如，客厅应采用垂直式
照明，要求亮度分布均匀，避
免出现眩光和阴暗区。

↑ 客厅中采用多种灯具，不仅具有多样的照明效果，也增加了
空间的艺术性

（2）美观性原则

灯具不仅可以起到照明的作用，而且由于其在造型、材料、色彩、比例上十分讲
究，已成为室内空间不可缺少的装饰品。通过对灯光的明暗、隐现、强弱等进行有节
奏的控制，采用透射、反射、折射等多种手段，可以营造风格各异的艺术情调气氛。

↑ 餐厅照明在满足实用性之余，其独特的造型也为空间带来令人印象深刻的艺术效果

（3）合理性原则

照明设计并不一定是以多为好，以强取胜，关键是科学、合理。该设计是为了满足人们视觉和审美的需要，使室内空间最大限度地体现使用价值和欣赏价值，并达到使用功能和审美功能的统一。

↑客厅中采用造型精美的水晶吊灯进行照明，符合欧式风格空间的整体气质

（4）安全性原则

室内灯具安装场所是人们活动频繁的场所，所以安全是第一位的。也就是说，要求灯光照明设计绝对安全、可靠，必须采用严格的防电措施，以免发生意外事故。

→卫浴间采用嵌入式集成吊顶灯，避免雾气直接接触灯泡、电线等设备，增强了安全性

二、照明设计方法与调整

1. 充分利用自然采光

光环境设计

在室内环境设计中，对自然光的利用被称作采光。利用自然光是一种节约能源和保护环境的重要手段，并且自然光更符合人心理和生理的需要，从长远角度看可以保障人体的健康。

→ 将适当的日光引到室内照明，并且使居住者透过窗子能看到窗外的景物，是保证居住者的工作效率及身心舒适的重要条件

引入自然光的采光形式	
侧　窗	落 地 窗
800mm ≤窗台高度≤ 1000mm，通常选择 900mm。根据规范，住宅窗台高度小于 900mm，需要加栏杆	200mm ≤窗台高度≤ 450mm，为了安全通常加栏杆
高 侧 窗	天　窗
窗台高度≥ 1200mm，一般在卫浴间或者楼梯间使用，有的展览建筑也会采用	天窗可以设置在屋顶的任何地方，受结构和框架的影响最小，有更大的灵活性

2. 合理组织人工照明

人工照明的作用：满足基本明视需求，塑造具有审美趣味的环境氛围。

随着建筑密度、体量的增大，室内自然采光也会受到影响，人工照明于是成为补充自然采光和提供夜间照明环境的重要手段。

（1）人工照明设计要求

照度：要满足符合功能要求的空间整体明视需求，同时要适当提高主要目标物体的照度，这样不仅具有实用性，也可以起到视觉引导作用。

→ 满足空间明视需求是最主要的目标

亮度：利用光的反射特性进行不同的布光处理，以控制亮度的均匀性，提供适度的对比性。

→ 布光时可以利用不同材料的光反射特点进行亮度控制

（2）人工照明设计方法

所有保证照明质量和照明效果的手段，都需要通过一定的灯具组织形式和照明方式来实现。例如，从空间照度分布上区分的一般照明、分区一般照明、局部照明、混合照明等；从灯具光通量分布上区分的直接照明、半直接照明、半间接照明、间接照明、漫射照明等。

→ 心理需求的满足可以通过光源的色彩美、形式美，灯具的形态美、材质美，布置的形式美等多方面来实现

3. 照明平面布置方式

灯光节点

（1）基础照明

基础照明是指空间内全面的、基本的照明，关键在于与重点照明的亮度有适当的比例区分，为室内空间塑造一种格调。

→ 选用排布比较均匀、形式相同的照明灯具

（2）局部照明

局部照明是指在基础照明提供的全面照明的基础上，对需要较高照度的局部工作或活动区域增加一定的照明，有时也称其为工作照明。

↑ 为了获得轻松而舒适的照明环境，在使用局部照明时，活动区域和周围环境的照度应保持在3∶1的比例，不宜产生强烈的对比

（3）重点照明

重点照明是指根据设计需要，在居住环境中对绘画、照片、雕塑和绿化等局部空间进行集中的光线照射，使之增加立体感或色彩鲜艳度，重点部位更加醒目。

→ 重点照明的灯具常采用筒灯、射灯、方向射灯、壁灯等。这些灯安装在顶面、墙面、家具上，保持与基础照明的照度为 5：1 的比例，并形成独立的照明装置

（4）装饰照明

装饰照明是指利用照明装置的不同装饰特色，增加空间环境的韵味和活力，并形成各种环境气氛和意境的照明。

→ 装饰照明不仅起装饰性作用，也可以兼顾功能性，要考虑灯具的造型、色彩、尺寸、安装位置和艺术效果等，并注意节能

4. 照明效果体现空间形态

为了便于区域的界定，并创造空间的美感，在空间组织中经常会用到一些特殊的手法，使空间具备一定的形态特征。把握合理的照明设计是室内空间形态设计的必要补充。

（1）上升空间

有时，为了使室内空间产生富有变化的层次感，会在地面设计局部抬高，形成一个边界界定明确的相对独立的空间。因为上升空间的地面高于周围空间，所以比较醒目、突出，其光环境要力求明快、轻松。要运用整体照度的提高、灯光的流动性或者对比性等手段显示照明设计的个性。

↑ 同样设立吊灯，使上升的休闲区域与客厅有所呼应，整体感更强。两盏吊灯在提高整体照度的同时，也使空间更加醒目

（2）凹式空间

凹式空间在形式上具有吸纳感和包容感，围合性强，有一种安全、平静之美。在照明设计中，可以利用均匀的照度设置打造平和、舒展的感觉，也可以通过暖色调的灯光和适当的光影变化渲染优雅、温馨的空间氛围。

↑ 均匀、柔和的暖色光源使凹式空间更有平和、舒展的感觉

（3）凸式空间

凸式空间具有一定的膨胀感，可以使人感受到活力与刺激，局部空间的凸出体现出动态的特点，因此，在照明设计中不必强调空间的整体照度，而要对位于端部的空间进行光环境的重点处理，使其具有生动之感。如果提供均匀的照度分布，尤其是大面积采用直接照明方式，会使空间显得黯淡无光、空洞乏味。

→ 凸式结构的阳台宜利用适当的高明度光源对墙面空间进行重点处理，以增添生动之感

5. 光影效果的利用和控制

（1）光影效果的利用

光影的作用： 对意境的塑造。

想要塑造不同氛围的空间环境，就要学会利用光影。例如，要塑造舒畅、轻松的空间环境，可以利用中低照度的漫射光作为环境铺垫，再以适合角度和照度的灯光来制造光影。

利用光影还可以强调物体的轮廓和结构，起到塑造物体立体感的作用。当灯光的光强、照射距离、位置和方向等因素不同时，光影效果产生变化，物体会呈现出明朗与隐晦、清晰与黯淡等不同形体特征。

↑ 用射灯照射表现对象的立体感时，从前斜上方照射下来的光线可以表现出自然的立体感；而照度差在1：3~1：5之间，可以获得最佳立体效果

（2）影响光影效果的因素

光强

| **影响** | 光影的明暗程度 |
| **关系** | 光强越高，光影越暗；光强越低，光影越亮 |

光通量分布

| **影响** | 光影的虚实程度 |
| **关系** | 光通量分布范围越小，光影越清晰；分布范围越大，光影越模糊 |

照射距离

| **影响** | 光影的辐射面积 |
| **关系** | 光源与被照物的距离越大，光影的辐射范围越小；光源与被照物的距离越小，光影的辐射范围越大 |

照射角度

| **影响** | 光影的形状 |
| **关系** | 光源位置的上下、左右、前后移动会产生不同的光影效果，尤其对不规则物体而言 |

6. 用照明手段创作装饰小品

通常情况下照明的目的是以使用功能为主，装饰功能为辅。但为了美化室内环境，可以进行以装饰功能为主的照明设计，用照明手段创作装饰小品。在室内设计中，经常会在一些位置摆放装饰小品，增强空间的美感或划分空间等。想要达到更好的装饰效果，照明设计至关重要。

分类区别	照明手段为辅的装饰小品	照明手段为主的装饰小品
	照明设施以外的装饰元素为主体	照明手段以独立形式创作装饰小品
作用	适宜的灯光效果使小品充满活力，起到令人愉悦的装饰作用	以照明手段独立创作的装饰小品用于空间的非限定性分隔，具有很好的装饰性和实用性
图例		

7. 照明对缺陷空间的改善

（1）改善空间的尺度感

对象： 狭小的室内空间。这些空间虽然可以满足功能需求，但对使用者的心理而言，会产生压抑感和局促感。

改善方法： 对于长、宽、高都不足的空间，需要通过提高照度并采取均匀布光的形式，尽量使光通量保持在长、宽、高三个方向分布的相对平均，以此使空间统一、明亮，并产生扩大感。

对于低矮顶面的空间，可以通过提高顶面的亮度来缓解压抑感，也可以在墙面上方设立射光灯具，通过墙面光线向顶面的扩散，制造墙面向上延伸的错觉，从而获得高度感。

↑ 悠长过道使人产生的疲惫感，加上两侧墙面带来的拥挤感，可以通过对墙面的分段亮化处理来改善

（2）消除空间的不适感

对象： 异形空间。由于建筑造型的影响，异形空间的出现在所难免，它的使用会令人产生不适感。

改善方法： 对于特别拥挤的部位，可采用局部装饰照明的艺术化处理；对于普通部位的照明设计，可以采取遇形随形的方法，不必过多设计，以免破坏空间的构成美。例如，室内常见的三角形空间其两个锐角部分会给人压抑的束缚感，此时可以一盏形式简洁的射光落地灯弱化锐角，以优美的光晕隐藏夹角的犀利感觉。

↑ 从底部向上照射的射灯，光线照射在顶面和墙面，柔和的光晕弱化了夹角的局促感和锐利感

131

三、空间照明设计方案

1. 住宅空间照明标准

房间或场所		参考平面及其高度	照度标准值（lx）	显色指数
客厅	一般活动	0.75m 水平面	100~300	90
	书写、阅读		300~500	
卧室	一般活动	0.75m 水平面	75~225	90
	阅读		150~300	
餐厅		0.75m 餐桌面	150~300	90
厨房	一般活动	0.75m 水平面	100~200	90
	操作台	台面	150~300	
卫浴间		0.75m 水平面	100~300	90
电梯前厅		地面	75~175	80
走道、楼梯间		地面	50~150	80
车库		地面	30~130	80

2. 玄关照明设计

照明目标：为整个玄关提供照明，兼有一定的装饰照明作用。

设计重点：宜采用提供均匀照度的照明方式，照度值不宜过高。

灯具选择：以顶部供光灯具为主，宜选择光通量分布角度较大的照明工具，如筒灯、吸顶灯、吊线灯、反光灯槽、反光顶棚等。

↑ 以筒灯作为基础照明的简洁的玄关照明设计

↑ 采用反光灯槽进行辅助照明的玄关照明设计，可以避免产生眩光

局部照明设计：玄关局部照明点不宜超过两个，以免显得过于喧闹并破坏空间感；灯具主要以射灯、壁灯、暗藏灯带为主。

光源选择：一般以暖色调或暖白色调为宜，常用光源为荧光灯和低压卤素灯。

3. 客厅照明设计

照明目标： 满足不同活动需求，既要体现祥和、融洽的氛围，又要具有一定的品味。

设计重点： 需要采用混合照明的方式，将工作照明、环境照明、装饰照明相结合，使功能需求和美感需求得到和谐、统一。

灯具选择： 主照明灯具可以选择吸顶灯、吊灯或其他适宜的灯具；辅助照明灯具可以选择筒灯、射灯或反光灯槽。

辅助照明设计： 既有工作照明又有装饰照明。工作照明通常采用有遮光罩的落地灯和台灯，照度一般为 300~500lx；装饰照明大多为射灯和筒灯，也有部分反光灯槽。

光源选择： 基础照明宜采用暖白光或其他暖色光。通常光源可选用荧光灯、白炽灯、低压卤素灯、LED 灯。

光环境控制： 对全部光源的照度进行控制，使不同功能和类别的光源形成照度差，达到主次分明的效果。此外，利用灯具光通量分布的差异，形成虚实结合的光环境。

↑ 客厅采用的是将吊灯、筒灯、反光灯槽、台灯等多种灯具组合而成的混合照明方式

4. 餐厅照明设计

照明目标： 餐厅照明要能体现就餐气氛的融洽，并有助于提高饭菜的观感。

设计重点： 采用基础照明和局部照明相结合的方法，满足不同功能的需求，营造具有亮度变化的环境。

灯具选择： 主要采用射灯、筒灯、反光灯槽或吊灯等顶部供光形式。

局部照明设计： 餐厅的照明灯具具有空间位置确定性强的特点，通常设在餐桌的正上方，宜选用具有一定高度的垂吊式灯具。

光源选择： 应选择照度为 100lx 左右、显色性好的暖白色光源，或将暖白色光源与其他暖色光源相结合。

↑ 住宅餐厅的基础照明是为餐厅提供环境照明，要求光线柔和、亮度适中

5. 卧室照明设计

照明目标： 要针对不同功能需求进行周到考虑，协调处理，塑造以舒缓、安静气氛为主的照明环境。

设计重点： 通常不需要考虑不同附属功能，所以宜采用混合照明方式。

灯具选择： 设立主光源的卧室，宜选择吸顶灯或垂吊式灯具；不设立主光源的卧室，可选择射灯或反光灯槽。

↑ 老人房为了适应老人的起夜需求，缓解突然开启主光源所造成的视觉不适，可以在卧室里设置低照度的长明灯

局部照明设计： 不宜设置过多局部照明，主墙面的装饰照明宜采用暗藏式灯带，既不会产生眩光，又具有塑造装饰造型体积感的作用。

光源选择： 以暖色调为宜，能够营造安静的空间氛围，使人容易入睡。光照度不宜太高，以免使人感到兴奋。

光环境控制： 为保证空间氛围的宁静、舒缓，必须对空间照度和光环境的层次感加以严格控制。

↑ 儿童房大多具有功能的兼容性，当基础照明可以满足游戏、娱乐的需求时，可以重点考虑学习时的局部照明采用台灯或眩光控制效果好的暗藏灯具

6.书房照明设计

照明目标： 要求环境高雅、幽静，能使人心情平静。

设计重点： 要协调基础照明和局部照明的关系，注重整体光线的柔和、亮度的适中，不宜形成过于明显的明暗变化，以免加速人的视觉疲劳。

灯具选择： 设立主光源的书房，宜选择吸顶灯或吊灯；不设立主光源的书房，可采用具有一定组织形式的射灯、反光灯槽、筒灯等。

局部照明设计： 小面积书房不宜采用过多的装饰照明，以免分散工作时的注意力；对于面积较大的书房，则可以适当进行设置。

光源选择： 工作灯宜选择照度为 300~500lx 的暖白色光源。

↑ 工作灯宜选择可任意调节方向的照明灯具，通常摆放在书桌的左上方，有利于为阅读和写作等工作提供良好的光照

↑ 休息区的照明设置应淡雅、平和，以便使用者工作疲劳时可以在舒缓、轻松的光环境中小憩

7. 厨房照明设计

照明目标： 厨房照明主要为满足操作行为的明视需求。

设计重点： 对于空间独立性不强的厨房，应将其与餐厅的照明设计统筹考虑。

灯具选择： 一般以吸顶灯和防雾筒灯为主，不宜采用光源裸露式的灯具。

局部照明设计： 通常设在操作台的上方，可采用有遮光板的灯具，或与吊柜结合、隐藏于吊柜之内，以减少眩光。

光源选择： 宜采用亮度均匀性较好的线光源。

↑当基础照明不能满足操作台位置的照明时，应采用局部照明的形式进行照度的补充

8. 卫浴间照明设计

照明目标： 卫浴间属于湿环境，要求有较好的照度，以免发生意外。

设计重点： 要考虑不同行为的需求，可以采用基础照明与局部照明相结合的方式。

灯具选择： 一般采用磨砂玻璃罩或亚克力罩吸顶灯，也可采用防水筒灯，以防止水汽侵入。

局部照明设计： 可以在洗漱区设置镜前灯，也可以在镜子上方设置反光灯槽或箱式照明。

光源选择： 通常以暖白色光源为宜，以便于创造干净、明亮的环境。

↑ 浴室镜的上、下、左、右均设置了暗藏荧光灯，既可以为洗漱区提供照明，同时也具有很好的装饰效果

第六章

软装基础
与陈设布置

软装是室内设计中非常重要的环节，不仅可以给居住者美好的视觉享受，也可以使其感觉到温馨、舒适。本章从软装基础知识出发，对软装布置进行循序渐进的分步骤解析，以不同类别的软装、不同空间中的软装运用、不同人群的软装需求、不同季节软装的变化等方面进行细致的讲解。

一、软装基础知识

1. 概念与作用

(1) 概念

在室内设计中，可以将室内建筑设计称为硬装设计，而将室内陈设艺术设计称为软装设计。

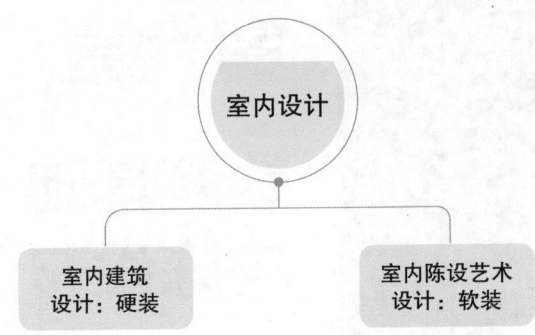

"软装"一词是近几年来行业内约定俗成的一种说法。其实，软装也可以被称作家居陈设，将家具陈设、家居配饰、家居软装饰等元素通过设计的手法以所要表达的意境呈现在整个空间内，使空间满足人们的物质追求和精神追求。

(2) 作用

◎表现居室风格

居室空间的整体风格除了依靠前期的硬装来塑造之外，后期的软装布置也非常重要。因为软装配饰素材本身的造型、色彩、图案、质感均具有一定的风格特征，对居室环境风格可以起到很好的表现作用。

↑ 布艺和装饰画的题材体现出北欧风格

◎营造居室氛围

软装设计效果在居室环境中具有较强的视觉感知力，因此，对于渲染空间氛围具有较大的作用。不同的软装设计，可以营造不同的居室环境氛围。例如，欢快、热烈的喜庆氛围，深沉、凝重的庄严氛围，高雅、清新的文化艺术氛围等。

↑ 精致的装饰品可以营造轻奢华的氛围

◎构成居室色彩

在家居环境中，软装饰品占据的面积比较大，家具占据的面积大约为40%；其他如窗帘、床品、装饰画等软装的颜色，对整体房间的色调也会起到很大作用。

↑ 家具和布艺构成空间的大面积配色

◎改变装饰效果

如果在室内设计中少用硬装造型，而尽量多用软装，不仅花费少、效果佳，还能减少日后翻新造成的资金浪费。

↑ 无硬装造型，后期更换软装十分便捷

◎改变居室风格

软装更改、替换简单，可以随心情和四季变化进行调整。例如，夏日炎炎，家里换上轻盈、飘逸的冷色调窗帘、棉麻材质的沙发垫等，空间氛围立刻清爽起来；冬季来临，可以为家中换上暖色家居布艺，随意在沙发上摆放几个色彩鲜艳的靠垫，温暖气息扑面而来。

↑ 软装的色彩和图案符合冬日家居

2. 常见软装分类

（1）家具

600 软装单品与拼组方案

家具常见种类一览表				
根据功能分类	**坐卧性家具**	**储存性家具**	**凭倚性家具**	**陈列性家具**
	如椅子、沙发、床等，满足人们日常的坐、卧需求，尺度要求细分	主要用来收藏、储存物品，包括衣柜、壁橱、书柜、电视柜等	人在坐时使用的餐桌、书桌等，以及在站立时使用的吧台等	包括博古架、书柜等，主要用于家居中一些工艺品、书籍的展示
根据风格分类	**现代家具**	**后现代家具**	**欧式古典家具**	**新古典家具**
	造型比较简洁，体现现代家居的实用理念	造型较有个性，突破传统，给人以视觉上的冲击力	造型复古而精美，雕花是其常用装饰，体现奢华感	相较于欧式古典家具，少了几分厚重，多了几分精致
	中式古典家具	**新中式家具**	**北欧家具**	**日式家具**
	具有传统的古典美感，精雕细琢，体现设计者的匠心	相较于中式古典家具，线条更加简化，符合现代人的生活习惯	线条简洁、造型流畅，符合人体工程学，多为板材家具	具有禅意，较低矮，材质一般为竹、木、藤等，体现自然气息
	美式家具	**田园家具**	**东南亚家具**	**地中海家具**
	造型厚重，线条粗犷，体现自由、奔放的感觉	多为布艺、碎花和格子，体现清新而轻快的自然风情	以竹、藤、木雕材质为主，体现热带风情，为家居带来自然韵味	表现海洋的清新感，船类造型经常用到

家具常见种类一览表				
	双人沙发	**三人沙发**	**转角沙发**	**单人沙发**
根 **据** **家** **居** **空** **间** **应** **用** **分** **类** **客厅**	小户型单独使用或作为主沙发，以2+1+1组合使用；大户型作为辅助沙发，以3+2+1组合使用	小户型单独使用，中、大户型适合作为主沙发，以3+2+1或3+1+1的形式组合使用	小户型单独使用，中、大户型作为主沙发，以转角+2或转角+1的形式组合使用	作为沙发的辅助装饰性家具，大户型可成对出现，小户型最好使用一个
	沙发椅	**沙发凳**	**茶几**	**条几**
	作为辅助沙发，以3+1+沙发椅或2+1+沙发椅的形式组合使用，增加休闲感	作为点缀使用于沙发组合中，可选择与沙发组合不同颜色或花纹的款式，以活跃整体氛围	可结合户型面积及沙发组合的整体形状来具体选择使用方形还是长方形	沙发不靠墙摆放时，放置在沙发的后面，或放置在客厅的过道中，摆放装饰品
	角几	**边柜**	**电视柜**	**组合柜**
	用于沙发组合的角落空隙中	用于客厅过道或侧墙，储物及摆放装饰品	摆放电视或者相关电器及装饰品	用于电视墙，通常包含电视柜以及立式装饰柜
	餐桌椅	**角柜**	**餐边柜**	**酒柜**
餐厅	餐厅中的主要家具，可根据餐厅面积、风格进行选择	三角造型，用于转角处，占地面积小，摆放装饰品或酒品	靠墙放置，可摆放装饰品，与装饰画墙组合的效果更佳	适合有藏酒习惯的家庭，通常适用于大、中户型

家具常见种类一览表			
床	**床头柜**	**斗柜**	**衣柜**
卧室中的主要家具，大小及款式可根据卧室的面积来选择	放置于床的两侧，收纳及摆放台灯及物品，与床选择整套的款式最佳	和床头柜的功能相似，装饰性更强，一般欧式、美式风格中常见	存放衣物，可买成品家具，也可定制，定制款式与家居空间的吻合度更高
榻	**床尾凳**	**梳妆台**	**衣帽架**
适合大面积的卧室，摆放在床边用于短暂休息	适合大面积的卧室，放置在床尾，用来更换衣物及作为装饰	适用于有女士的卧室，大小根据卧室的面积进行选择	体积小，可移动，可悬挂衣帽，特别适合衣柜小的卧室
书桌椅	**书柜**	**书架**	**休闲椅**
书房的主要家具，大小可根据书房的面积及风格进行选择	体积较大，容纳量较高，适合藏书丰富的家庭	体积比书柜小，更灵活，适合面积不大的书房	适合面积较大的书房，放在门口或窗边，用于待客交谈

左侧纵向：根据家居空间应用分类 — 卧室、书房

（2）布艺

布艺常见种类一览表			
窗帘	**平开帘**	**罗马帘**	**卷帘**	**百叶帘**
	沿轨道轨迹或杆子进行平行移动的窗帘，适用于客厅、卧室	在绳索牵引下进行上下移动的窗帘，适合豪华风格的空间，及大面积的玻璃观景窗	随卷管卷动上下移动的窗帘，亮而不透，适合书房、卫浴间等小面积空间	可180°调节的窗帘，遮光、透气、可水洗，适用于书房、卫浴间、厨房
床上用品	**床品套件**	**被芯**	**枕芯**	**床垫**
	可根据季节更换，快速改变居室的整体氛围	按材质可以分为棉、中空纤维、羊毛、蚕丝、羽绒	按材质可以分为乳胶、羽绒、决明子、荞麦、慢回弹等	可分为羊毛、珊瑚绒及竹炭床垫等
地毯	**羊毛地毯**	**混纺地毯**	**化纤地毯**	**草织地毯**
	阻燃，不易老化、褪色，脚感舒适	防虫蛀，耐磨性好，弹性好	耐磨性好，富有弹性，价格较低	乡土气息浓厚，适合夏季铺设

（3）灯具

灯具常见种类一览表			
吊灯	**吸顶灯**	**落地灯**	**壁灯**
多用于卧室、餐厅、客厅。吊灯最低点离地面不小于2.2m	适合客厅、卧室、厨房、卫浴间等，安装简易，款式简洁	一般放在沙发的拐角处，灯光柔和；落地灯的灯罩应离地面1.8m以上	适合卧室、卫浴间照明。壁灯的安装高度为灯泡离地面不小于1.8m

灯具常见种类一览表			
台灯	射灯	筒灯	浴霸灯
一般客厅、卧室用装饰台灯；工作台、学习台用节能护眼台灯	安装在吊顶的四周、家具的上方，或置于墙内，整体、局部采光均可	嵌装于吊顶的内部；装设多盏筒灯，可增加空间的柔和气氛	浴霸灯用于卫浴间，既有照明效果，又可以起到保暖的作用

（4）装饰画

装饰画常见种类一览表			
中国画	油画	摄影作品	工艺画
适合与中式风格搭配，常见形式为横、竖、方、圆、扇形等	具有丰富的色彩变化及层次对比，特别适合欧式风格	根据画面色彩和主题，搭配不同风格的画框，适用性广	通过拼贴、镶嵌、彩绘等工艺用各种材料制作，适用性广

（5）墙面挂饰

墙面挂饰常见种类一览表			
装饰镜	挂毯	挂盘	工艺挂饰
常出现在欧式家居中，一般放置在壁炉和沙发背景墙上	可以营造休闲的空间氛围，在田园、北欧风格中较常见	生动、灵活，在自然风格的餐厅墙面上十分常见，也可用于客厅	品类丰富，常装点客厅、卧室的背景墙，过道中可采用小型作品

（6）工艺品

工艺品常见种类一览表			
金属工艺品	**水晶工艺品**	**玻璃工艺品**	**陶瓷工艺品**
金属或辅以其他材料制成，形式多样，各种风格均适用	玲珑剔透，高贵雅致，适合现代风格、简欧风格	晶莹通透，具有艺术感，最适合现代风格，其他风格亦可	具有柔和、温润的质感，适合各种风格的居室
布艺工艺品	**编织工艺品**	**木雕工艺品**	**树脂工艺品**
可柔化室内空间的线条，多见儿童房或富有童趣的居室	具有天然、朴素、简练的艺术特色，适用于田园、东南亚风格	原料不同，色泽不一，适合中式及自然类风格	造型多样，形象逼真，广泛涉及人物、动物、昆鸟、山水等

（7）花艺

花艺装饰常见种类一览表			
东方花艺		**西方花艺**	
以中国和日本为代表，着重表现自然的姿态美，多采用淡色彩，以优雅见长		也称欧式插花，色彩艳丽、浓厚，花材种类多，注重几何构图，追求繁盛	

3. 软装设计原则

（1）先定风格，再做软装

在进行软装布置时，首先确定家居风格，一个空间的风格如同写作的提纲，对全局具有统筹作用；再根据风格进行软装入场，这样才不会脱离主体，最终使整个空间的基调保持一致。

↑ 软装设计离不开风格的确定

（2）软装规划要趁早

软装搭配需要尽早规划，可以先了解业主家庭成员的习惯、喜好等，再结合空间的基本风格，对软装的格调和色彩进行定位，以免后期更改软装浪费时间。

→ 尽早确定软装需求，才能在后期更好地进行整体设计

（3）利用黄金比例

软装搭配的比例可以采用经典的黄金分割比例，即 1 : 0.618。例如，在一个条形桌上摆放装饰品，最好不要居中，稍微偏左或偏右一些，可以达到更好的审美效果。墙面装饰画这类软装一般为居中悬挂，可以通过造型和重复的手法来达到视觉上的变化。

→ 装饰品基本为对称排列，在右侧加入红色装饰瓶，带来视觉变化

（4）遵循多样与统一的原则

软装布置应遵循多样与统一的原则，通过大小、色彩、位置等的设计，使之与家居构成一个整体。家居要有统一的风格，再通过饰品、摆件等细节的点缀，进一步提升居住环境的品位。例如，可以将米黄色系作为卧室的主色调，在床头的背景墙上悬挂一幅绿色系装饰画作为整体色调中的变化元素，或者通过同一色系不同明度的变化来丰富空间的层次。

↑ 纯度不同的木色，既具有统一性又不乏变化

（5）确定视觉中心点

在居室装饰中，一定要有一个视觉中心点，这样才能营造主次分明的美感。这个视觉中心点就是布置上的重点，可用来打破全局的单调感。但视觉中心点有一个即可，如客厅已经选择一盏装饰性很强的吊灯，就不需要再增添其他视觉中心点，否则容易喧宾夺主。

→ 空间中的装饰虽不多，但装饰画的位置使其成为绝对的视觉中心点

（6）运用对比与调和的方法

可以通过光线的明暗对比、色彩的冷暖对比、材料的质地对比、传统与现代的设计对比等手法，使家居环境产生更多的层次。调和是将对比进行缓冲与融合的一种有效手段。

↑ 色彩和材质的对比，可以丰富视觉层次

二、软装陈列的技巧与手法

1. 软装陈列三原则

（1）比例原则

摆场需遵循空间与产品的一定比例。若空间较大，摆场就不能太空。通常可以从两个方面来避免这个问题：一是可以将地毯的尺寸加大，使整个空间尽可能看起来饱满；二是可以在视觉中心点有节奏地摆放一些大型的落地饰品来丰富空间层次。若是小空间摆场，则要注意摆设不能太多、太挤，同时要保证功能性与美观性。

↑ 空间较大的客厅可以选择满铺地毯，以避免看起来空旷

（2）关系原则

饰品的摆放讲究饰品与空间之间、饰品与饰品之间的关系。饰品的材质也需要协调、对比。例如，玻璃、金属与大理石的亮面材质组合，可以带来现代轻奢气息；而原木、干花与玻璃、皮质的组合，可以带来复古感。另外，还要保证饰品与大环境的关系美观、融洽。

↑ 饰品之间大小、高低的不同，可以带来视觉上的变化

（3）整零整原则

先将饰品按照方案清单摆放到合适的位置，整体对照是否已经协调，再对局部的摆件、花艺等小件饰品进行细微调整，以保证整体搭配的和谐。

↑ 摆件、装饰画等饰品较多，但搭配合理，美观性较强

151

2. 空间陈列构图法则

为保证大空间的稳定感，软装陈列多以等腰三角形、三等分法、平行构图、水平构图等形式呈现。

↑ 等腰三角形构图

↑ 三等分法构图

↑ 平行构图

↑ 水平构图

3. 家具布置手法

（1）注意家具的种类和数量

家具的种类和数量不宜太多，大约占室内面积的 35%~40%，超过 50% 就会显得拥挤。此外，空间里 80% 的家具可以使用同一风格，剩下 20% 可以搭配其他风格。

↑ 简约风格的柜子与简欧风格的沙发混搭，别有一番风味

（2）保证空间宽敞

体积大的家具宜摆放在靠墙位置或房间角落，但不要靠近窗户，以免产生大面积的阴影。在放置大型家具时，上方最好留出一定的空间，这样可以有效缓解压迫感。

↑ 不摆放阻隔视线的家具，可以使房间显得更加宽敞

（3）合理配置比例

每一件家具都有不同的体量感和高低感。摆放在一起的家具要注意大小相衬、高低相接。如果家具的大小、高低和空间体积彼此过于悬殊，就会使人感到别扭。

↑ 相邻摆放的家具如果起伏过大，就会带来杂乱无章的视觉印象

（4）考虑视线的感受

在布置家具时，立体方位也是重点。例如，坐在客厅沙发上，餐厅桌椅下的人脚是否可以看到，杂乱的厨房是否可以看到，这些都要提前规划好。

↑ 尽量使视线向窗外风景或墙面上的装饰画集中，然后据此配置各种椅子类家具

4.灯具装饰手法

（1）实现风格一致

如果空间内需要搭配多种灯饰，应该考虑风格统一的问题，以免各类灯饰之间在造型上互相冲突。即使想要有些对比和变化，也要通过色彩和材质中的某一个因素使两种灯饰和谐起来。

→ 客厅吸顶灯与厨房吊灯不仅风格统一，而且在色彩与形状上也保持协调

（2）整体统一搭配

搭配灯具时款式、材料统一，就不会出错。例如，选择两盏同款台灯，可形成平行对称美；同质、同色的落地灯和台灯组合，使层次更丰富。

→ 同款的吊灯组合对称平行摆放，可以形成整体感

（3）正确选择灯罩

灯罩是灯饰是否成为视觉亮点的重要因素。在选择灯罩时，要考虑好是想要明亮的还是柔和的光线，或是想通过灯罩的颜色来形成哪些色彩上的变化。

→ 有彩色灯罩有时可以成为白色系空间中的亮眼装饰

5. 布艺搭配手法

（1）色彩搭配协调

在选择布艺的色彩时，要结合家具色彩确定一个主色调，使居室整体的色彩和风格协调、一致。布艺色彩的搭配原则通常是窗帘参照家具，地毯参照窗帘，床品参照地毯，小饰品参照床品。

↑ 同一空间中，窗帘、床品的色彩之间要形成一定的联系和呼应

（2）遵循和谐法则

面积较大的布艺，色彩和图案的选择要与室内整体空间的环境色调相协调；而大面积和小面积的布艺之间色彩和图案可以是相互协调的，也可以是相互对比的。

↑ 窗帘与床品的色彩呼应使卧室空间形成一个整体

（3）注重风格呼应

软装布艺的色彩、款式、纹样要与居室其他装饰相呼应，与室内风格相统一。例如，中式风格的空间最好选择带有中国传统图案的布艺。

↑ 图案自然、大气的布艺适用于美式风格的空间

（4）尺寸匹配合理

软装布艺的尺寸要适中，大小、长短要与居室空间、悬挂面的立面尺寸相匹配，在视觉上也要取得平衡。

↑ 长到地上的窗帘可以使空间看起来较正式

6. 墙面挂件悬挂手法

（1）搭配最好选择同种风格

装饰画等墙面挂件最好选择同种风格，在一个空间环境里形成一到两个视觉中心点。如果要同时布置几幅画，必须考虑画与画之间的整体性，要求画面是同一艺术风格，画框是同一款式或者相同的外框尺寸，使人们在视觉上不会感到散乱。

↑ 装饰画的风格最好统一，色彩与家具有所呼应

（2）色彩应与室内主色调相协调

墙面挂件的色彩要与室内的主色调相协调。一般情况下，两者之间切忌色彩对比过于强烈，也切忌完全孤立，应做到色彩的呼应。例如，客厅墙面的挂件可以沙发为中心，中性色和浅色沙发适合搭配暖色调装饰画，色彩鲜亮的沙发适合配以中性基调或相同、相近色系的挂件。

↑ 无彩色系的墙饰与客厅的色彩相呼应，具有整体感

（3）合理选择悬挂高度

墙面挂件的悬挂高度会影响观赏时的舒适度。通常人站立的时候，视线的平行高度或者略低的高度是最佳的观赏高度，因此，墙面挂件的高度位置最好就是挂件的中心位置距离地面 1.5m 处。

→ 装饰镜的中心位置距离地面 1.5m 处是放置装饰镜的合适高度位置

7. 工艺品摆设手法

（1）注意层次分明

摆放家居工艺品要遵循前小后大、层次分明的原则。例如，将小件工艺品放在前排，大件工艺品放在后排，可以更好地突出每件工艺品的特色。也可以尝试将工艺品斜放，这样的摆放形式比正放效果更佳。

→ 工艺品的摆放层次错落有致，为空间带来韵律感

（2）同类风格摆放在一起

摆放家居工艺品之前最好按照不同风格分类，再将同一类风格的工艺品摆放在一起。在同一件家具上，工艺品的风格最好不要超过三种。如果是成套家具，则最好采用相同风格的工艺品，以形成协调的居室环境。

→ 工艺品的色彩相近、造型不同，既可以形成视觉冲击，又不会显得累赘、杂乱

（3）与灯光相搭配更适合

工艺品摆放要注意照明，可利用背光或色块作为背景，也可利用射灯照明突出其展示效果。灯光颜色的不同，投射方向的变化，都可以表现出工艺品的不同特质。暖色灯光可表现柔美、温馨的感觉；玻璃、水晶制品选用冷色灯光，则更可体现其晶莹剔透、纯净无瑕的质感。

→ 工艺品摆放结合灯光设计，可以呈现出更加多样化的层次感

8. 花艺装点手法

（1）花材之间的配色要和谐

单一花色的花材，较容易处理色彩，只要用适宜的绿色材料相衬托即可；若涉及两到三种花色，则必须对各色花材审慎处理，应注意色彩的重量感。色彩的重量感主要取决于明度，明度高者显得轻，明度低者显得重。正确运用色彩的重量感，可使色彩关系平衡、稳定。例如，在插花的上方用轻色，下方用重色；或是体积小的花体用重色，体积大的花体用轻色。

↑ 家具的色彩较重，采用亮色的花艺搭配白瓷花瓶，可提升空间的明亮感

（2）花材与花器的配色可对比、可调和

花材与花器之间的色彩搭配可以从两方面进行：一是采用对比色组合；二是采用调和色组合。对比配色有明度对比、色相对比、冷暖对比等，可以增添居室的活力。运用调和色来处理花材与花器之间的关系，可以使人产生轻松、舒适感。调和配色的方法是：采用色相相同而深浅不同的色彩处理花材与花器的色彩关系，也可以采用同类色或近似色。

→ 花材与花器的对比色组合，可以凸显居室的装饰效果

三、室内软装布置方案

室内空间软装
搭配方案

1. 节日性软装布置

（1）情人节

软装布置要点			
色彩	·白色 ·粉红色 ·红色		
形状图案	·心形 ·LOVE 字样 ·花朵		
常用软装	玫瑰插花	成对装饰物	心形装饰物

	水晶工艺品

（2）万圣节

软装布置要点			
色彩	·黑色 ·橙色		
形状图案	·蜘蛛 ·蝙蝠 ·黑猫 ·扫帚 ·骷髅头 ·幽灵		
常用软装	南瓜灯	蛛网装饰	万圣节彩旗 |稻草人装饰

（3）圣诞节

软装布置要点			
色彩	·红色 ·绿色 ·白色 ·金色 ·银色		
形状图案	·圣诞老人 ·驯鹿 ·雪花 ·心形 ·星星 ·圣诞花环 ·圣诞球		
常用软装	圣诞树	圣诞袜	雪花装饰 圣诞蜡烛

2. 季节性软装布置

（1）春季

软装布置要点				
色彩	•黄色 •芥末绿色 •奶油色 •珊瑚色 •珍珠色			
形状图案	•花卉图案 •波点形 •植纹 •动物造型			
常用软装	轻薄的纱帘	植物图案靠枕	暖色系靠枕	花卉绿植

绿色棉麻窗帘 绿植装饰 黄色靠枕 奶油色沙发 树脂动物造型工艺品

芥末绿背景色 轻薄的纱帘 盆栽 绿植图案床品 做旧木色家具

（2）夏季

软装布置要点			
色彩	·蓝色 ·白色 ·淡灰色 ·浅紫色		
形状图案	·动物图案 ·花卉图案 ·几何色块 ·海洋元素		
常用软装	玻璃工艺品	冷、暖色搭配花艺	蓝色系布艺	玻璃瓶＋绿植花卉

（3）秋季

软装布置要点			
色彩	·棕色 ·米色 ·酒红色 ·墨绿色		
形状图案	·植卉图案 ·条纹 ·方块 ·粗陶装饰		
常用软装	色彩丰富的大花靠枕	花纹浓烈的地毯	暖色系的插花	藤编装饰

（4）冬季

软装布置要点			
色彩	·红色 ·橙色 ·深棕色 ·土黄色 ·白色		
形状图案	·皮毛纹路 ·格子 ·花卉		
常用软装	长绒靠枕	簇绒地毯	暖光布罩台灯	厚实的窗帘

3. 居住人群与软装布置
（1）单身男性

主流人群软装
搭配方案

软装布置要点			
色彩	·冷色系　·黑色　·灰色　·暗色调　·浊色调　·无彩色系		
形状图案	·几何造型　·直线条		
常用软装	皮质家具	金属家具	抽象装饰画　　抽象工艺品

无彩色系＋暗色调　　抽象装饰画　　机械工艺品　　金属材质落地灯　　皮质沙发

简洁百叶帘　　无彩色系简约造型休闲椅　　无彩色系床品　　线条流畅的台灯　　金属书架

（2）单身女性

软装布置要点			
色彩	·无限制		
形状图案	·螺旋 ·花纹 ·花草纹 ·曲线 ·弧线 ·金属灯具		
常用软装	植物图案布艺	布艺家具	流苏装饰	小巧摆件

（3）男孩房

软装布置要点				
色彩	·蓝色 ·灰色 ·绿色			
形状图案	·卡通 ·涂鸦			
常用软装	卡通造型家具	夸张造型灯具	卡通装饰画	玩具摆件

卡通造型书架
灰色床品
卡通玩偶
绿色床头柜

乐趣造型台灯
玩具摆件
蓝色系布艺

（4）女孩房

软装布置要点			
色彩	•粉色 •橙色 •高明度黄色 •棕黄色		
形状图案	•花朵 •方格 •卡通图案		
常用软装	铁艺家具	睡床纱幔	带花边布艺	布艺玩偶

（5）老人房

软装布置要点			
色彩	·棕色系 ·暗色调红色 ·米色 ·浊色调黄色		
形状图案	·简洁线条 ·带有时代特征的图案		
常用软装	低矮的家具	暖色光灯具	色调浓郁的装饰画	实木家具

零基础
学装饰装修
施工篇

理想·宅 编

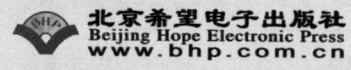

北京希望电子出版社
Beijing Hope Electronic Press
www.bhp.com.cn

第一章
装修施工入门知识

一、了解装修施工 / 002
　1. 装修施工涉及的环节 / 002
　2. 装修承包方式 / 002
　3. 常见装修施工项目及上场顺序 / 003

二、装修施工的阶段 / 007
　1. 施工图纸阶段 / 007
　2. 实施阶段 / 009
　3. 验收阶段 / 010

第二章
建材知识与选用

一、装修建材基础知识 / 012
　1. 主材和辅材 / 012
　2. 材料进场顺序及验收 / 017
　3. 材料环保系数要求 / 020
　4. 建材用量计算 / 021

二、装饰砖石 / 023
　1. 装饰石材 / 023
　2. 装饰陶瓷砖 / 024

三、装饰板材 / 025
　1. 墙面、家具板材 / 025
　2. 顶面板材 / 027
　3. 木地板 / 028

四、漆及涂料 / 029
　1. 墙面漆及涂料 / 029
　2. 木器漆 / 030

五、墙面加工材料 / 031
　1. 壁纸、壁布 / 031

2. 装饰玻璃 / 032
3. 其他壁面材料 / 032

六、装饰门窗 / 033
　1. 装饰门窗 / 033
　2. 门五金 / 034

七、厨卫设备 / 035
　1. 整体橱柜 / 035
　2. 卫浴洁具 / 036
　3. 卫浴五金 / 037

八、水电材料 / 037
　1. 水路管材及其配件 / 037
　2. 电线与电线套管 / 038
　3. 开关、插座 / 039

九、其他辅材 / 040
　1. 龙骨 / 040
　2. 水泥 / 040

第三章
预算知识与装修报价

一、装修预算基础知识 / 042
　1. 装修费用的构成 / 042

2. 预算控制要点 / 042
3. 预算书的内容 / 044

二、室内装修预算报价 / 045

1. 不同装修档次 / 045

2. 不同家居风格 / 045

3. 不同功能空间 / 046

三、装修工程预算报价 / 047

1. 拆除工程 / 047

2. 水路改造 / 047

3. 电路改造 / 048

4. 防水工程 / 049

5. 隔墙工程 / 049

6. 墙、地砖施工 / 050

7. 吊顶工程 / 051

8. 木工柜工程 / 053

9. 门窗工程 / 053

10. 地板工程 / 055

11. 油漆工程 / 055

12. 裱糊工程 / 056

第四章

拆改施工与验收

一、拆改施工基础知识 / 058

1. 所需工具 / 058

2. 拆改施工注意事项 / 058

3. 不可拆除墙体的类型 / 059

二、拆改现场施工 / 060

1. 毛坯房拆改 / 060

2. 旧房拆改 / 064

三、拆改施工验收与常见问题 / 068

1. 现场验收 / 068

2. 常见问题解析 / 068

第五章

电路施工与验收

一、电路施工基础知识 / 070

1. 电路施工图的识读 / 070

2. 电路施工常用工具 / 073

3. 电路施工作业条件 / 074

4. 电路施工流程 / 074

5. 电路施工注意事项 / 074

二、电路现场施工 / 075

1. 电路现场定位 / 075

2. 开槽 / 075

3. 布管 / 076

4. 穿线管连接 / 078

5. 电路检测 / 078

6. 封槽 / 078

三、电路施工验收与常见问题 / 079

1. 现场验收 / 079

2. 常见问题解析 / 079

第六章

智能家居施工与验收

一、智能家居施工基础知识 / 082

1. 智能家居的作用 / 082

2. 智能家居施工注意事项 / 082

二、智能家居现场施工 / 083

1. 智能家居系统主机 / 083

2. 智能开关 / 085

3. 多功能面板 / 088

4. 智能插座 / 092

5. 智能窗帘控制器 / 093

6. 智能报警器 / 094

7. 电话远程控制器 / 095

8. 集中驱动器 / 096

9. 智能转发器 / 101

三、智能家居验收与常见问题 / 101

1. 现场验收 / 101

2. 常见问题解析 / 102

第七章

水路施工与验收

一、水路施工基础知识 / 104

1. 水路施工图的识读 / 104

2. 水路施工常用工具 / 105

3. 水路施工流程 / 106

4. 水路施工作业条件 / 106

5. 水路施工注意事项 / 106

二、水路现场施工 / 107

1. 水路现场定位 / 107

2. 水路画线与开槽 / 107

3.PVC 排水管粘接 / 110

4. 管路敷设 / 111

5. 水管打压测试 / 113

6. 封槽 / 114

7. 二次防水施工 / 114

8. 闭水试验 / 115

三、水路施工验收与常见问题 / 116

1. 现场验收 / 116

2. 常见问题解析 / 117

第八章

暖气施工与验收

一、暖气施工基础知识 / 120

1. 暖气施工作业条件 / 120

2. 暖气施工常用工具 / 120

二、暖气现场施工 / 121

1. 水地暖施工 / 121

2. 电地暖施工 / 123

3. 散热片安装施工 / 124

三、暖气施工验收与常见问题 / 126

1. 现场验收 / 126

2. 常见问题解析 / 126

第九章

泥瓦工程与验收

一、泥瓦工程基础知识 / 128

    1. 泥瓦工施工图纸的识读 / 128

    2. 泥瓦工常用工具 / 129

    3. 泥瓦工施工作业条件 / 130

二、泥瓦工程现场施工 / 130

    1. 砌筑施工 / 130

    2. 地面找平施工 / 135

    3. 铺墙砖施工 / 139

    4. 铺地砖施工 / 143

    5. 石材施工 / 146

三、泥瓦施工验收与常见问题 / 148

    1. 现场验收 / 148

    2. 常见问题解析 / 149

第十章

木作工程与验收

一、木作工程基础知识 / 152

    1. 木工施工图纸的识读 / 152

    2. 木工常用工具 / 153

    3. 木工施工作业条件 / 154

二、木作现场施工 / 154

    1. 天花吊顶施工 / 154

    2. 墙面木作造型施工 / 156

    3. 木作隔墙施工 / 157

    4. 木作柜体施工 / 161

    5. 木地板铺装施工 / 163

三、木作施工验收与常见问题 / 165

    1. 现场验收 / 165

    2. 常见问题解析 / 166

第十一章

油漆工程与验收

一、油漆工程基础知识 / 170

    1. 油漆工常用工具 / 170

    2. 油漆工施工作业条件 / 171

二、油漆现场施工 / 171

    1. 乳胶漆施工 / 171

    2. 木器喷漆施工 / 172

    3. 硅藻泥涂刷施工 / 174

    4. 壁纸粘贴施工 / 174

三、油漆施工验收与常见问题 / 177

    1. 现场验收 / 177

    2. 常见问题解析 / 178

第十二章

洁具安装与验收

一、洁具安装基础知识 / 182

    1. 厨卫洁具安装顺序 / 182

    2. 厨卫洁具安装注意事项 / 182

二、洁具安装 / 183

    1. 厨房洁具安装 / 183

    2. 卫浴洁具安装 / 186

三、洁具安装验收与常见问题 / 194

    1. 现场验收 / 194

    2. 常见问题解析 / 194

第十三章

灯具、电器安装与验收

一、灯具、电器安装基础知识 / 198

    1. 灯具安装注意事项 / 198

    2. 电器安装注意事项 / 198

二、灯具、电器现场安装 / 199

    1. 灯具现场安装 / 199

    2. 电器现场安装 / 202

三、灯具、电器安装验收与常见问题 / 204

    1. 现场验收 / 204

    2. 常见问题解析 / 205

第十四章

装修环保检测与治理

一、装修环保检测项目 / 208

    1. 施工材料环保检测 / 208

    2. 氡、氨、甲醛、苯、TVOC 污染物浓度检测 / 208

二、装修环保治理 / 209

    1. 通风治理 / 209

    2. 植物治理 / 209

    3. 甲醛清除剂 + 装修除味剂治理 / 210

    4. 纳米光触媒治理 / 210

    5. 活性炭治理 / 210

    6. 空气净化器治理 / 210

第一章

装修施工
入门知识

装修施工中所含知识内容繁杂，包括施工前的准备、不同施工项目的内容及顺序。本章按照由浅入深的顺序讲解施工的基础知识，以便于读者理解和掌握。

一、了解装修施工

1. 装修施工涉及的环节

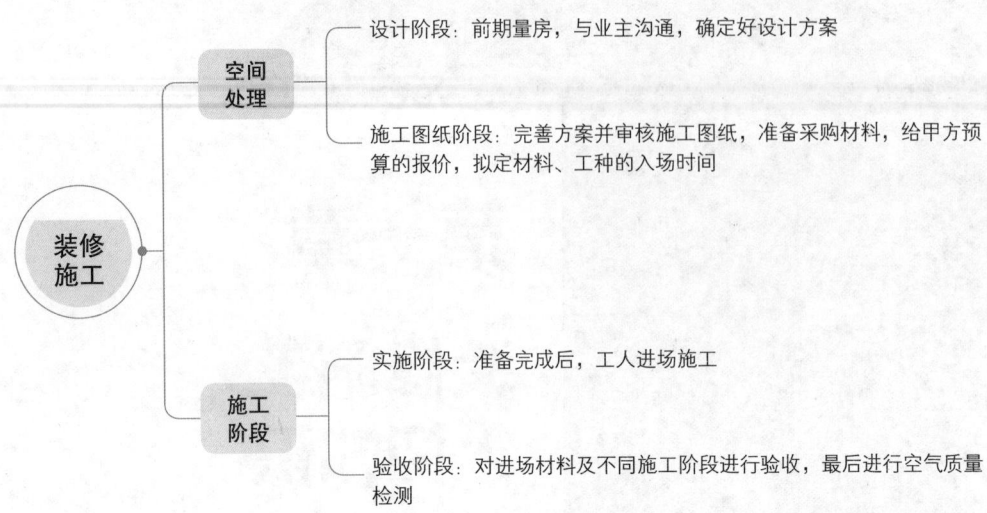

装修施工
- 空间处理
  - 设计阶段：前期量房，与业主沟通，确定好设计方案
  - 施工图纸阶段：完善方案并审核施工图纸，准备采购材料，给甲方预算的报价，拟定材料、工种的入场时间
- 施工阶段
  - 实施阶段：准备完成后，工人进场施工
  - 验收阶段：对进场材料及不同施工阶段进行验收，最后进行空气质量检测

2. 装修承包方式

	内 容	优 点	缺 点	适合人群
包工包料（全包）	将购买装饰材料的工作委托给装修公司，由其统一报出装修所需要的费用和人工费用	①节省业主大量的时间和精力 ②所购材料基本上均为"正品"	①容易产生偷工减料现象 ②装修公司在材料上有很大利润空间	时间有限、资金充裕
包工包辅料（半包）	指业主自备装修的主要材料，如地砖、涂料、壁纸、木地板、洁具等，由装修公司负责装修工程的施工和辅助材料（水泥、砂子、石灰等）的采购，业主只要与装修公司结算人工费、机械使用费和辅助材料费即可	①相对省去部分时间和精力 ②自己对主材的把握可以满足一部分"我的装修我做主"的心理 ③避免装修公司利用主材获利	①辅料以次充好，偷工减料 ②如果出现装修质量问题，常归咎于业主自购主材	有一定时间了解建材，把握装修的主要环节

内　容	优　点	缺　点	适合人群
包清工（清包） 指业主自己购买材料，装修公司只负责施工	①将材料费用紧紧抓在自己手上，装修公司材料零利润；如果对材料熟悉，可以买到最优性价比的产品 ②极大地满足"自己动手装修"的愿望	①耗费大量时间掌握材料知识 ②容易买到假冒伪劣产品 ③无休止砍价导致身心疲惫 ④运输费用浪费 ⑤对材料用量估计失误引起浪费 ⑥工人是不会帮业主省材料的 ⑦装修质量问题可能全部归咎于材料	了解装修、有充裕的时间、能够把握装修全过程

内　容	优　点	缺　点	适合人群
套餐 是一种按平方米计价的装修模式，即把装修主材（包括墙砖、地砖、地板、橱柜、洁具、门及门套、墙面漆、吊顶等）与基础装修组合在一起，同时把材料和人工都包含在里面	①价格低，效率高，节省装修时间 ②一站式服务，让业主不再奔波	①很多套餐报价不能包含所有施工项目和装修材料，设计公司需要对套餐之外的装修项目另外收费，最终导致决算价大幅度高于套餐价 ②看似名牌材料套餐，实际上用名牌里面的便宜低档材料，导致后期纠纷严重	时间有限

3. 常见装修施工项目及上场顺序

墙体拆改 ▸ 水电施工 ▸ 瓦工施工 ▸ 木作施工 ▸ 油漆施工 ▸ 安装施工 ▸ 质量验收

　　装修工种上场的基本次序为：瓦工（负责墙体拆除）——水电工（负责水电的基础布线）——瓦工（负责砌墙、贴砖）——木工（负责木作施工）——油漆工——水电工（负责安装）。家居装修施工流程根据现场的具体情况会有一些交叉和调整，但无论如何调整，这些工序流程都是不可替代的，而且相邻工序的衔接和配合一定要协调好。从某种意义上来说，控制住了装修施工流程，就是对装修质量的最大保证。

（1）墙体拆改

墙体拆改主要是根据平面布置图进行空间的重新分配。在家居中只起到分隔空间作用的轻体墙、空心板可以拆，不能破坏承重墙。原有墙体要避免"暴力"拆除，不要破坏相邻的结构，墙体要细致地拆到原有结构层，拆除之前要封堵相关的下水口。

↑墙体拆改

（2）水电施工

水电施工是家居装修的重点环节，主要是对水路、电路的改造进行施工。水电施工属于隐蔽工程，从材料到施工都要严格控制。一旦出现问题，后期维修起来会比较困难，而且水电施工质量如果不好，可能会存在很大的安全隐患。电路布置应该遵循"宁多勿少"的原则，在充分满足业主使用要求的基础上，最好再预留一定的富余量。在水电施工过程中，对于整体橱柜、燃气、卫浴器具等涉及厂家安装的项目，需要提前获得相关预留数据，甚至在厂家的设计基础上进行再布置。

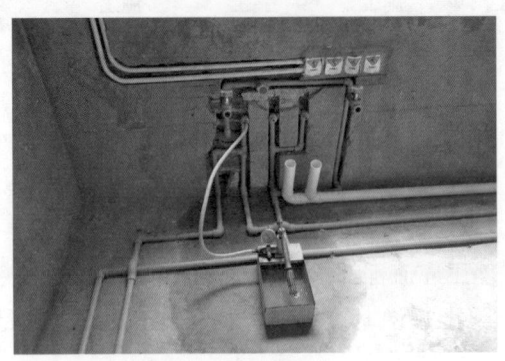

↑水电打压测试

（3）瓦工施工

　　家居装修中的瓦工项目主要是指墙、地面找平，贴砖，防水，以及装地漏等项目。瓦工施工环节最重要的就是防水施工，对于卫生间、厨房、阳台等，一定不能忽略防水处理，宁愿多刷，也不能漏刷或者少刷。防水质量如果不合格，万一出现漏水，不仅自己有损失，还会引发邻里纠纷。此外，需要提前打孔的项目（如空调预留孔）最好能在瓦工施工过程中进行，以免后期污染。

↑贴砖

（4）木作施工

　　木作施工一般涉及吊顶安装、门窗制作、家具打造、地板铺装等，关系到家居中很多空间的使用是否方便和外观效果。木工工程在装修中所占比重比较大，施工工期比较长，木工的工作虽然并不反映在最终的表面效果上，但做得好不好、细不细，却是影响最终装修效果的主要因素。现在不少家庭都选择购买成品家具或者定制家具，相对而言，现场制作从工艺和质量上更有保证。目前木地板经销商一般都提供安装服务，从售后服务的角度来说，最好还是选择商家安装，这样后期如果出现问题，就不用区分是安装问题还是材料问题了。

↑木作造型墙

（5）油漆施工

油漆施工是装修中的"面子"工程，其质量直接关系到最终效果的好坏，在装修工程中如果油漆做得好，基本上家居装修的整体效果就成功了80%。家居装修中的油漆施工一般包括木制品油漆和墙面乳胶漆、贴壁纸以及其他装饰墙面的施工。油漆施工非常"害怕"粉尘，一定要营造一个干净的施工环境，保证油漆施工的质量。大多数油漆施工都要保证"一底两面或三面"的涂刷工序，最后一遍面漆的涂刷可以安排在开关插座和地板都铺设好之后进行。

↑贴壁纸

（6）安装施工

家居装修中的安装施工主要是指五金件、开关插座、灯具、橱柜、卫浴洁具、暖气以及其他一些制品的安装。橱柜现在基本上都选用的是整体橱柜，商家都会上门测量，并设计图纸。在橱柜设计阶段要确定好燃气灶、抽油烟机、水槽、消毒柜等电器与用具的型号，在安装之前全部送到现场，与橱柜一次性安装完成。厨卫的铝扣板吊顶现在多选用集成吊顶，一般由厂商提供安装服务。

↑淋浴器安装

（7）质量验收

家居装修施工完成后，可以根据建筑装饰协会编制的《家庭居室装饰工程质量验收标准》对照进行每项工序的验收。质量验收完会根据实际的工程量进行最后的结算，这个需要施工方和业主提前协商好，工程量的确定最终需要根据实际进行结算。除了质量验收外，在家具进场前，最好进行一次环境污染检测。等家具进场后，再检测一次，从而确保装修施工与家具都符合环保要求。

二、装修施工的阶段

1. 施工图纸阶段

在进行装修施工之前需要详细的施工图纸，其中包括原始平面图、墙体拆除图、新建墙体图、平面布置图、天花布置图、灯具布置图、地面铺装图、强电布置图、弱电布置图、开关插座图、水路改造图、立面图以及节点图，图纸内标注详尽的尺寸与材质，部分内容较为复杂的会附加材料列表及电路说明的图纸文件，这样施工人员才能按图施工，保证施工后的效果和设计效果一致。施工图纸阶段又分为以下两个主要阶段。

（1）设计阶段

在设计阶段，设计师首先要充分了解业主的需求，根据家庭结构、个人喜好、装修风格等信息绘制平面布置图，附带一些参考图说明大体设计风格及色彩结构，不断跟业主沟通并修改设计图。

（2）完善图纸

在业主通过该设计的前提下，对图纸进行进一步的细节设计和完善。将设计内容清晰地绘制在不同图纸上，方便不同工种的施工人员查看，也方便设计师在对施工人员交底时更好地说明其设计要求和所要达到的效果。其中，部分图纸如天花布置图和灯具布置图在内容量较少的情况下可放在一张图纸内展现，重要的是，要让施工人员能够看清设计师所表达的设计内容，根据实际情况增减图纸。图纸内部的标识要清晰明了，在有不同图注的图纸上要标有图例，以避免表达不清的情况出现。

在施工图纸完成后，将施工图纸交由施工所在区域的审图中心进行审核。审核完成后，与物业沟通好施工时间才可进行施工。

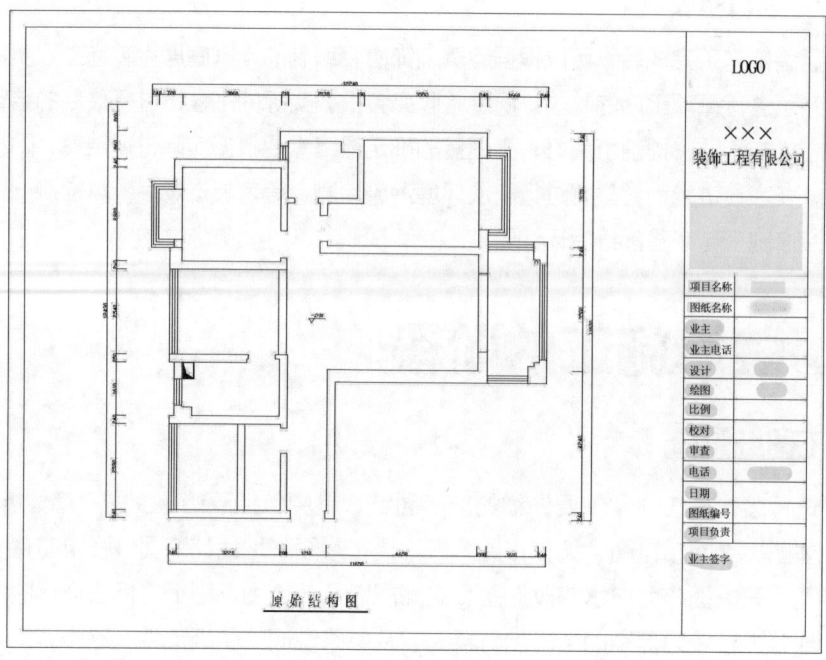

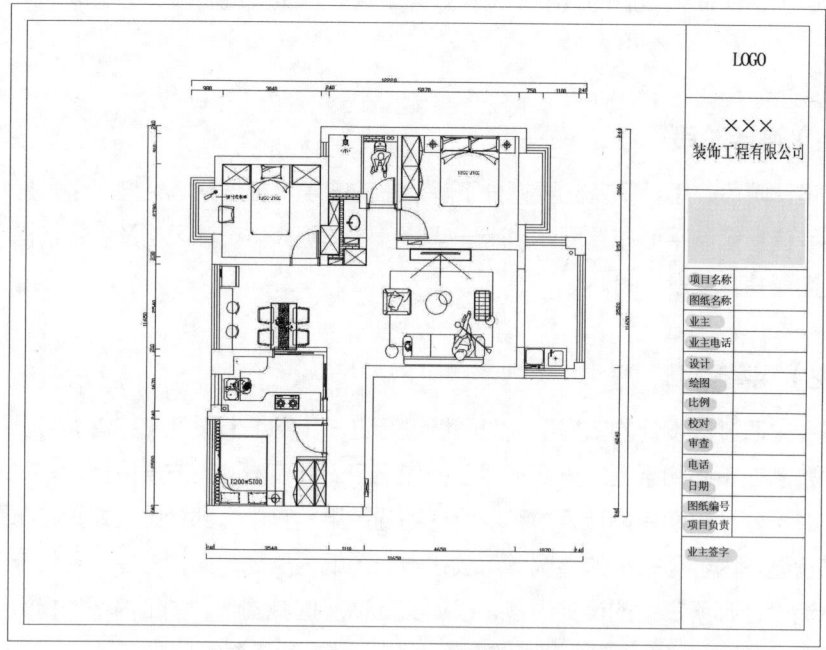

↑ 以施工图纸中的原始图纸和平面布置图为例，整套图纸都带有统一的图框，图框中含有该设计公司的 logo 及名称、绘图日期、设计师姓名等基本信息，这是对设计师作品的一种保护，同时当由于设计而导致施工出现问题时，可以及时明确问题责任人

2. 实施阶段

施工实施阶段材料进场、不同工种进场及施工等情况使施工现场人员复杂，容易引发多种问题。在实施阶段要注意以下几个问题。

（1）要在进场前进行设计交底

在材料和施工人员进场前，设计师要和施工方代表进行设计交底，将图纸上的重点设计区域、一些非常规施工的施工工艺及要求与施工方代表进行说明，施工方代表也可以就施工图纸上不明确的地方询问设计师，使双方达成一致，以避免由于设计图纸的暧昧不清造成设计与施工的结果有较大的偏差。

（2）设计师在施工实施阶段到现场进行检查

在实施阶段，设计师会去施工现场 2~3 次，对不同阶段的施工质量以及施工人员是否按照图纸施工进行检查，以便发现错误后及时改正。若是发现问题，可向施工方提出意见，并要求其解决。

（3）在施工全部完成后进行验收

在施工结束后，对施工的质量进行验收，检查不同工种的施工成果，如有问题可向施工方提出意见，及时更正。

↑ 安装工程后的验收

3. 验收阶段

验收主要分为两种，即材料验收和施工验收。验收是十分重要的步骤，及时验收可以避免很多不必要的麻烦。

（1）材料的验收

材料验收是根据合同中的条例进行的，明确的合同能帮助材料验收正常进行。材料验收最好是安排在材料进场时立即进行，以避免影响施工进度，并且合同中的购买方和验收人员一定要到场。验收人员对合同中规定的每一个材料约定都应该进行必要的检查，如质量、规格、数量等。如果检查结果为材料合格，验收人员就应该在材料验收单上签字。

（2）施工的验收

施工验收是施工中很重要的部分，是在装修的各个阶段检查其是否按照施工标准和施工图纸进行。在不同工种完成其施工项目后，要针对其项目内容进行有针对性的验收。要注意施工的验收并不只是验收结果，这样会使很多隐蔽工程被表层掩盖而无法注意到，因此，在装修初期、中期和后期都要进行验收。在所有项目完成后，对空间进行空气质量检测，根据检测结果拟定治理方案和入住时间。

↑ 装修后期的施工验收

第二章

建材知识
与选用

　　装修施工之前，设计师首先要对建材进行选择。建材种类繁多，有些还表面相似，要正确分辨不同的建材，熟知不同建材的特点，根据其特性选用合适的建材，这样才能保证施工的安全和正常进行。

一、装修建材基础知识

1. 主材和辅材

　　市场上装修材料种类繁多，按照行业习惯大致可分为两大类：主材和辅材。主材是指装修中的成品材料、饰面材料及部分功能材料。辅材是指装修中要用到的辅助材料。

（1）主材的解析

类　　型	概　　述	示例图片
地板	泛指以木材为原料的地面装饰材料。目前市场最流行的有实木地板、实木复合地板、强化复合地板。其中，实木复合地板和强化复合地板可用于地热地面	
瓷砖	主要应用于厨房、卫浴间的墙面和地面的一种装饰材料；具有防水、耐擦洗的优点，也可用于客/餐厅和卧室的地面铺装。目前市场上运用较多的是釉面砖、玻化砖和仿古砖	
壁纸、壁布	一种墙面装饰材料，可弥补传统涂料的单调感，造成具有强烈视觉冲击力的装饰效果，多用于空间的主题墙	
吊顶	是为了防止厨房和卫浴间的潮气侵蚀棚面以及使居室美观而采用的一种装饰材料；主要分为铝塑板、铝扣板、集成吊顶、石膏板吊顶和生态木吊顶等	
石材	分为天然大理石和人造石。天然大理石坚固耐用，纹理自然，价格低廉；人造石无辐射，颜色多样，可无缝粘接，抗渗性较好。石材可用于窗台板、台面、楼梯台阶、墙面装饰等处	

类　型	概　　　述	示例图片
洁具	包括坐便器、面盆、浴缸、拖把池等卫浴洁具。座便器按功能分为普通坐便器和智能坐便器，按冲水方式分为直冲和虹吸。面盆分为台下盆和台上盆，可根据个人喜好选择	
橱柜	时下厨房装修必备主材，分为整体橱柜和传统制作橱柜。整体橱柜采用提前设计、机械工艺制作、快速安装，相比传统制作橱柜更时尚、美观、实用，已逐渐取代传统制作橱柜	
热水器	市场上可供选择的热水器有三种，即储水式电热水器、燃气热水器、电即热式热水器。如何选择热水器，要根据房间格局分布和个人使用习惯	
龙头、花洒	是最频繁使用的水暖件。目前最流行的龙头、花洒的材料为铜镀铬、陶瓷阀芯，本体为精铜的水暖件是避免水路隐患最可靠的保证	
水槽	是厨房必备功能用品，从类型上分单槽、双槽，从功能上分带垃圾筒、淋水盘等，材质上大部分采用不锈钢	
净水机	改善生活用水和饮用水的过滤用品，按使用范围分为中央净水机、厨房净水机、直饮净水机。净水机虽然不是家庭装修必备的主材，但是随着人们对生活品质要求的提升，越来越受到人们的青睐	
烟机灶具	烟机的主要作用是吸除做菜产生的油烟。市场上根据吸烟的原理不同，分为中式抽油烟机、欧式抽油烟机和侧吸式抽油烟机。灶具分为明火灶具和红外线灶具	

类 型	概 述	示例图片
门	目前市场上有各种工艺的套装门，已经基本取代传统木工制作的门。套装门主要分为模压门、钢木门、免漆门、实木复合门、实木门、推拉门等	
灯具	是晚间采光的主要工具，也对空间具有一定的装饰作用。灯具的挑选要考虑实用、美观、节能	
开关、插座	按功能划分为单控开关、双控开关、多控开关，五孔插座、16A 三孔插座、带开关插座，信息插座，电话插座、电视插座、多功能插座、音箱插座，空白面板，防水盒，等等	
五金件	家装中用到的五金件非常多，例如：抽屉滑道、门合页、衣服挂杆、窗帘滑道、拉篮、浴室挂件、门锁、拉手、铰链、气撑等，可一起购买	

（2）辅材的解析

类 型	概 述	示例图片
水泥	家庭装修必不可少的建筑材料，主要用于瓷砖粘贴、地面抹灰找平、墙体砌筑等。家装最常用的水泥为32.5 号硅酸盐水泥。水泥砂浆一般应按水泥：砂 =1：2（体积比）的比例来搅拌	
砂子	配合水泥制成水泥砂浆，墙体砌筑、粘贴瓷砖和地面找平用；分为粗砂、中砂、细砂，粗砂粒径小于 0.5mm，中砂粒径为 0.35~0.5mm，细砂粒径为0.25~0.35mm，建议使用中砂或粗砂为好	

类　型	概　述	示例图片
砖	砌墙用的一种长方体石料，用泥巴烧制而成，多为红色，俗称"红砖"，也有"青砖"，尺寸为 240mm×115mm×53mm	
板材	分为细木工板、指接板、饰面板、九厘板、石膏板、密度板、三聚氢氨板、桑拿板等	
龙骨	吊顶用的材料分为木龙骨和轻钢龙骨。木龙骨又被称为"木方"，比较常用的有 30mm×50mm，一般用于石膏板吊顶和塑钢板吊顶。轻钢龙骨根据其型号、规格及用途的不同，有 T 形、C 形、U 形龙骨等，一般用于铝扣板吊顶和集成吊顶	
防水材料	家装主要使用砂浆防水剂、刚性防水灰浆、柔性防水灰浆这三种。砂浆防水剂可用于填缝，适合于非地热地面和墙面，防水砂浆的厚度至少要达到 2cm	
水暖管件	目前家装中做水路主要采用两种管材，即 PPR 管和铝塑管。PPR 管采用热熔连接方式，铝塑管采用铜件对接，还要保证墙、地面内无接头。无论使用哪种材料，都应该保证打压合格，正常是 6 个压力打半小时以上	
电线	选择通过国家 CCC 认证的合格产品即可，一般线路用 2.5 平方即可，功率大的电器要用 4 平方以上的电线	
腻子	是平整墙体表面的一种厚浆状涂料，是乳胶漆粉刷前必不可少的一种用品。按照性能主要分为耐水腻子、821 腻子、掺胶腻子。顾名思义，耐水腻子具有防水、防潮的特征，可用于卫浴间、厨房、阳台等潮湿区域	

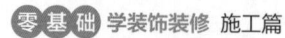

类　型	概　述	示例图片
108胶	一种新型高分子合成建筑胶黏剂，外观为微白色透明胶体，施工和易性好、黏结强度高、经济实用，适用于室内墙、地砖的粘贴	
白乳胶	黏结力强，黏度适中，无毒、无腐蚀、无污染的现代绿色环保型胶黏剂品种，主要用于木工板材的连接和贴面，木工和油工都会用到	
无苯万能胶	半透明黏性液体，可黏合防火板、铝塑板及各种木质材料，是木工的必备工具	
玻璃胶	用来黏结橱柜台面与厨房墙面、固定台盆和坐便器，以及一些地方的填缝和固定	
发泡胶	一种特殊的聚氨酯产品，固化后的泡沫具有填缝、黏结、密封、隔热、吸音等多种效果，是一种环保节能、使用方便的材料。发泡胶尤其适用于塑钢或铝合金门窗和墙体间的密封堵漏，以及防水、成品门套的安装	
木器漆	用于木器的涂饰，是起保护木器和增加美观作用的涂料。市场上常用的品种有硝基漆、聚酯漆、不饱和聚酯漆和水性漆、天然木器涂料等	
乳胶漆	有机涂料的一种，是以合成树脂乳液为基料，加入颜料、填料及各种助剂配制而成的一类水性涂料。按光泽效果分为无光、哑光、半光、丝光、有光乳胶漆等；按溶剂分为水溶性乳胶漆、水溶性涂料、溶剂型乳胶漆等；按功能分为通用型乳胶漆、功能型（防水、抗菌、抗污等）乳胶漆	
保温隔音材料	保温材料主要有苯板和挤塑板两种。苯板是一种泡沫板，用于建筑的墙体起保温作用，其隔热效果只能达到50%。挤塑板正逐渐取代苯板作为新型保温材料，具有抗压性高、吸水率低、防潮、不透气、质轻、耐腐蚀、超抗老化、导热系数低等优异性能	

2. 材料进场顺序及验收

（1）材料进场顺序

家装工程虽然不算大工程，但是装修中所需主材和辅材的数量也不少，各种装修主材和辅材进场有其一定的顺序，业主一定要特别注意。现在一般装修业主都是选择装修辅材由装修公司负责，装修主材由自己购买的方式，所以业主只需操心装修主材购买的顺序，保证装修主材的供应能跟上家装工程的进度即可。一般材料的进场顺序如下表所示。

序　号	材　　料	施工阶段	准备内容
1	防盗门		最好一开工就能给新房安装好防盗门，防盗门的定制周期一般为一周左右
2	水泥、砂子、腻子等辅料		一般不需要提前预订
3	龙骨、石膏板等		一般不需要提前预订
4	滚刷、毛刷、口罩等工具	开工前	一般不需要提前预订
5	白乳胶、原子灰、砂纸等辅料		木工和油工都可能需要用到这些辅料
6	橱柜、浴室柜		墙体改造完毕就需要商家上门测量，确定设计方案，其方案还可能影响水电改造方案
7	水电材料		墙体改造完就需要工人开始工作，这之前要确定施工方案和确保所需材料到场
8	室内门窗		墙体改造完毕就需要商家上门测量
9	热水器、小厨宝		其型号和安装位置会影响到水电改造方案和橱柜设计方案
10	卫浴洁具	水电改造前	其型号和安装位置会影响到水电改造方案
11	排风扇、浴霸		水电改造前其型号和安装位置会影响到电改方案
12	水槽、面盆		其型号和安装位置会影响到水改方案和橱柜设计方案
13	抽油烟机、灶具	橱柜设计前	其型号和安装位置会影响到水改方案和橱柜设计方案
14	防水材料		卫浴间先要做好防水工程，防水涂料不需要预定
15	瓷砖、勾缝剂		有时候有现货，有时候要预订，所以先计划好时间
16	地漏	瓦工入场前	瓦工铺贴地砖时同时安装
17	石材		窗台、地面、过门石、踢脚线都可能用到石材，一般需要提前三四天确定尺寸预订

续表

序　号	材　　料	施工阶段	准备内容
18	吊顶材料	瓦工开始	瓦工铺贴完完瓷砖三天左右就可以吊顶，一般吊顶需要提前三四天确定尺寸预订
19	木工板及钉子等	木工入场前	不需要提前预订
20	乳胶漆	油工入场前	墙体基层处理完毕就可以刷乳胶漆，一般到市场直接购买
21	油漆		不需要提前预订
22	地板	较脏的工程完成后	最好提前一周订货，以防挑选的花色缺货，安排前两三天预约
23	壁纸	地板安装后	进口壁纸需要提前20天左右订货，但为防止缺货，最好提前一个月订货，铺装前两三天预约
24	玻璃胶及胶枪	开始全面安装前	很多五金洁具安装时需要打一些玻璃胶密封
25	水龙头、橱卫五金件等		一般款式不需要提前预订，如果有特殊要求，可能需要提前一周
26	镜子等		如果定做镜子，需要四五天制作周期
27	灯具		一般款式不需要提前预订，如果有特殊要求，可能需要提前一周
28	开关、面板等		一般不需要提前预订
29	升降晾衣架		一般款式不需要提前预订，如果有特殊要求，可能需要提前一周
30	门锁、门吸、合页等	基本完工后	不需要提前预订
31	地板蜡、石材蜡等	保洁前	保洁前可以买质量较好的蜡让保洁人员在自己家中使用
32	窗帘	完工前	保洁后就可以安装窗帘，窗帘需要一周左右的订货周期
33	家具		保洁后就可以让商家送货
34	家电		保洁后就可以让商家送货安装
35	配饰		装饰品、挂画等配饰，保洁后业主可以自行选购

（2）材料的验收

◎材料进场验收要求

做好材料的进场验收，能够有效地避免一些关于材料的争论和施工方推卸责任（如提出"材料供应影响施工进度和质量"）等问题。

①通知合同另一方材料验收的时间。材料采购以后，购买方就需要通知另一方准备对材料进行验收，而且这个验收最好是安排在材料进场时立即进行。所以，约定验收时间非常必要，以免出现材料进场时，另一方没有时间对材料进行验收，进而影响施工进度。

②材料验收时装修合同中规定的验收人员必须到场。家装合同本身就是一份法律文书，一定要认真对待，最好在合同中明确规定材料验收责任人，这样即使出现问题也能够切实保障业主的权益。如果验收时规定的验收责任人不到场（验收人员又没有合同约定的验收责任人授权），或者验收责任人到场但没有负起验收的责任，都会导致材料出现问题。

③验收程序必须严格。验收责任人对合同中规定的每一个材料都应该进行必要的检查，如质量、规格、数量等。

④合同中规定的验收责任人应在完成材料验收工作后于材料验收单上签字。如果检查结果材料合格，验收责任人应该在材料验收单上签字，这样才是一个较完整且负责任的过程。

◎装修材料进场验收单

装修材料进场验收单

序号	材料名称	规格型号	品牌	单位	数量	生产商家	合格与否	备注

施工方：　　　　　　　　　　　业主（验收责任人）：

年 月 日　　　　　　　　　　　年 月 日

3. 材料环保系数要求

在提倡绿色、环保理念的现在，室内装修材料的环保系数成了人们的关注点。在采购材料之前要充分地了解装修材料的环保系数要求。

类　别	环保系数要求
人造板材	国家标准《室内装饰装修材料人造板及其制品中甲醛释放限量》（GB18580—2017）对人造板所含甲醛的限量标准值及其检测方法已作了明确规定，达到标识等级的产品即已不对人体及环境产生影响和危害，其限量标识为 E1 级，也就是说 E0 级、E1 级的板材可以直接用于室内
油漆涂料	2002 年国家环境局颁布了水性涂料新的绿色标准，规定内墙涂料中 VOC（挥发性有机化合物）不大于 3mg/L，其中苯的含量为 0mg/L，甲苯和二甲苯的含量不大于 2.0mg/L
壁纸	强制性国家标准《室内装饰装修材料 壁纸中有害物质限量》（GB18585—2001）对壁纸中所含有害物质的限量标准值及其检测方法已作了明确规定，达到标识等级即限量标识 b 的产品，对人体无害
地毯	按照《室内装饰装修材料 地毯、地毯衬垫及地毯胶粘剂有害物质释放限量》（GB18587—2001）的强制性国家标准要求，总挥发性有机化合物、甲醛等有机化合物都被限制在严格的范围内，A 级为环保型产品，B 级为有害物质释放限量合格产品
PVC 卷材地板（塑料地板）	按照《室内装饰装修材料 聚氯乙烯卷材地板中有害物质限量》（GB18586—2001）的强制性国家标准要求，卷材地板聚氯乙烯层中氯乙烯单体含量应不大于 5 mg/kg。卷材地板中不得使用铅盐助剂；作为杂质，卷材地板中可溶性铅含量应不大于 20mg/m²。卷材地板中可溶性镉含量应不大于 20mg/m²
木制家具	按照《室内装饰装修材料 木家具中有害物质限量》（GB18584—2001）的强制性国家标准要求，木制家具中的甲醛含量不大于 1.5mg/L，可溶性铅含量不大于 90mg/kg，可溶性镉含量不大于 75mg/kg，可溶性铬、可溶性汞含量不大于 60mg/kg，超标为不合格

4. 建材用量计算

（1）装修面积计算

◎墙面面积计算

墙面（包括柱面）的装饰材料一般包括涂料、石材、墙砖、壁纸、软包、护墙板、踢脚线等。计算面积时，材料不同，计算方法也不同。

涂料、壁纸、软包和护墙板的面积按长度乘以高度、单位为"m²"计算。长度按主墙面的净长计算，高度，无墙裙者从室内地面算至楼板底面，有墙裙者从墙裙顶点算至楼板底面；有顶棚的从室内地面（或墙裙顶点）算至顶棚下沿再加20cm。门、窗所占面积应扣除，但不扣除踢脚线、挂镜线、单个面积在0.3m²以内的孔洞面积，以及梁头与墙面交接的面积。镶贴石材和墙砖时，按实铺面积以"m²"计算；安装踢脚板面积按房屋内墙的净周长计算，单位为"m"。

◎顶面面积计算

顶面（包括梁）的装饰材料一般包括涂料、吊顶、顶角线（装饰角花）及采光顶面等。顶面施工的面积均按墙与墙之间的净面积以"m²"计算，不扣除间壁墙、穿过顶面的柱、垛和附墙烟囱等所占面积。顶角线长度按房屋内墙的净周长以"m"计算。

◎地面面积计算

地面的装饰材料一般包括：木地板、地砖（或石材）、地毯、楼梯踏步及扶手等。地面面积按墙与墙间的净面积以"m²"计算，不扣除间壁墙、穿过地面的柱、垛和附墙烟囱等所占面积。楼梯踏步的面积按实际展开面积以"m²"计算，不扣除宽度在30cm以内的楼梯所占面积；楼梯扶手和栏杆的长度可按其全部水平投影长度（不包括墙内部分）乘以系数1.15以"延长米"计算。

◎其他面积计算

其他栏杆及扶手长度直接按"延长米"计算。对家具的面积计算没有固定的要求，一般以各装修公司报价中的习惯做法为准：用"延长米""m²""项"为单位来统计。需要注意的是，每种家具的计量单位应该保持一致。例如，做两个衣柜，不能出现一个以"m²"为计量单位，另一个则以"项"为计量单位的现象。

（2）常用装修材料的计算方法

装修材料占整个装修工程费用的60%~70%，一般情况下，房子装修费用的多少取决于装修面积的大小，将用量分别乘以相应的单价，算出材料的总费用，再加人工费、辅助材料费及装修公司的管理费，也就是装修的总体硬装费用。

装修总造价＝基本费用（材料费＋人工费）＋管理费（基本费用 ×5%）＋税金 [（基本费用＋管理费）×3.41%]

材　　料		常见规格	用量计算方法（粗略计算）
墙地砖		600mm×600mm、500mm×500mm、400mm×400mm、300mm×300mm	房间地面面积 ÷ 每块地砖面积 ×（1+10%）＝用砖数量（式中，10%是指增加的损量）
壁纸（贴墙材料）		每卷长 10m，宽 0.53m	地面面积 ×3＝壁纸的总面积，壁纸的总面积 ÷（0.53m×10）＝壁纸的卷数；或直接将房间的面积乘以 2.5，其乘积就是贴墙用料数
地板		1200mm×190mm、800mm×121mm、1212mm×295mm	地板的用量（m^2）＝房间面积＋房间面积 × 损耗率（一般在 3%~5% 之间）
窗帘（一般为平开帘）		成品帘要盖住窗框左右各 0.15m，并且打两倍褶。安装时窗帘要离地面 15~20cm	（窗宽＋0.15m×2）×2＝成品帘宽度；成品帘宽度 ÷ 布宽 × 窗帘高 ＝ 窗帘所需布料
地面石材		600mm×600m、500mm×500mm、400mm×400mm、300mm×300mm	房间地面面积 ÷ 每块地砖面积 ×（1+11.2%）＝用砖数量（式中，11.2%是指增加的损量，若是多色拼花则损耗率更大，可根据难易程度，按平方数直接报总价）；通常在地面铺 15mm 厚水泥砂浆层，其每平方米需普通水泥 15kg，中砂 0.05 m^3
涂料	面漆		房间面积（m^2）÷4＋需要粉刷的墙壁高度（dm）÷4＝所需涂料的公斤数
	墙漆	5L、20L	墙漆施工面积＝（建筑面积 ×80%−10）×3
	用漆量		底漆用量＝施工面积 ÷70 面漆用量＝施工面积 ÷35
木线条		线条宽 10~25mm（损耗量为 5%~8%）、25~60mm（损耗量为 3%~5%）、较大规格需定做，单项列出其半径尺寸和数量	钉松：使用木线条长度 ÷100m×0.5/ 盒 ＝ 所需盒数 普通铁钉：使用木线条长度 ÷100m×0.3/kg ＝ 所需铁钉数 粘贴用胶：使用木线条长度 ÷100m×0.4~0.8/kg ＝ 所需用胶量

二、装饰砖石

1. 装饰石材

石材是家居中常见的装修材料，大多用于客厅、餐厅、厨房、卫浴的地面、墙面等。石材除了是装修材料，还是良好的装饰材料。例如客厅、餐厅的主题墙，用几块石材点缀一下，可能会营造出另外一种效果。家装常用的石材品种为大理石、砂岩、花岗岩、人造石、文化石等。

类　型	特　点	示例图片
大理石	纹路和色泽浑然天成、层次丰富，样式繁多；不易受到磨损，适合用在墙面、地面、台面等处作为装饰	
砂岩	由石英颗粒（砂子）形成，结构稳定，通常呈淡褐色或红色；可用于室内墙面、地面的装饰，也可用于雕刻	
花岗岩	花岗岩是一种岩浆在地表以下凝结形成的火成岩；硬度高、耐磨损、颜色美观，但花纹变化较为单调。由于含有放射性气体，花岗岩不宜在室内大量使用，尤其不要在卧室、儿童房中使用；一般多用于楼梯、洗手台面、橱柜面等区域或是大理石的收边装饰	
人造石	是一种以天然花岗岩和天然大理石的石渣为骨料经过人工合成的新型装饰材料，在防油污、防潮、防酸碱、耐高温等方面都强于天然石材，但纹路不如天然石材自然；硬度比大理石略硬，能够无缝拼接、造型百变，容易做造型；适合用于墙面、台面装饰	
文化石	是一种以水泥掺砂石等材料，灌入模具形成的人造石材；其色泽纹路能保持自然原始的风貌，常用于电视背景墙、玄关、壁炉、阳台等的点缀装饰	

2. 装饰陶瓷砖

瓷砖可以说是使用率最高的一种室内装修建材，其花色、种类繁多，能够用在墙面、地面上，非常百搭。在使用瓷砖时，需要注意不同种类瓷砖的特点，将其用在合适的部位。瓷砖属于主材范畴，在很多情况下设计师可陪同业主购买，因此，掌握相关知识非常必要。家装常用的瓷砖品种为釉面砖、通体砖、抛光砖、玻化砖、仿古砖、全抛釉瓷砖、马赛克等。

类　　型	特　　点	示例图片
釉面砖	釉面砖就是表面经过烧釉处理的砖。釉面砖的釉面细致、韧性好、耐脏，耐磨性稍差，色彩图案丰富，防污能力强；尤其适合卫浴间和厨房中使用	
通体砖	通体砖的表面不上釉，而且正面和反面的材质和色泽一致，相对来说，花色比不上釉面砖。通体砖被广泛使用于厅堂、过道和室外走道等处的地面，一般较少会使用于墙面	
抛光砖	抛光砖就是通体坯体的表面经过打磨而成的一种光亮的砖种，相对于通体砖来说更为光洁。抛光砖可以做出仿石、仿木效果，但抛光砖易脏，质量好的抛光砖会有一层防污层。抛光砖适合在除洗手间、厨房和室外环境以外的多数室内空间中使用	
玻化砖	玻化砖是瓷质抛光砖的俗称，玻化砖可以随意切割，任意加工，质地比抛光砖更硬、更耐磨。要对砖面进行打蜡处理，否则光泽会渐渐变乌。玻化砖适用于空间任意位置	
仿古砖	仿古砖兼具防水、防滑、耐腐蚀的特性。仿古砖采用自然色彩，多为单色或者复合色。单色砖主要用于大面积铺装，而花砖则作为点缀用于局部装饰	
全抛釉瓷砖	集合仿古砖、抛光砖、瓷片的优势为一体，表面光亮、柔和、平滑、不凸出，效果晶莹透亮，层次立体分明，防污染能力较弱；表面材质太薄，容易刮花划伤，价格比一般的砖要贵，适合营造富丽堂皇的家居环境	
马赛克	马赛克一般由数十块小砖组成一块相对的大砖。它因小巧玲珑、色彩斑斓，被广泛使用于室内小面积地／墙面和室外小面积地／墙面	

三、装饰板材

1. 墙面、家具板材

　　墙面、家具所使用的板材种类繁多，根据施工中的不同部位可分为基层板材和饰面板材。基层板材通常作为基层材料使用，像细木工板、刨花板、胶合板等。饰面板材通常具有漂亮的纹理，在墙面或定制家具表面起到装饰作用，如木纹饰面板、防火板等。

类　型	特　点	示例图片
木纹饰面板	也称贴面板、三夹板，这种材料纹理清晰、色泽自然，应用较为广泛，可用作墙面、木质门、家具、踢脚线等部位的表面饰材。饰面板根据面层树种的不同，有十几个常用品种，一般每张规格为 2440mm×1220mm	
三聚氰胺板	全称是三聚氰胺浸渍胶膜纸饰面人造板，可以任意仿制各种图案，作为各种人造板和木材的贴面；硬度大，耐磨、耐热性好，耐化学药品性能好；表面平滑、光洁，容易维护、清洗；常用于墙面、各种家具、橱柜的装饰	
科定板	科定板是采用科技木皮（再生木皮）制作而成的板材，可以还原各种稀有珍贵木材，还能够弥补原木材的缺陷，如天然木材的变色、虫孔等问题，并且甲醛含量低。科定板可以事先选择板材的纹路与颜色，交给厂家定做。科定板可用于墙面或家具定制	
细木工板	尺寸规格为 1220mm×2440mm，厚度为 15mm、18mm、25mm。细木工板具有质轻、易加工、握钉力好、不变形等优点。细木工板用途广泛，可用于墙面造型基层及家具、门窗造型基层的制作；但细木工板怕潮湿，应避免用于厨卫空间	
胶合板	也称夹板，行内俗称细芯板，一般分为 3 厘板、5 厘板、9 厘板、12 厘板、15 厘板和 18 厘板六种规格（1厘即为 1mm）；结构强度高，拥有良好的弹性、韧性，易于加工和涂饰作业，造型多样；目前更多用作饰面板板材的底板、板式家具的背板、门扇的基板等	

类　型	特　点	示例图片
刨花板	又称微粒板、颗粒板、蔗渣板，在性能特点上和密度板类似。刨花板的结构比较均匀，加工性能好，是制作不同规格、样式家具的较好的原材料。由于刨花板容积较大，用其制作的家具相对于其他板材来说也比较重	
欧松板	学名为定向结构刨花板，是细木工板、胶合板的升级换代产品，其甲醛释放量几乎为零，是目前市场上最高等级的装饰板材。无论是制作家具，还是作为隔墙、背景墙等造型类板材，欧松板都可以胜任；同时，欧松板常被用作吸音板，也可以直接用作乡村或现代风格的装饰面材	
密度板	也称纤维板，表面光滑平整、装饰性好，材质细密，性能稳定，边缘牢固。密度板按密度分为高密度板、中密度板、低密度板。其中，低密度板强度低，但吸音性和保温性好，主要用于家装吊顶部位装饰；中密度板可直接用于制作家具；高密度板不仅可用作家具、吊顶等装饰，更可取代高档硬木直接加工成复合地板、强化地板。密度板耐潮性较差，不能用于过于潮湿和受力太大的木作业中	
澳松板	属于密度板范畴，是细木工板、欧松板的替代升级产品，特性是更加环保；被广泛用于墙面造型基层、家具等方面，其硬度大，适合做衣柜、书柜，不会变形，做地板也十分适用	
防火板	属于表面装饰用耐火建材，有丰富的表面色彩、纹路，是橱柜制作的最佳贴面材料，耐磨、耐划性能更强；但防火板为平板，无法创造凹凸、金属等效果，时尚感稍差	
实木指接板	由多块木板拼接而成，指接板与木工板的用途一样，常见厚度有 12mm、14mm、16mm、20mm 四种，最厚可达 36mm；被广泛用于家具、橱柜、衣柜等基层制作	

2. 顶面板材

顶面设计常常被人们忽略，恰当的顶面设计能够起到提升档次的作用。好的设计要依靠材料才能够实现，除了熟知的纸面石膏板外，还有其他类型的石膏板，扣板、石膏线也可以用来装饰顶面。

类　型	特　点	示例图片
石膏板	石膏板种类繁多，可用于不同风格的家居环境以及不同的部位。例如，浮雕石膏板适用于欧式风格的家居；耐水纸面石膏板适用于湿度较高的潮湿场所，如卫浴间等	
硅酸钙板	为绿色环保建材，具有传统石膏板的功能，更具有优越的防火性能，以及耐潮、使用寿命超长的优点；是吊顶和轻质隔间的主材，外层可覆盖木板	
PVC扣板	材质重量轻、安装简便、防潮、防蛀虫，表面的花色图案变化也非常多，并且耐污染、好清洗，有隔音、隔热的良好性能；特别是在新工艺中加入阻燃材料，使其能够离火即灭，使用更为安全；适用于厨房、卫浴间的吊顶装饰，但与金属材质的吊顶板相比，使用寿命相对较短	
铝扣板	耐久性强，不易变形，不易开裂，质感和装饰感方面均优于PVC扣板，并且具有防火、防潮、防腐、抗静电、吸声等特点；多用于厨房、卫浴间的顶面装饰	
装饰线	可带各种花纹，实用美观；具有防火、防潮、保温、隔音、隔热功能，并能起到豪华的装饰效果。装饰线除了可用在墙面与顶面衔接处外，还可以用在顶面作为装饰	

3. 木地板

　　木地板显示自然本色，触感温润，令人感到亲切；但相比砖石类材料，在后期保养和维护上麻烦很多。因此，家居空间最好是瓷砖和地板混合使用。一些较为私密的空间（如卧室、书房等）采用木地板，在公共空间或经常用水的房间（如客/餐厅、厨卫空间等）铺贴瓷砖，这样既兼顾了实用性，还打破了整体室内空间地面单一的感觉。

类　型	特　点	示例图片
实木地板	具有木材自然生长的纹理，是热的不良导体，冬暖夏凉，脚感舒适，使用安全，是卧室、客厅、书房等地面装修的理想材料。实木地板的缺点为难保养，且对铺装的要求较高	
实木复合地板	由不同树种的板材交错层压而成，干缩湿胀率小，具有较好的尺寸稳定性，并保留了实木地板的自然木纹和舒适的脚感；硬度、耐磨性、抗刮性佳，而且阻燃、光滑，便于清洗，成本低于实木地板	
强化复合地板	由耐磨层、装饰层、基层、平衡层组成。强化复合地板的耐磨性约为普通漆饰地板的10~30倍以上，图案与颜色多样；尺寸极稳定，尤其适用于地暖系统的房间。强化复合地板的缺点为水泡损坏后不可修复，脚感较差	
软木地板	被称为"地板的金字塔尖消费"。与实木地板相比，软木地板更具环保性、隔音性，防潮效果也更好，可以带来极佳的脚感。软木地板柔软、安静、舒适、耐磨，对老人和小孩的意外摔倒可起到极大的缓冲作用，其独有的隔音效果和保温性能也非常适合应用于卧室、书房等私密场所	
竹木地板	是竹材与木材的复合再生产物。竹木地板可分为两种：一是自然色，色差比木质地板小，有丰富的竹纹，色彩匀称；二是人工上漆色，漆料可调配成各种色彩，但竹纹不太明显。竹木地板适合日式风格的家居空间	

四、漆及涂料

1. 墙面漆及涂料

　　漆及涂料可以理解为一种涂敷于物体表面能形成完整的漆膜，并能与物体表面牢固黏合的物质。它们是装饰材料中的一个大类，品种很多，家装常见的有乳胶漆、艺术涂料、液体壁纸、金属漆、墙面彩绘等。

类　型	特　点	示例图片
乳胶漆	易于涂刷，干燥迅速，漆膜耐水、耐擦洗性好等。乳胶漆有平光、高光等不同类型，有不同颜色可随意搭配，根据房间的不同功能选择相应特点的乳胶漆	
艺术涂料	形式多样，层次丰富，又具有乳胶漆易施工、寿命长的优点，以及壁纸图案精美、装饰效果好的特征。艺术涂料被应用于装饰设计中的主要景观，如门庭、玄关、电视背景墙、廊柱、吧台、吊顶等，能产生极其高雅的效果	
液体壁纸	是一种新型艺术涂料，也称壁纸漆和墙艺涂料，是环保水性涂料；具有各种质感纹理和明暗过渡的艺术效果，具有良好的防潮、抗菌性能，不易生虫、不易老化等；但施工难度比较大，不仅对墙面的要求比较高，施工周期也比较长	
金属漆	又称金属闪光漆，给人以一种愉悦、轻快、新颖的感觉，不仅可以被用于经过处理的金属、木材等基材表面，还可以被用于室内外墙饰面、浮雕梁柱异型饰面的装饰，并可随个人喜好调制成不同颜色，在法式风格、欧式风格的家居中得到广泛使用	
墙面彩绘	是在墙壁上进行的彩色涂鸦和创作，充分体现了作者的创意；可根据室内空间结构就势设计，掩饰空间结构的不足，美化空间，同时让墙面彩绘和室内家居设计融为一体；最好在一面墙使用，以免造成空间繁杂	

2. 木器漆

木器漆可使木质材质表面更加光滑，避免木质材质直接被硬物刮伤或产生划痕；有效地防止水分渗入木材内部造成腐烂；有效地防止阳光直晒木质家具造成干裂。经过多年的发展，目前常用的木器漆可分为硝基漆、聚酯漆、聚氨脂漆、UV 木器漆、水性木器漆、天然木器漆等。

类　　型	特　　点
硝基漆	硝基漆是一种被广泛用于木器家具的油漆，主要有亮光、半哑光和哑光三种。硝基漆干燥快，光泽柔和，手感好，施工方便，价格低廉，特别是干燥后的涂膜中不含有毒物质，餐桌椅、儿童玩具、工艺品的涂饰漆至今仍大多采用硝基漆；缺点是高温天气易泛白，耐温、耐老化性能比较差，硬度低，较易磨损，漆膜丰满度低，在施工中需要涂刷很多遍才行
聚酯漆	聚酯漆通常是论"组"卖的，一组包括三个独立的包装罐：主漆、固化剂、稀释剂。聚脂漆的漆膜丰满，层厚面硬，综合性能较好，对多种物面（金属、木材、橡胶、混凝土、某些塑料等）均有优良的附着力。但是聚酯漆在施工过程中需要进行固化，其主要成分是 TDI(甲苯二异氰酸酯)，这些处于游离状态的 TDI 会变黄，不但使家具漆面变黄，也会使邻近的墙面变黄，这是聚脂漆的一大缺点
聚氨酯漆	聚氨酯漆的漆膜强韧，光泽度强，附着力强，具有耐水、耐磨、耐腐蚀性；被广泛用于高级木器家具，也可用于金属表面。聚氨酯漆的缺点主要有遇潮起泡、漆膜粉化等，与聚酯漆一样，它同样存在变黄的问题
UV 木器漆	即紫外光固化木器漆。它采用 UV 光固化，是 21 世纪最新潮流的涂料；是真正绿色环保的油漆，不含任何挥发物质，使用 UV 油漆的产品绿色、健康、环保；UV 木器漆的漆膜是立体状结构，硬度大，耐磨性好，透明度高，产品耐刮碰、耐摩擦，经得起时间的考验
水性木器漆	以水为溶剂，无任何有害挥发，是目前最安全、最环保的家具漆涂料。此外，水性木器漆不燃烧，漆膜晶莹透亮，柔韧性好，耐水、耐黄变；缺点是表面丰满度差，耐磨及抗化学性较差，施工环境要求温度不能低于 5℃或相对湿度低于 85%，全封闭工艺的造价会高于硝基漆、聚酯漆产品
天然木器漆	俗称大漆，又有 " 国漆 " 之称，不仅附着力强、硬度大、光泽度高，而且具有突出的耐久、耐磨、耐水、耐油、耐溶剂、耐高温、耐土壤与化学药品腐蚀及绝缘等优异性能；是古代建筑、古典家具 (尤其是红木家具)、木雕工艺品等制品的理想涂饰材料

五、墙面加工材料

1. 壁纸、壁布

壁纸、壁布也被称为墙纸、墙布。其实两者并没有严格的区分，只是壁纸的基底是纸基，而壁布的基底是布基，两者的表面印花、压花、涂层可以完全做成一样的，所以在装饰效果上也是一样的。也可以理解为壁布是壁纸的升级产品，由于使用的是丝、毛、麻等纤维原料，价格档次比壁纸要高出不少。

类　型	特　点	示例图片
PVC 壁纸	PVC 是高分子聚合物，用这种材料做成的装饰墙面的壁纸，就是 PVC 壁纸。PVC 壁纸有一定的防水性，施工方便；表面污染后，可用干净的海绵或毛巾擦拭。PVC 壁纸按其防水性能可分为 PVC 涂层壁纸和 PVC 胶面壁纸	
纯纸类壁纸	其突出的特点是环保性能好，不易翘边，无气泡，无异味，透气性强，不易发霉，适合对环保要求较高的儿童房和老人房使用；缺点是施工时技术难度高，耐水、耐擦洗性能差，不适用于厨房、卫浴间等潮湿空间	
织物类壁纸	常称为壁布，其表面选用纤、布、麻、棉、丝或薄毡等织物为原材料，视觉和手感上柔和、舒适，具有优雅感，有些绢、丝、织物因其纤维的反光效应而显得十分秀美；但此类壁布的最大缺陷是轻易挂灰，并且不易清洗、维护，价格高	
无纺布壁纸	本身富有弹性，不易老化和折断，透气性和防潮性较好，擦洗后不易褪色。无纺布壁纸的缺点是花色相对 PVC 壁纸来说较单一，而且色调较浅，以纯色或是浅色系居多；相对于 PVC 壁纸和纯纸类壁纸来说，价格也高一些	
天然材质壁纸	由麻、草、木材、树叶等植物纤维制成，是一种高档装饰材料，具有阻燃、吸音、透气的特点，质感强，效果自然和谐、天然美观，适合自然类风格家居环境使用	
金属壁纸	这种壁纸构成的线条粗犷、奔放，适当地加以点缀就能不露痕迹地带出一种炫目和前卫感。金属壁纸以金色、银色为主，繁复典雅、高贵华丽，一般用于歌厅、酒店等公共场所	
植绒壁纸	给人以丝绒的质感，不反光，不褪色，图案立体，凹凸感强，有一定的吸音效果，是高档装修空间很好的选择；多用于电视墙、沙发背景墙、餐厅装饰墙的装饰	

2. 装饰玻璃

玻璃是一种非常现代的材料，种类繁多，不仅有平时运用很多的水银镜、彩色镜片等，还有一些融合了艺术感的玻璃，是装饰材料，也是艺术品，能够为家居空间营造时尚而高雅的韵味。

类　型	特　点	示例图片
烤漆玻璃	作为具有时尚感的一款材料，最适合表现简约风格和现代风格，而根据需求定制图案后也可表现混搭风格和古典风格；应用广泛，可用于制作玻璃台面、玻璃形象墙、玻璃背景墙、衣柜柜门等	
镜面玻璃	又称磨光玻璃，分单面磨光和双面磨光两种，表面平整、光滑，有光泽，不同颜色的镜片能够体现出不同的韵味。镜面玻璃常用于家居空间中客厅、餐厅、玄关等公共空间的局部装饰	
钢化玻璃	是一种预应力玻璃，破碎后呈网状裂纹，各个碎块不会产生尖角，不会伤人，抗弯曲强度、耐冲击强度是普通平板玻璃的 3 ~ 5 倍；多用于家居中需要大面积玻璃的场所，如玻璃墙、玻璃门、阳台栏杆处等	
艺术玻璃	艺术玻璃的款式多样，具有其他材料所没有的多变性。艺术玻璃可以用于家居空间中的客厅、餐厅、卧室、书房等空间；从运用部位来讲，可用于屏风、门扇、窗扇、隔墙、隔断或者墙面的局部装饰	
玻璃砖	是一种隔声、隔热、防水、节能、透光良好的非承重装饰材料；可依照尺寸的变化，在家居中设计出直线墙、曲线墙及不连续墙。多数情况下，玻璃砖并不作为饰面材料使用，而是作为结构材料，作为墙体、屏风、隔断等类似功能设计的材料使用	

3. 其他壁面材料

除了壁纸、壁布、装饰玻璃外，还有一些其他壁面材料，如墙贴、墙面软包，它们在一定程度上美化空间，为业主创造舒适的家居环境。

类　型	特　点	示例图片
墙贴	墙贴是已设计和制作好现成图案的不干胶贴纸，只需要动手贴在墙上、玻璃或瓷砖上即可。墙贴是家居装饰的局部点缀，具有粘贴无气泡、视觉效果立体、环保无痕等优点	

类　型	特　点	示例图片
墙面软包	软包是指一种在室内墙表面用柔性材料加以包装的墙面装饰方法。墙面软包的材料质地柔软，色彩柔和，能够柔化整体空间氛围。除了美化空间外，更重要的是，它具有阻燃、吸音、隔音、防潮、防霉、抗菌、防静电、防撞等功能，一些主题墙如电视背景墙、沙发背景墙、床头背景墙等区域经常使用	

六、装饰门窗

1.装饰门窗

　　按照开启方式，门可分为平开门、推拉门、折叠门和弹簧门四种。根据门的材料和功能的不同，室内常用的门可分为防盗门、实木门、实木复合门、模压门、玻璃推拉门。窗的主要种类有塑钢窗、铝合金窗、木窗等。

类　型	特　点	示例图片
防盗门	防盗门即入户门，是守护家居安全的一道屏障，因此，首先应注重防盗性能，以及比较高的隔音性能，以隔绝室外的声音	
实木门	具有不变形、耐腐蚀、无裂纹及隔热保温等特点；原料天然，不含甲醛、甲苯，无辐射污染，环保健康，属绿色环保产品，十分适合欧式古典风格和中式古典风格的家居设计	
实木复合门	实木复合门的造型多样，款式很多，表面可以制作出各种精美的纹样	
模压门	它以木皮为板面，保持了木材天然纹理的装饰效果，同时也可进行面板拼花，既美观活泼又经济实用。模压门还具有防潮、膨胀系数小、抗变形的特性，隔音效果相对实木门较差；门身轻，没有手感，档次低。模压门比较适合现代风格和简约风格的家居	
玻璃推拉门	既能够分隔空间，还能够保障光线的充足，同时隔绝一定的音量，拉开后两个空间便合二为一，不占空间。玻璃推拉门常用于阳台、厨房、卫浴间、壁橱等家居空间中	

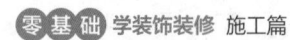
续表

类 型	特 点	示例图片
塑钢门窗	价格较低，性价比较好，是目前强度最好的门窗，现仍被广泛使用。塑钢门窗与铝合金门窗相比，具有更优良的密封、保温、隔热、隔音性能。从装饰角度看，塑钢门窗的表面可着色、覆膜，做到多样化	
铝合金门窗	在家装中，常用铝合金门窗封装阳台。铝合金推拉窗具有美观、耐用、便于维修、价格便宜等优点，但也存在推拉噪声大、保温差、易变形等问题	
木门窗	在现代居室空间的使用中多半作为局部的点缀性装饰，可用作壁饰、隔断、天花装饰、桌面、镜框等。木门窗不仅适用于中式古典风格和新中式风格，还可用于东南亚风格、新古典风格、日式风格等空间装饰	

2. 门五金

不论何种类型的门，都主要是靠不停地开合来工作的，而开合主要靠的是五金件，五金件是保证门正常工作的基础，虽然配件很小，但却不能缺少。不同的五金件有不同的作用，宜结合门的类型具体选择。

类 型	特 点	示例图片
门锁	入户门锁常用户外锁，是家里家外的分水岭；通道锁起着门拉手的作用，没有保险功能，适用于厨房、过道、客厅、餐厅及儿童房；浴室锁的特点是在里面能锁住，在门外用钥匙才能打开，适用于卫浴间	
门吸	门吸是安装在门后面的一种小五金件。在门打开以后，通过门吸的磁性把门稳定住，防止门被风吹后自动关闭，同时也防止在开门时用力过大而损坏墙体	
门把手	门把手兼具美观性和功能性，空间不同，门把手的选择可以从使用部位的功能性来选择。挑选门把手还不能忽视健康因素，例如，卫浴间适合装铜把手，铜有消灭细菌的作用，不锈钢的门把手则会滋生成千上万的病菌	

七、厨卫设备

1. 整体橱柜

　　整体橱柜的特点是将厨柜与操作台、厨房电器以及各种功能部件有机地结合在一起，并按照业主家中厨房结构、面积及家庭成员的个性化需求，通过整体配置、整体设计、整体施工，形成成套产品，从而实现厨房工作每一道操作程序的整体协调。

类　型	特　点	示例图片
橱柜台面	橱柜台面是橱柜的重要组成部分，日常操作都要在上面完成，所以要求方便清洁、不易受到污染，卫生、安全。除了关注质量外，色彩与橱柜以及厨房整体相配合，营造出舒适的效果，也有能够让烹饪者有一个愉快的心情	
橱柜柜体	橱柜柜体起到支撑整个橱柜柜板和台面的作用，它的平整度、耐潮湿度和承重能力都影响着整个橱柜的使用寿命。即使台面材料非常好，如果柜体受潮也很容易导致台面变形、开裂	
橱柜门板	橱柜门板有很多种材料可供选择，通常是基于橱柜的整体氛围及材料的特性	
橱柜五金	橱柜的五金配件是橱柜的重要组成部分，是不可忽视的一部分，五金配件直接影响着橱柜的综合质量	
水槽	水槽是厨房中不可缺少的一个配件，它承担着清洗碗筷及食物的作用。从实用性角度来说，不锈钢水槽的性价比最高、最耐用；陶瓷水槽的装饰效果比较好，比较温润，但容易被损坏，适合追求高品质生活的家庭	
抽油烟机	抽油烟机可以将炉灶燃烧的废物和烹饪过程中产生的对人体有害的油烟迅速抽走，排出室外，减少污染，净化空气，并有防毒和防爆的安全保障作用	
灶具	燃气灶的安全问题一定要注意，使用不合格的燃气灶或者不合理地使用燃气灶特别容易导致燃气泄漏、爆炸。选择燃气灶时首先要清楚自己家里所使用的气种，是天然气（代号为T）、人工煤气（代号为R），还是液化石油气（代号为Y）。由于三种气源性质上的差异，器具不能混用	

2. 卫浴洁具

　　家庭装修中，卫浴洁具的造型及其配套协调性占有十分重要的地位。随着人们生活水平的提高，卫浴间的布置和装饰也受到重视，各种人性化、多功能、造型多样的卫浴产品应运而生。

类　型	特　点	示例图片
浴缸	浴缸一般分为亚克力浴缸、铸铁浴缸、按摩浴缸和实木浴缸，主要是为有泡澡习惯的人准备的，根据个人的不同需求来进行选择	
洗面盆	洗面盆的种类、款式、造型非常丰富，按造型可分为台上盆、台下盆、挂盆、立柱盆和碗盆；按材质可分为玻璃盆、不锈钢盆和陶瓷盆。面盆的价格相差悬殊，档次分明，影响面盆价格的主要因素有品牌、材质与造型	
坐便器	所有洁具中使用频率最高的一个，家里的每个人都会使用它，它的质量好坏直接关系到生活品质。按不同的排水方式，坐便器可分为直冲式和虹吸式；按结构，坐便器可分为分体式、连体式和挂墙式	
浴室柜	浴室柜可以是任何形状，也可以摆放在任何恰当的位置，但一定要与浴室的整体设计相呼应。浴室柜的面材可分为天然石材、玉石、人造石材、防火板、烤漆、玻璃、金属和实木等；基材是浴室柜的主体，它被面材所覆盖	
妇洗器	妇洗器是专门为女性而设计的洁具产品。妇洗器的外型与坐便器有些相似，但又如洗面盆装了龙头喷嘴，有冷热水选择，有直喷式和下喷式两大类	
淋浴房	淋浴房也就是单独的淋浴隔间，可以使卫浴间实现干湿分区，避免洗澡的时候水溅到其他洁具上面，使后期的清扫工作更简单、省力	

3. 卫浴五金

有些五金件虽小，但发挥的作用却往往很大。水龙头、地漏、花洒、置物架等虽然使用的部位不多，却是使用率很高的五金件，很多人都是随意购买而不像其他大的配件那样讲究，这是错误的观念。不合格的五金件很容易出现问题，需要频繁更换，非常影响使用。

类　　型	特　　点	示例图片
水龙头	水龙头主要分为螺旋式、扳手式、按弹式、抽拉式和感应式。螺旋式水龙头最为废水，而感应式水龙头使用非常方便，而且节水效果也比较明显	
花洒	花洒的质量直接关系到洗浴的畅快程度，如果购买的花洒出水时断时续且喷水不全，洗浴就会变成一件郁闷的事情。花洒的面积与水压有直接关系，一般来说，大的花洒需要的水压也大	
淋浴柱	淋浴柱带有更多的功能性，能够使在家里享受 SPA 的感觉成为可能。但家中的水压要在 2MPa 以上，如果水压不足，就需要安装马达。其中，金属面板的淋浴柱较能凸显科技感和时尚感，适合现代风格的浴室；玻璃面板的淋浴柱很美观，比较百搭，但款式较少，较重，产量少，可选择性少	
地漏	地漏，是连接排水管道系统与室内地面的重要接口，其性能的好坏直接影响室内空气的质量，对卫浴间异味的控制非常重要。目前市场上地漏的材质主要分为三类，即不锈钢地漏、PVC 地漏和全铜地漏	

八、水电材料

1. 水路管材及其配件

家庭水路改造分为给水和排水两部分，给水管的种类很多，但由于 PPR 管可用于冷水也可用于热水，而且性价比较高，是目前家庭水路改造中最常用的给水管材，而排水管的主要材料为 PVC 管。

类　型	特　点	示例图片
常见的水路管道材料	从材质上看，一般有镀锌管、PVC 管、铝塑管、PPR 管、铜管和不锈钢管等。镀锌管一般用于煤气管道、暖气管、下水管，PVC 管只用于下水管，铝塑管可以用于冷水管、热水管、煤气管道，PPR 管可用于冷水管、热水管	镀锌管　　　铝塑管
常见的暖气管道材料	暖气管道大多采用的是 PPR 管和 PB 管。这两种材料都有很好的耐低温和耐高温性能，都可以热熔焊接；不同的是，PPR 管相对于 PB 管要便宜得多，所以，现在暖气管道都以 PPR 管为首选	PPR 管　　　PB 管
家庭煤气管	一般而言，大家所说的煤气管指的是家用燃气管。在市面上，常见的燃气管材质有热镀锌管、不锈钢波纹管、燃气铝塑管等	不锈钢波纹管
配件	管材是家装给水改造的重要组成部分，但配件的质量比管材的质量更重要，由于水路在运行的时候承受的压力较大，如果配件的质量不好，管路的连接部分很容易发生渗漏甚至是爆裂	PB 管

2. 电线与电线套管

电路改造材料中最为重要的就是电线，尤其是目前有不少电器设备功耗很高，对于电线的要求也就更高。一般来说，家装分支回路越多越好。根据国家标准，一半住宅都要有 5~8 个回路，即空调专用回路、普通插座用电回路、卫浴间用电回路、厨房用电回路、照明用电回路、其他回路（根据需求设计）。电线分路可有效地解决空调等大功率电器启动时造成的其他电器电压过低、电流不稳定的问题，同时又方便了分区域用电线路的检修，多回路设置也避免了大面积跳闸情况的发生。

类　型	特　点	示例图片
硬线	硬线专业称为 BV 电线，主要用于供电、照明、空调、插座，适用于交流电压 450/750V 及以下的动力装置、日用电器、仪表及电信设备用的电缆电线。硬线有一定的硬度，在折角、拉直方面会比较方便一些	

类　型	特　点	示例图片
软线	软线专业称为 BVR 电线，适用于交流电压 450/750V 及以下的动力装置、日用电器、仪表及电信设备，如配电箱。软线相对硬线制作较复杂	
弱电线	弱电线分别由单根和数根铜芯线组成，一般指线网。电压比较低的电缆电线，多为网线	

3. 开关、插座

（1）开关的种类及应用

开关的品牌和种类很多，按启闭方式可分为翘板开关、调光开关、调速开关、延时开关、定时开关、触摸开关、红外线感应开关等；按额定电流大小可分为 6A、10A、16A 开关等。

按用途分，室内装修常用的有单控开关、双控开关和多控开关。单控开关在家庭电路中是最常见的，也就是一个开关控制一个或多个灯具，如厨房使用一个开关控制一组照明灯光。双控开关就是两个开关同时控制一个或多个灯具。双控开关使用恰当，会为家居生活带来很多便利。例如，卧室的照明灯可以在进门处安装一个开关控制，在床头再接一个开关同时控制，这样进门时可以用门旁的开关打开灯，睡觉时可以用床头的开关关上灯。同理，多控开关能实现在无限多的地点控制照明灯。

↑翘板开关

↑调光开关

↑延时开关

（2）插座的主要种类及应用

插座是每个家庭必备的电料之一，它的好坏直接关系到家庭日常安全，而且是保障家庭电气安全的第一道防线。插座按外观和用途可分为三孔插座、四孔插座、五孔插座、插座带开关、地面插座、电视插座、音响插座、网络插座、双信息插座等；按功能还可分为普通插座、安全插座、防水插座等。安全插座的内部带有安全弹片，当插头插入时安全弹片会自动打开，插头拔离时保护门会自动关闭插孔，可有效地防止意外事故发生，特别适合有小孩的家庭。

↑多功能五孔插座

↑音响插座

九、其他辅材

1. 龙骨

龙骨是吊顶和制作轻体隔墙不可缺少的材料，在家装中具有不可替代的地位。家装中最常使用的有轻钢龙骨和木龙骨，前者的性能优于后者，但有些工程中木龙骨无法用轻钢龙骨取代，如铺设地板的龙骨，根据工程选择合适的类型很重要。

类型	特点	示例图片
轻钢龙骨	轻钢龙骨是以优质的连续热镀锌板带为原材料，经冷弯工艺轧制而成的建筑用金属骨架。与木龙骨相比，更耐腐蚀，不受潮，不易变形，家装中也逐渐替代木龙骨	
木龙骨	最原始的吊顶材料，现在仍被广泛使用。木龙骨的缺点是容易受到虫蛀，需要进行防火、防潮处理；购买的材料如果质量不好，很容易变形。木龙骨的优点是施工简单，容易造型，握钉能力强，建议使用在吊顶、石膏板隔墙、地板骨架等部位	

2. 水泥

水泥在装修中扮演着许多角色，除了作为装修中的辅材之外，还能够作为地面或是墙面的主材。例如，水泥粉光地坪及清水磨，这两种做法都适用于工业风格，极具艺术感。

↑灰色的水泥地面和干净的墙面、顶面，使空间显得整洁，并且没有拥挤感

第三章

预算知识
与装修报价

　　在装修施工中，预算是不容忽视的内容。在设计方案初步确定时，设计师就要与负责报价的人员商议材料的选购，并与厂家确认定制家具的制作时间，以防在业主同意该预算方案后，厂家无法及时出货的情况发生。通常情况下，设计方会提供给业主多种预算方案，方便业主根据自己的经济状况进行选择。

一、装修预算基础知识

1. 装修费用的构成

装修费用的构成如下。

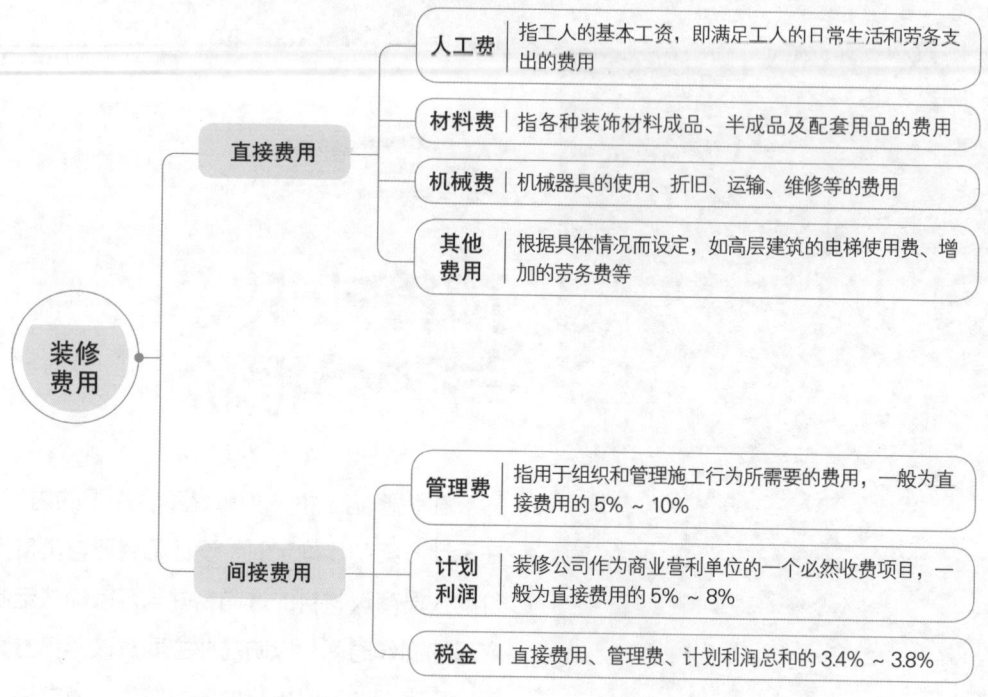

		人工费	指工人的基本工资，即满足工人的日常生活和劳务支出的费用
	直接费用	材料费	指各种装饰材料成品、半成品及配套用品的费用
		机械费	机械器具的使用、折旧、运输、维修等的费用
装修费用		其他费用	根据具体情况而设定，如高层建筑的电梯使用费、增加的劳务费等
		管理费	指用于组织和管理施工行为所需要的费用，一般为直接费用的 5% ~ 10%
	间接费用	计划利润	装修公司作为商业营利单位的一个必然收费项目，一般为直接费用的 5% ~ 8%
		税金	直接费用、管理费、计划利润总和的 3.4% ~ 3.8%

2. 预算控制要点

要从前期开始规划预算支出范围，同时划定软装与硬装的预算投入比例，以及各项材料的支出比例，做好预算的统筹性工作，以方便控制预算。预算的控制要点主要体现在风格、空间、材料等方面。

控制要点

装修要点是不同的，所体现的个性化也有所区别，需要的装修材料及不同的预算需求。例如，中式风格所需实木装修材料或家具居多，而简约风格所需装修材料和家具等可供选择的价位较多，并且工整体价格较低。

（2）空间控制要点

不同的空间根据其功能的不同，对装饰材料的要求不同，装修资金的分配也不同。在预算支出有限的情况下，掌握合理的分配方案与空间设计手法，可有效地节省预算支出。近几年，"大厅小卧"的形式越来越多，可以将部分卧室的装修资金投入到客厅中，根据主人对不同空间的需求，合理分配空间的主次，以此来控制预算。

（3）材料控制要点

同种材料具有不同的价位，在环保系数达标的情况下，根据其材料的使用面积合理选择不同档次的材料，有效地控制预算。例如，天然石材比人造石的造价要贵，而人造石能够达到和天然石材相近的效果，设计师可以选择人造石来代替天然石材。

名　　称	释　　义
延米	延米又称直米，是整体橱柜的一种特殊计价法。延米是一个立体概念，它包括柜子边缘为1m的吊柜加柜子边缘为1m的地柜加边缘为1m的台面
房屋产权面积	房屋产权面积是指产权主依法拥有房屋所有权的房屋建筑面积。房屋产权面积由省（直辖市）、市、县房地产行政主管部门登记确权认定
房屋预测面积	房屋预测面积是指在商品房预期房（有预售销售证的合法销售项目）销售中，根据国家规定，由房地产主管机构认定具有测绘资质的房屋测量机构，主要依据施工图纸、实地考察和国家测量规范对尚未施工或竣工的房屋面积进行一个预先测量计算的行为，它是开发商进行合法销售的面积依据
房屋实测面积	房屋实测面积是指商品房竣工验收后，工程规划相关主管部门审核合格，开发商依据国家规定委托具有测绘资质的房屋测绘机构参考图纸、预测数据及国家测绘规范之规定对楼宇进行的实地勘测、绘图、计算而得出的面积。房屋实测面积是开发商和业主的法律依据，是业主办理产权证、结算物业费及相关费用的最终依据
套内房屋使用面积	套内房屋使用空间的面积，以水平投影面积按以下规定计算： ①套内卧室、起居室、过厅、过道、厨房、卫生间、厕所、贮藏室、壁柜等空间面积的总和； ②套内楼梯按自然层数的面积总和计入使用面积； ③不包括在结构面积内的套内烟囱、通风道、管道井均计入使用面积； ④内墙面装饰厚度计入使用面积
套内墙体面积	套内墙体面积是套内使用空间周围的围护或承重墙体或其他承重支撑体所占的面积，其中各套之间的分隔墙和套与公共建筑空间的分隔墙以及外墙（包括山墙）等共有墙，均按水平投影面积的一半计入套内墙体面积。套内自有墙体（非公有墙）按水平投影面积全部计入套内墙体面积

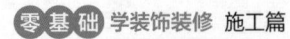
续表

名　　称	释　　义
套内阳台建筑面积	套内阳台建筑面积均按阳台外围与房屋外墙之间的水平投影面积计算。其中，封闭的阳台按水平投影的全部计算建筑面积，未封闭的阳台按水平投影的一半计算建筑面积
"工程过半"	从字面上来理解，"工程过半"是指装修工程进行了一半。但是，在实际过程中往往很难将工程划分得非常准确，因此，一般会用两种办法来定义"工程过半"： ①工期进行了一半，在没有增加项目的情况下，可认为工程过半； ②将工程中的木工活贴完饰面但还没有油漆（俗称木工收口）作为工程过半的标志

3. 预算书的内容

预算书内容的结构如下。

预算报价书

主材费：是指在装饰装修施工中按施工面积或单项工程涉及的成品和半成品的材料费，如卫生洁具、厨房内厨具、水槽、热水器、煤气灶、地板、木门、油漆涂料、灯具、墙地砖等

辅助材料费：是指装饰装修施工中所消耗的难以明确计算的材料，如钉子、螺钉、胶水、老粉、水泥、黄沙、木料及油漆刷子、砂纸、电线、小五金、门铃等

管理费：是指工程的测量费、方案设计费和施工图纸设计费。设计是一项复杂的脑力劳动，设计师在装饰装修企业管理中所产生的费用包括企业业务人员和行政管理人员的工资、企业办公费用、企业房租、水电通信费、交通费及管理人员的社会保障费用及企业固定资产折旧费和日常费用等

税金：是指企业在承接工程业务的经营中向国家缴纳的法定税金

预算占整个工程费用的60%～70%

一般占到整个工程费用的10%～15%

管理费为直接费用的5%～10%

税金为不含税工程造价的3.41%

二、室内装修预算报价

1. 不同装修档次

简单装修的预算规划	如果只是想简单装修，那么预算做到 500 元 /m² 即可。例如一套二室二厅面积为 80m² 的居室，装修预算（硬装费用）应为 4 万元左右
中等装修的预算规划	对于资金相对比较充裕的家庭来说，创造一个中等装修的家居空间的花费大概在 1000 元 /m²。例如一套三室二厅面积为 100m² 的居室，装修预算应为 10 万元左右
高档装修的预算规划	一个豪华、气派的家居空间，大概需要 2000 元 /m² 以上的花费。例如一套面积为 150 ~ 250m² 的居室，装修预算应为 35 万元 ~ 80 万元

2. 不同家居风格

风格种类	装修预算内容（100~200m²）
现代风格：简洁的设计线条减少预算支出	造型简单，硬装方面的预算会有一定的缩减，当预算有限时，可利用现代风格家具容易搭配的特点，多选购家具单品，避免选购价格高昂的组合式家具，装修造价一般保持在 15 万元 ~20 万元
简约风格：轻装修、重装饰	整体简洁，墙面造型较少，建材常选择纹理图案少、简洁的，在硬装和建材的选购上预算较少，但家具和装饰品会更加讲求质量，装修造价一般保持在 10 万元 ~15 万元
北欧风格：满足欧式风但支出少	硬装造型简单，预算较少，家具更强调功能性，售价不算高，装饰品、织物等有可控性，装修造价一般保持在 15 万元 ~20 万元
工业风格：水泥质感的整体风格	硬装造型较少，管线外露，施工较为简单，重视软装，适用家具较多，价格的选择范围较广，装饰品等相对较多，装修造价一般保持在 15 万元 ~20 万元
混搭风格：设计手法多样	造型多样，设计材质也多种多样，硬装和建材的预算相对较高，家具多是单品混合使用，装饰品可选择有特色但对品质要求不高的，家具和装饰的预算相对较低，装修造价一般保持在 20 万元 ~30 万元
新中式风格：突出设计的时尚元素	设计和选材都具有创意，多用实木或木纹理的饰面，木作工程较多，新中式家具的价格较高，并且装饰品的单价较高，装修造价一般保持在 25 万元 ~40 万元
中式风格：繁复的实木造型	建材上大多采用实木材质，造型较多，一些搭配的实木家具的市场价格较高，装饰品多用精致且昂贵的，可少而精地进行选用，装修造价一般保持在 30 万元 ~35 万元

风格种类	装修预算内容（100~200m²）
欧式风格：彰显贵族气息	吊顶、墙面造型复杂，建材很多需要定制，家具造型精美，体形较大，装饰品设计精致，装修造价一般保持在25万元~35万元
美式风格：做旧设计	木作方面需求较多，家具多是实木结合皮革的设计，市场价格相对较高，装修造价一般保持在20万元~30万元
田园风格：碎花纹理设计	实木材质在硬装上使用较多，家具和装饰品的价格相对实惠，装修造价一般保持在18万元~25万元
地中海风格：蓝白调的墙漆运用	硬装方面部分采用弧度造型，家具以舒适为主，占地面积小，预算相对较少，装饰品、织物等投入相对较多，装修造价一般保持在15万元~20万元
东南亚风格：异域风情突出	整体色彩艳丽，取材自然，家具多以藤、木料为主，市场价格较高，装饰品体形较大，特点突出，相对预算较高，装修造价一般保持在25万元~40万元

3. 不同功能空间

一般居住空间的主要功能空间分为六种，即客厅、餐厅、卧室、厨房、卫浴间、书房。根据空间不同，预算支出也不同。

功能种类	装修预算内容
客厅	客厅作为居住空间中人流量最大的空间，顶面造型比其他空间更加复杂，重点在于石膏板等木材的支出，墙面设计的造型和材料都较为繁复，可以从软装方面节省装修预算
餐厅	餐厅通常与客厅相邻，界面造型会参考客厅的设计，但较之客厅会相对简单，采用壁纸的墙面可以节省预算
卧室	简单的吊顶造型搭配丰富的布艺家具，既节省预算又具有个性，层高过低则不采用吊顶，用石膏线装饰可以节省预算，地面材料多以木地板为主，也可以是仿木纹的地砖或地毯
厨房	吊顶通常是铝扣板或PVC吊顶，PVC相对便宜，墙面以瓷砖为主，有时会辅以不锈钢或钢化玻璃的部分墙面，地面多采用地砖，相对地板而言预算较低
卫浴间	预算根据设计风格而改变，墙面马赛克的粘贴高于普通砖墙，地面材料以瓷砖和大理石为主，预算支出会相对增加
书房	空间材料以吸音、隔音效果为主，墙面大多被书柜占据，因此，墙面设计较为简单，预算较少，推荐使用复合地板作为地面，性价比较高

三、装修工程预算报价

1. 拆除工程

拆除工程参考预算报价

编号	工程项目	单位	单价/元	材料结构及工艺标准说明
1	拆墙	m²	39	含打墙、人工费及购买垃圾袋费用。墙厚度限18cm内。严禁拆除混凝土墙以及梁柱
2	拆墙	m²	45	含打墙、人工费及购买垃圾袋费用。墙厚度限19~30cm内。严禁拆除混凝土墙以及梁柱
3	拆门、门框	樘	65	拆原门、门框，并用水泥砂浆批边，含人工
4	铲旧地面砖	m²	17	含购袋、铲除费用，铲至水泥面。不含铲除水泥面
5	铲旧墙面瓷片	m²	18	含购袋、铲除费用，铲至水泥面。不含铲除水泥面
6	铲旧墙面原批荡	m²	13	人工铲除至砖墙面，含购袋、铲除费用
7	铲原墙面表面乳胶漆或原灰层	m²	5	含购袋、铲除费用
8	原旧墙面刷光油	m²	7	光油稀释涂刷旧墙面，起隔离作用
9	拆墙垃圾清理	m²	11	四层楼以上无电梯必须加收此项费用
10	拆洁具	项	250	全房洁具

2. 水路改造

水路改造工程参考预算报价

编号	工程项目	单位	单价/元	材料结构及工艺标准说明
1	水电线路的人工开挖槽	m	12	水电开挖槽

编号	工程项目	单位	单价/元	材料结构及工艺标准说明
2	水路改装	m	71	ϕ40日丰铝塑管及配件，不含开槽
3	水路改装	m	85	ϕ60日丰铝塑管及配件，不含开槽
4	水路改装	m	71	ϕ40高级PVC复合管及配件，不含开槽
5	水路改装	m	110	ϕ40紫铜管及配件，不含开槽
6	水路改装	m	135	ϕ60紫铜管及配件，不含开槽

3. 电路改造

电路改造工程参考预算报价

编号	工程项目	单位	单价/元	材料结构及工艺标准说明
1	电路暗管布管布线	m	42	2.5mm² 国标华新多芯铜芯线，不含开槽
2	电路暗管开槽	m	12	仅含人工费
3	明管安装	m	36	包工包料；2.5mm² 国际华新多芯铜芯线，如需超出此线规格，则由甲方补材料价差，具体以实际长度计算，完工前双方签字认可，不含开挖槽及开关、插座
4	原有线路换线	m	12	2.5mm² 国标铜芯线，不含开槽
5	弱电布线	m	33	电视、电话、音响、网络优质线（不含开槽）
6	弱电布线	m	24	仅含人工费（不含开槽）
7	开关插座安装（暗线盒）	个	12	仅含人工费

4. 防水工程

防水工程参考预算报价

编号	工程项目	单位	单价/元	材料结构及工艺标准说明
1	刚性防水	m²	80~100	仅含刚性防水材料
2	柔性防水	m²	50~90	仅含柔性防水材料

5. 隔墙工程

隔墙工程参考预算报价

编号	工程项目	单位	单价/元	材料结构及工艺标准说明
1	夹板封墙	m²	95	①用 30mm×40mm 双面木龙骨框架，双层广州合资 B 板 3mm+5mm 夹板； ②不含批灰、批荡、墙面油漆； ③工程量双面测量
2	夹板封隔音墙	m²	118	①用 30mm×40mm 双面木龙骨框架，双层（3mm+5mm）夹板，内填吸声棉； ②不含批灰、墙面油漆； ③工程量隔墙需双面测量。如市场断货，可选用同等品质材料
3	泡沫砖墙	m²	95	①含泡沫砖及人工费用； ②不含批灰、批荡、墙面油漆
4	轻质水泥砖砌墙	m²	100	①含轻质水泥砖、水泥、砂浆及砌墙工费、不含批荡； ②不含批灰、墙面油漆； ③材料选用国标 32.5 级水泥，如市场断货，可选用同等品质材料
5	空心水泥砖砌墙	m²	115	① 含空心水泥砖、水泥、砂浆及砌墙工费、不含批荡； ② 不含批灰、墙面油漆； ③材料选用国标 32.5 级水泥，如市场断货，选用同等品质材料
6	新砌白宫板墙	m²	210	①白宫板封墙，含人工费、辅料； ②不含批灰、批荡、墙面油漆； ③材料选用白宫板，如市场断货，可选用同等品质材料

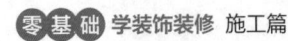

续表

编号	工程项目	单位	单价 / 元	材料结构及工艺标准说明
7	新砌钛铂板墙	m²	150	①用6分钛铂板封墙，含人工费、辅料； ②水泥砂浆找平，厚度不大于5mm； ③不含批灰、墙面油漆； ④材料选用6分钛铂板，如市场断货，可选用同等品质材料
8	新砌钛铂板墙	m²	190	①用8分钛铂板封墙，含人工费、辅料； ②水泥砂浆找平，厚度不大于5mm； ③不含批灰、墙面油漆； ④材料选用8分钛铂板，如市场断货，可选用同等品质材料
9	水泥板现浇墙	m²	400	①用国标32.5级水泥、国标钢筋做结构； ②不含批灰、墙面油漆； ③材料选用国标32.5级水泥，如市场断货，可选用同等品质材料
10	埃特板墙	m²	210	①用20mm×30mm木龙骨，单面封8mm埃特板； ②墙面批荡、饰面刷乳胶漆费用另计
11	埃特板墙	m²	310	①用30mm×40mm木龙骨，双面封8mm埃特板； ②墙面批荡、饰面刷乳胶漆费用另计
12	石膏板墙	m²	135	①轻钢龙骨，双面封12mm石膏板； ②不含批灰、墙面油漆； ③材料选用白象牌石膏板，如市场断货，可选用同等品质材料
13	石膏板墙	m²	95	①用30mm×40mm木龙骨，单面封12mm石膏板； ②不含批灰、墙面油漆； ③材料选用石膏板，如市场断货，可选用同等品质材料

6. 墙、地砖施工

墙、地砖工程参考预算报价

编号	工程项目	单位	单价 / 元	材料结构及工艺标准说明
墙面贴砖				
1	墙面贴瓷片	m²	42	单价仅含人工费和辅料，不含主料

编号	工程项目	单位	单价/元	材料结构及工艺标准说明
2	墙面贴大理石	m²	120	单价仅含人工费和辅料，不含主料
地面铺砖				
1	地面铺地砖 600mm×600mm	m²	42	单价仅含人工费和辅料，地砖由业主自购
2	地面铺地砖 800mm×800mm	m²	55	单价仅含人工费和辅料，地砖由业主自购
3	地面铺拼花地砖	m²	50	单价含人工费、辅料（水泥、砂浆）及拼花造型附加费，地砖由业主自购

7. 吊顶工程

吊顶工程参考预算报价

编号	工程项目	单位	单价/元	材料结构及工艺标准说明
夹板造型天花				
1	夹板造型一级天花	m²	190	300mm×300mm 木方框架，5mm 板双层贴面，不含乳胶漆，接缝环氧树脂补缝，防潮费用另计（以展开表面积平方米计算）
2	夹板造型二级天花	m²	245	300mm×300mm 木方框架，5mm 板双层贴面，不含乳胶漆，接缝环氧树脂补缝，防潮费用另计（以展开表面积平方米计算）
3	夹板造型三级天花	m²	270	300mm×300mm 木方框架，5mm 板双层贴面，不含乳胶漆，接缝环氧树脂补缝，防潮费用另计（以展开表面积平方米计算）
4	夹板异形造型吊顶	m²	335	300mm×300mm 木方框架，5mm 板双层贴面，不含乳胶漆，接缝环氧树脂补缝，防潮费用另计（以展开表面积平方米计算）
轻钢龙骨防潮板、石膏板天花				
1	轻钢龙骨（防潮板、石膏板）平顶天花	m²	145	轻钢龙骨，9mm 石膏板

编号	工程项目	单位	单价 / 元	材料结构及工艺标准说明
2	轻钢龙骨二级天花	m²	195	轻钢龙骨，9mm 石膏板
3	磨砂玻璃吊顶	m²	215	5mm 磨砂玻璃，限价 35 元 /m²
4	垫弯曲玻璃吊顶	m²	850	8mm 折弯玻璃
5	彩玻吊顶	m²	270	普通 5mm 彩玻，限价 60 元 /m²
扣板吊顶				
1	铝扣板吊顶（条形）	m²	119	国产 0.5mm 条形扣板、铝质边角，材料限价 45 元 /m²
2	铝扣板吊顶（方形）	m²	119	国产 0.5mm 方形扣板、铝质边角，材料限价 45 元 /m²
石膏角线				
1	石膏角线	m	16	80mm×2400mm 石膏角线，包工、包料
2	异形石膏角线	m	95	80mm×2400mm 石膏角线，包工、包料
新世纪 PU 角线				
1	天花角线	m	28	80mm×2400mmPU 角线，包工、包辅料
2	天花角线	m	32	120mm×2400mmPU 角线，包工、包辅料
3	弧形角线	m	40	150mm×2400mmPU 角线，包工、包辅料
木质角线				
1	红榉阴角线	m	42	规格 70mm×90mm，国产，包工、包料

8. 木工柜工程

木工柜工程参考预算报价

编号	工程项目	单位	单价/元	材料结构及工艺标准说明
1	地柜（防火板）	m	700	15mm 绿叶大芯板框架结构，内外贴国产 8mm 防火板（防火板限价 45 元/张），背板 5mm 板。橱柜台面业主自购
2	吊柜	m	700	15mm 绿叶大芯板框架结构，内外贴国产 8mm 防火板（防火板限价 45 元/张），背板 5mm 板
3	台面	m	780	美家石或蒙特利人造石。限宽 600mm，超宽每米加 50 元
4	台面安装	m	95	包人工及辅料，业主自购台面

9. 门窗工程

门窗工程参考预算报价

编号	工程项目	单位	单价/元	材料结构及工艺标准说明
厨房、卫生间门				
1	厨房、卫生间防水门	樘	420	门限价 270 元/樘，包安装，不包门套
室内房门				
1	做新门含门套（平板门）（红、白桦）	樘	1370	门：3cm×2cm 杉木龙骨或 15mm 条形夹板框架结构，外封 5mm B 板，3mm 国产红桦木面板封面，四周 0.7cm×4.5cm 实木线条收边。门套：15mm 国产绿叶大芯板铺底，外实木线条收口，合页限 10 元/副
2	做新门含门套（造型门）（红、白桦）	樘	1600	门：3cm×2cm 杉木龙骨或 15mm 条形夹板框架结构，外封 5mm B 板，3mm 国产红桦木面板封面，四周 0.7cm×4.5cm 实木线条收边。门套：15mm 国产绿叶大芯板铺底，外实木线条收口，合页限 10 元/副

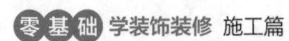

编号	工程项目	单位	单价/元	材料结构及工艺标准说明
3	做新门含门套（手扫漆）（水曲柳）	樘	1550	门：3cm×2cm 杉木龙骨或 15mm 条形夹板框架结构，外封 5mm B 板，3mm 国产水曲柳面板封面，四周 0.7cm×4.5cm 实木线条收边。门套：15mm 国产绿叶大芯板铺底，外实木线条收口，合页限 10 元/副
4	做新门含门套（黑胡桃木平板门）	樘	1550	门：3cm×2cm 杉木龙骨或 15mm 板条框架结构，外封 5mm B 板，3mm 胡桃木面板封面，四周 0.7cm×4.5cm 实胡桃木线条收边。门套：15mm 国产绿叶大芯板铺底，外实木线条收边，合页限 10 元/副
5	做新门含门套（黑胡桃木造型门）	樘	1800	门：3cm×2cm 杉木龙骨或 15mm 板条框架结构，外封 5mm B 板，3mm 胡桃木面板封面，四周 0.7cm×4.5cm 实胡桃木线条收边。门套：15mm 国产绿叶大芯板铺底，外实木线条收边，合页限 10 元/副
6	做新门含门套（樱桃木面平板门）	樘	1370	① 30mm×20mm 杉木龙骨或 15mm 合资条形夹板框架结构，外封合资 5mm 夹板，冠华 3mm 樱桃木面板封面，四周实樱桃木线条收边；② 15mm 国产绿叶大芯板铺底，外贴 70mm 木线条包门套。合页限 10 元/副
塑钢、断桥铝门窗				
1	平开塑钢门（木纹另计）	m²	600	国产型材，单层白玻，国产配件
2	平开塑钢门（木纹另计）	m²	750	国产型材，双玻，国产配件
3	推拉塑钢门（木纹另计）	m²	560	国产型材，单层白玻，国产配件
4	推拉塑钢门（木纹另计）	m²	670	国产型材，双玻，国产配件
5	塑钢王塑钢门、窗	m²	680	5mm 白玻、塑钢王塑钢、人工
6	中航塑钢门、窗	m²	1360	5mm 白玻、中航塑钢、人工
7	断桥铝窗	m²	280	5mm 白玻、断桥铝、人工
8	斯卡特断桥铝窗	m²	600	12mm 白玻、斯卡特断桥铝、人工

10. 地板工程

地板工程参考预算报价

编号	工程项目	单位	单价 / 元	材料结构及工艺标准说明
1	铺漆板	m²	82	防潮棉、合资 9mm 棉板、辅料、人工，不含主材及打蜡
2	铺素板	m²	138	防潮棉、合资 9mm 棉板、打磨、油漆三遍、辅料、人工，不含主材及打蜡
3	铺地毯	m²	16	仅含人工，不含地毯胶、收边条

11. 油漆工程

油漆工程参考预算报价

编号	工程项目	单位	单价 / 元	材料结构及工艺标准说明
乳胶漆工程				
1	刷乳胶漆	m²	20	用双飞粉批三遍、一底三面，108 环保胶，白色，不含乳胶漆
"多乐士"系列				
1	"多乐士涂料"（哑光）	m²	28	涂料"五合一"，用双飞粉批三遍、一底三面，108 环保胶，白色，如彩色加 3 元 /m²（按公司施工工艺操作）
2	"多乐士涂料"（光面）	m²	28	涂料"五合一"，用双飞粉批三遍、一底三面，108 环保胶，白色，如彩色加 3 元 /m²（按公司施工工艺操作）
3	"多乐士涂料"（哑光）	m²	25	涂料"三合一"，用双飞粉批三遍、一底三面，108 环保胶，白色，如彩色加 3 元 /m²（按公司施工工艺操作）
4	"多乐士涂料"（皓白哑光）	m²	40	涂料"皓白"，用双飞粉批三遍、一底三面，108 环保胶，白色，如彩色加 3 元 /m²（按公司施工工艺操作）
5	"多乐士涂料"（光面）	m²	25	涂料"三合一"，用双飞粉批三遍、一底三面，108 环保胶，白色，如彩色加 3 元 /m²（按公司施工工艺操作）

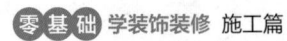

编号	工程项目	单位	单价/元	材料结构及工艺标准说明
6	彩色"多乐士涂料"附加费用	m²	4	如选用彩色"多乐士涂料",每平方米多加此项费用
"多伦斯"系列				
1	多伦斯涂料(阿卡尔哑光)	m²	40	双飞粉批三遍,法国原装进口,一遍底漆一遍面漆,108环保胶,白色
2	多伦斯涂料(法斯多光面)	m²	42	双飞粉批三遍,法国原装进口,一遍底漆两遍面漆,108环保胶,白色
3	多伦斯涂料(法斯多半光面)	m²	45	双飞粉批三遍,法国原装进口,一遍底漆两遍面漆,108环保胶,白色
4	多伦斯涂料法斯多毛面(哑光)	m²	42	双飞粉批三灰,法国原装进口,一遍底漆两遍面漆,108环保胶,白色
5	彩色多伦斯涂料附加费用	m²	4	如选用彩色多伦斯涂料,每平方米多加此项费用
"立邦"系列				
1	墙面乳胶漆"立邦"(抗菌)	m²	31	双飞粉批三灰,独资,一底二面,108环保胶(按公司施工工艺操作)
2	墙面乳胶漆"立邦"(10合1)	m²	40	双飞粉批三灰,独资,一底二面,108环保胶(按公司施工工艺操作)
3	墙面乳胶漆"立邦"(3合1)	m²	28	双飞粉批三灰,独资,一底二面,108环保胶(按公司施工工艺操作)
4	墙面彩色乳胶漆"立邦"附加费用	m²	4	如选用彩色"立邦"乳胶漆,每平方米多加此项费用

12. 裱糊工程

裱糊工程参考预算报价

编号	工程项目	单位	单价/元	材料结构及工艺标准说明
1	贴墙纸	m²	35	仅含人工、批荡、底漆,墙纸由业主提供
2	贴墙布	m²	35	仅含人工、批荡、底漆,墙布由业主提供

第四章

拆改施工
与验收

拆改施工是装修施工的第一步，也是最基础的一步，拆除多余的可拆结构，改善空间内的不良格局，以满足业主的需求。拆改施工步骤和验收都要严格按照国家施工标准进行，以保护施工人员和业主的安全。

一、拆改施工基础知识

1. 所需工具

拆改施工常用工具		
大锤		用于拆除大块的大面积的墙体，对于这部分的拆除应该以从下向上的顺序进行
小锤		用于一些修边及只需轻微拆除的部分，如墙面丝网的拆除
墨斗		用于确定两个点后进行弹线，用于精确拆墙的工具
墙壁切割机		用于需要切掉的地方，画好线再拆除。为了能精确拆墙，需用此工具进行切割
电锤		快速处理一些比较厚的墙

2. 拆改施工注意事项

（1）明确拆改施工的目的

拆改施工的主要目的是解决原有家居空间与业主需求之间的矛盾，通过设计对原有空间格局重新进行规划，解决如采光不足、空间动线不通畅等存在的问题，以满足业主对空间不同功能的需求。

（2）墙体拆改的注意事项

房屋建筑结构中有着承重骨架体系，用于承受各种力的作用。为了保证业主自己以及楼房内其他住户的安全，该承重结构不允许轻易拆除，设计师在绘制施工图纸的时候要注意区分可拆除墙体和不可拆除墙体，保留承重结构。设计师可以根据建筑图纸判断哪些部分为承重结构，一般的建筑图纸中剪力墙为黑色填充，其余部分代表砖砌或混凝土墙体（根据不同的制图规范，墙体填充的方式可能会有所不同），虚线部分代表横梁。通过查看图纸，可以确定室内墙体可拆除的部分。

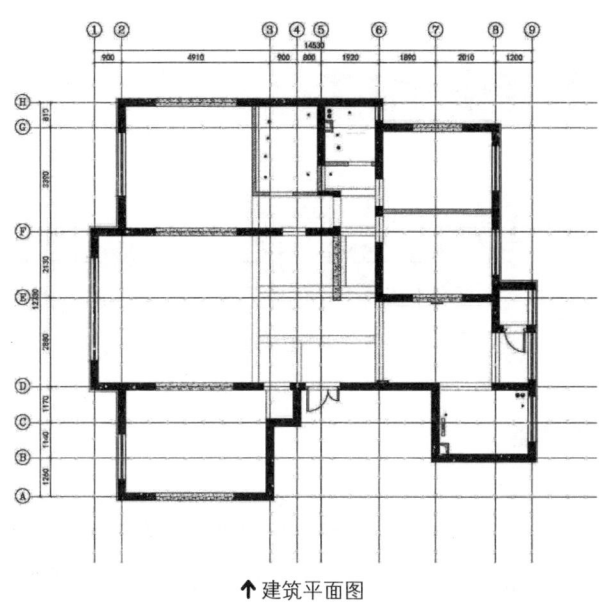

↑ 建筑平面图

3. 不可拆除墙体的类型

（1）承重结构不能拆除

承重结构包括承重墙、梁和柱。承重墙承担着楼盘的重量，维持着整个房屋结构的力的平衡。梁柱是用来支撑整栋楼结构重量的，是其核心骨架。如果随意拆除或改造，会影响到整栋楼的使用安全，非常危险，所以绝不能拆改。

（2）墙体中的钢筋不能破坏

在拆改墙体时，如钢筋遭到破坏，会影响到房屋结构的承受力，留下安全隐患。

（3）阳台边的矮墙不能拆除

随着人们对于大自然生活空间的向往，对房间与阳台之间的一堵矮墙总想拆之而后快。一般来说，该墙体上的门窗可以拆除，但墙体不能拆除，因为该墙体在结构上被称为"配重墙"。配重墙起着稳定外挑阳台的作用，如果拆除该墙体，会使阳台的承重力下降，严重的可能会导致阳台坍塌。

（4）嵌在混凝土结构中的门框最好不要拆除

因为嵌在混凝土结构中的门框其实已经与混凝土结构合为一体。如果对其进行拆除或改造，就会破坏结构的安全性。同时，重新再安装一扇合适的门框也是比较困难的事情，而且肯定不如原有的门框牢固。

二、拆改现场施工

1. 毛坯房拆改

毛坯房大多只进行了一些基础处理，未进行地面、墙面和顶面等的表面处理，所以，毛坯房的拆改内容主要包括墙和门窗的拆改。不过门窗的拆改主要是针对房屋内部而言的，不提倡对外立面上的门窗进行拆改。

（1）墙的拆除施工

步骤一 定位拆除线

对照墙体拆改图纸，用粉笔在墙面上绘制轮廓，避开插座、开关、强电箱等电路端口，对隐藏在墙体内部的电线做出标记，以防切割机作业时损伤电路，造成危险。

步骤二 切割墙体

① 使用手持式切割机切割墙体时，先从上向下切割竖线，再从左向右切割横线。切割深度保持在 20~25mm。墙体的正反两面都需要切割。

② 使用大型的墙壁切割机作业时，切割深度以超过墙体厚度 10mm 为宜。

↑手持式切割机作业

↑专业墙壁切割机作业

步骤三 打眼

① 风镐不可在墙体中连续打眼，要遵循多次数、短时间的原则。

② 拆除大面积墙体时，使用风镐在墙面中分散、均匀地打眼，以减少后期使用大锤拆墙的困难度。

③ 在接近拆除线的位置施工时，可使用风镐拆墙，避免大锤用力过猛，破坏其他部分墙体。

步骤四 拆墙

① 大锤拆墙作业时，先从靠近其他墙体的侧边墙体开始，逐步向外拆墙。拆墙作业时切记，不能将下面的墙体全部拆完后，再拆上面的墙体。应从下面的墙体逐步、呈弧形向上面扩展，以防止墙体发生坍塌。

② 拆墙遇到穿线管，不可将穿线管砸断，应保留穿线管，让其自然地垂挂在墙体中。

注意：施工中要对墙内的管线进行保护，不可随意切断或埋入墙内，在施工前提前将地漏、排水等封堵，可以避免施工时的碎石等杂物掉入管道。

↑ 大锤砸墙

（2）门窗的拆除

◎门的拆除

步骤一 拆门合页

① 将门扇开启到90°，在门扇的下方垫上木方，固定门扇；也可采用其他工具固定门扇，以防止门扇左右晃动。

② 用花纹螺丝刀拧下合页。先拧上面的合页，再拧下面的合页，最后拧中间的合页，这样可以保证门扇不会歪斜。将合页和螺丝集中摆放。

③ 双手把住门扇中间偏下的位置，匀速将其挪开，呈一定角度斜靠在墙边。

↑ 拆门合页

步骤二 拆门槛

用大锤将防盗门内侧的门槛石敲碎，将水泥砂浆敲松。靠近防盗门外侧改用撬棍。将防盗门门槛拆除后，将其堆放在一边。

步骤三 拆门套

用撬棍将门套周围的水泥砂浆敲松，轻轻撬起门套，然后将门套拆除，和门槛堆放在一起。

↑拆门槛

↑拆门套

◎窗的拆除

步骤一 拆纱窗

将活动窗扇打开，将纱窗向上收入纱窗盒内，用螺丝刀拧开或撬开纱窗盒两侧的固定件，将其拆卸下来，堆放在一边。

步骤二 拆窗扇

① 拆除开合式窗扇。首先用螺丝刀将窗扇的三角支架拧松，将支架拆卸下来；然后将窗扇开启到90°，安排一人把住窗扇，一人用花纹螺丝刀将合页拆卸下来；再将窗扇拆下来，倾斜靠在墙边。

② 拆除推拉式窗扇。首先用双手把住窗扇的中间位置，轻轻向上拔起，拔起到完全顶住窗框架的上檐；然后均匀用力，将窗扇的左下角或右下角向外拉拽，当一个角完全出来后，将窗扇快速用力向外拉拽，直到窗扇的下面完全脱离轨道；再将窗扇倾斜靠在墙边。

↑拆纱窗

↑拆推拉式窗扇

步骤三 拆封边条

使用刀具将涂抹在窗户四边的胶条划开，用扁头螺丝刀将封边条撬开，将四边的封边条依次拆卸下来，统一堆放。

步骤四 拆玻璃

从窗的外侧轻轻敲击、推动玻璃，使玻璃与窗框架脱离，将玻璃拆卸下来，倾斜靠在墙边。挪动玻璃时，注意防止被玻璃毛边划伤，最好的方法是用废纸或废布垫在玻璃上，以保证施工安全。

↑ 被拆卸下来的玻璃

步骤五 拆窗框

①用膨胀螺栓固定的窗框。户外窗框架若采用膨胀螺栓与墙体连接，可直接使用花纹螺丝刀将膨胀螺栓拧下来，然后使用撬棍将窗框架敲松，将其拆卸下来并堆放在一边。若窗框架老化，膨胀螺栓生锈，则需要使用冲击钻将膨胀螺栓打碎，然后使用撬棍拆卸窗框架。

↑ 拆窗框

↑ 用撬棍拆窗框架

② 用连接片固定的窗框。户外窗框架若采用连接片与墙体连接，则需要使用冲击钻将连接片拆除，然后使用撬棍拆卸窗框架。若窗框架老化严重，难以取下，则需要使用钢锯将窗框架的中间部分锯开，或将窗框架锯成多个片段，然后使用撬棍将其拆卸下来。

↑ 拆下的完好窗框

注意：在拆卸过程中，要一人拆卸，另一人负责窗的稳定，同时要将窗框四周的抹灰层剔凿干净。拆窗时要特别注意，不能对墙和结构造成破坏。

步骤六 清理

户外窗直接连通室外，窗户拆下来以后，窗边、窗框的水泥块、胶条等建筑垃圾应及时清理，以防落到室外砸伤行人。对于高层的住宅楼，尤其应注意户外窗拆除后的清理工作。

2. 旧房拆改

（1）洁具拆除

步骤一 关阀门排水

进水总阀门关闭之后，打开淋浴，将热水器内的水排放干净；打开坐便器储水箱，将里面的水排放干净。

步骤二 拆花洒、热水器

① 将手持式花洒的软管和喷头拧下放在一边；将淋浴器连通冷热水的阀门拧开，与给水管分离；将淋浴器上方墙面中的固定件用螺丝刀拧开，将整个淋浴器拿下来。使用堵头封堵冷、热给水管。

② 将连接热水器的进水软管拧下来，使用堵头封堵冷、热给水管。使用螺丝刀或扳手将热水器固定件的螺丝拧松，同时托着热水器，匀速将热水器拆卸下来。热水器可二次利用，需堆放在安全的位置。

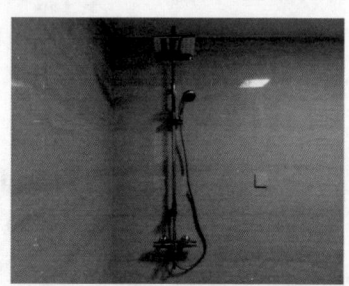
↑ 准备拆花洒

步骤三 拆坐便器

① 将坐便器进水软管拧下来，使用堵头封堵冷水管。

② 拆除坐便器储水箱的盖子。若水箱和坐便器是分体式的，则将整个水箱拆卸下来，堆放在一边。

③ 用铲刀围绕坐便器底座铲除密封胶，一边铲除，一边晃动坐便器，直到坐便器与地面完全分离，然后将坐便器倾斜着搬离卫生间。

④ 用废弃的塑料袋或盖子将坐便器的排污口封堵，防止排污管堵塞，以及阻止异味向室内扩散。

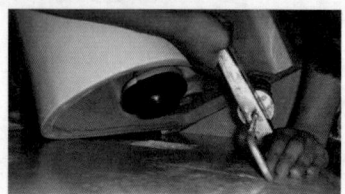
↑ 拆坐便器底座

步骤四 拆面盆、面盆柜

① 将水龙头连同进水软管拧下来，堆放在一边。使用堵头封堵冷、热给水管。

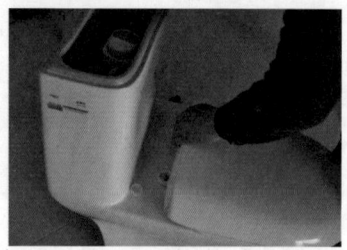
↑ 拆除完毕

② 打开柜门，将连接面盆的进水软管和排水管拆除，和水龙头、软管统一堆放在一起。

③ 用铲刀围绕面盆四边铲除密封胶，将面盆抬起与柜体分离，堆放在一边。

④ 拆除大理石台面、合页、柜门。用工具将柜体背板和墙面的连接拆除，将背板拆卸下来，与台面、柜门统一堆放在一起。

步骤五 拆淋浴房

① 用螺丝刀将淋浴房上檐轨道内的膨胀螺栓拧下来，将上檐轨道拆卸下来。拆卸期间需要有人保护玻璃拉门，以防止拉门斜倒。

② 将玻璃拉门向上抬起，与下侧轨道分离，倾斜着抬走，靠在墙边。

③ 使用撬棍或锤子将淋浴房边框敲松，并拆卸下来。

步骤六 拆砌筑式浴缸

① 拆除砌筑式浴缸表面的瓷砖、砖墙，使浴缸外露出来。

② 将浴缸连接排水管的管道拆除，分配 2 ~ 4 个人分别握住浴缸的四角，将浴缸搬出卫浴间。因为浴缸的底部不平，堆放时下面垫几块红砖，使其平稳。

↑拆砌筑式浴缸

（2）墙、地砖拆除

步骤一 拆地砖

① 保留地砖拆除方法。若要保留地砖，拆除时需要仔细。方法是：从门口位置开始拆除（门口的地砖有一边露在外面，使用撬棍容易撬开），将紧挨门口的地砖使用撬棍或凿子撬起，然后用扁凿一片片往里撬，直到将所有地砖拆除。

注意：如果水泥砂浆的牢固度较低，可以用锤子将扁凿敲进地砖和水泥地面中间的缝隙，将整块地砖撬起来，而不会损伤到地砖。

② 粉碎地砖拆除方法。使用冲击钻将地砖打碎，并将水泥砂浆层搅碎，到楼板位置停止。当所有地砖全部粉碎后，统一装袋，堆放在一起，准备清运到楼下。

↑冲击钻粉碎地砖

步骤二 拆墙砖

① 从窗口的位置开始拆除，窗口的墙砖容易撬开。具体的拆除方法和地砖一样。

② 墙砖拆除从窗口开始，先拆除到顶面，再向地面拆除，这样拆除安全系数高，可避免墙砖发生脱落现象。

（3）木地板拆除

步骤一 拆踢脚线

① 使用撬棍或羊角锤将门口的踢脚线撬起。室内门拆除后，门口的踢脚线侧边会露出来，从这里开始拆除可节省力气，不会破坏踢脚线。

② 将遗留在墙面中的踢脚线固定件依次拆除，和踢脚线统一堆放在一起。

↑拆木地板

步骤二 拆木地板

使用撬棍或羊角锤将墙角木地板撬起，观察木龙骨的铺设方向，然后决定木地板的拆除方向。拆除木地板时，顺着龙骨铺设方向拆除，可减少对木地板的损坏。

步骤三 拆木龙骨

找到龙骨钉的安装位置，使用锤子从侧边用力敲击，使木龙骨脱离地面和龙骨钉。将较长的木龙骨分两段或三段敲断，统一堆放到一起。

（4）吊顶拆除

步骤一 拆吊顶表面的装饰面板

拆除吊顶前，先检查周围是否存在安全隐患，电路是否已切断。拆除吊顶时，先从造型简单的吊顶开始。人站在移动脚手架上使用撬棍将吊顶的装饰面板拆除（可以借助螺丝刀或者吸盘两种工具在不破坏集成吊顶的情况下对其进行拆除，拆下来的吊顶可进行二次利用；PVC吊顶则可以用撬棍进行拆除），再将吊件剪断，分别打成捆，待运。

↑拆石膏板吊顶

步骤二 拆龙骨

拆除石膏板后，需认真查看内部的龙骨结构；然后根据龙骨结构，依次拆除副龙骨、边龙骨、主龙骨、吊筋等；最后将拆除的废料堆放在一起，准备清运出现场。

（5）壁纸撕除

步骤一 撕壁纸

① 找到壁纸与壁纸的接缝处，从覆盖在上面一层的壁纸开始撕除。

↑ 壁纸撕除

② 找到壁纸和吊顶的接缝处，从上到下撕除壁纸，过程要缓慢、匀速，防止撕断壁纸。

③ 第一遍撕除壁纸可能只撕除了表皮，壁纸下面的一层纸还粘在墙上，应该再准备第二遍撕除壁纸。

步骤二 清理残余壁纸

用滚筒蘸水，待滚筒稍微沥干，使用半湿的滚筒滚涂墙面，打湿残留的壁纸。待壁纸湿透后，使用塑料铲将残留的壁纸全部铲除。

注意： 在被水打湿的情况下，壁纸更容易撕除，既节省力气，又不会对墙面基层造成损害。

（6）墙、顶面漆铲除

步骤一 破坏漆膜

在墙、顶面漆涂刷了防水腻子的情况下，需要使用锋利的刀具将漆面保护膜划开，为下一步墙、顶面浸水、湿润作准备。

步骤二 润湿墙、顶面

使用沾水的滚筒在墙面上滚涂，直到墙、顶面漆完全湿润为止。在滚涂的过程中，不断使用铲刀试着铲除漆面，并测试水渗进的程度。在铲

↑ 铲除墙面漆

除漆面之前，用水将墙面浸湿，既可避免漆面产生大量灰尘，又能使后续作业更为顺畅。

步骤三 铲除作业

使用铲刀从上到下、从左到右地铲除漆面，直到露出水泥层为止。

三、拆改施工验收与常见问题

1. 现场验收

　　① 检查墙体的拆除是否按施工图纸进行施工。

　　② 检查门窗的拆除是否破坏承重墙体的结构。若有破坏，需要施工人员及时加固，以避免影响住房的承重。

　　③ 检查旧房拆除时是否破坏了一些水电等隐蔽工程。若有破坏，应在水电工程中及时修补。

2. 常见问题解析

（1）在承重墙上可以打孔吗？

　　一般情况下，承重墙最好不要打孔，会破坏房屋结构，尤其是有梁的承重墙更是如此。如果实在不得已非要打孔，则必须避开墙内的主钢筋。如果主钢筋断了，会影响结构的安全。只要避开墙内的主钢筋，在墙上打个小孔，在打孔前作好相应的处理和修补，就可以将受到的影响控制在可接受的范围之内。在承重墙上打孔需要设计师或者物业的认可才可以进行。

（2）门窗改造时要注意些什么？

　　① 门窗改造时首先要注意安全，这主要包括两方面：一是人身安全，二是结构安全。门窗拆除时，一定要确保拆除工人及其他人的安全，这一点绝对不能马虎。在拆除之前，业主可以向施工队交待清楚，并要求其做出承诺，必要时应当以书面的形式确定下来，万一出现问题，也可以追究施工方的责任。

　　② 门窗拆除还会涉及房屋结构的安全问题。因为门窗所在的墙体大多属于房屋的承重结构，在拆除时不能破坏周围的结构，否则会影响房屋的结构安全。有一个原则是，宁可破坏门窗，也不要破坏墙体的结构，如墙内的钢筋。有些业主不仅拆除原有门窗，甚至随意将门窗改大，也不采取相关的加固措施，这是不允许的。

　　③ 门窗改造时还要注意新门窗的质量。门窗是家居空间重要的组成部分，它们的质量及安装是整个居室装修改造成败与否的关键之一。如果选用的门窗质量过关，安装又得当，改造才算成功。否则，最终的装修质量会大打折扣，后期还会引起很多麻烦。

第五章

电路施工
与验收

随着用电器的增多及电路设备的多样化，对电路施工的要求也越来越高。施工前要确定好用电位的数量和位置，施工时要遵循"安全、方便、经济"的原则，避免出现安全事故。

一、电路施工基础知识

1. 电路施工图的识读

　　家装电路图的种类比水路图要多一些，具体包括照明布置图、插座布置图、弱电布置图及配电箱系统图。从照明布置图上能够了解照明灯具的类型、数量、开关连接方式和开关类型；插座布置图显示插座的位置、数量、类型；从弱电布置图上能够看出弱电插座的位置、数量和线路走向；配电系统图比前三种图更为专业，显示从电箱开始，所有电路配件、线路的名称、型号、功率、导线数量和布线方式等。

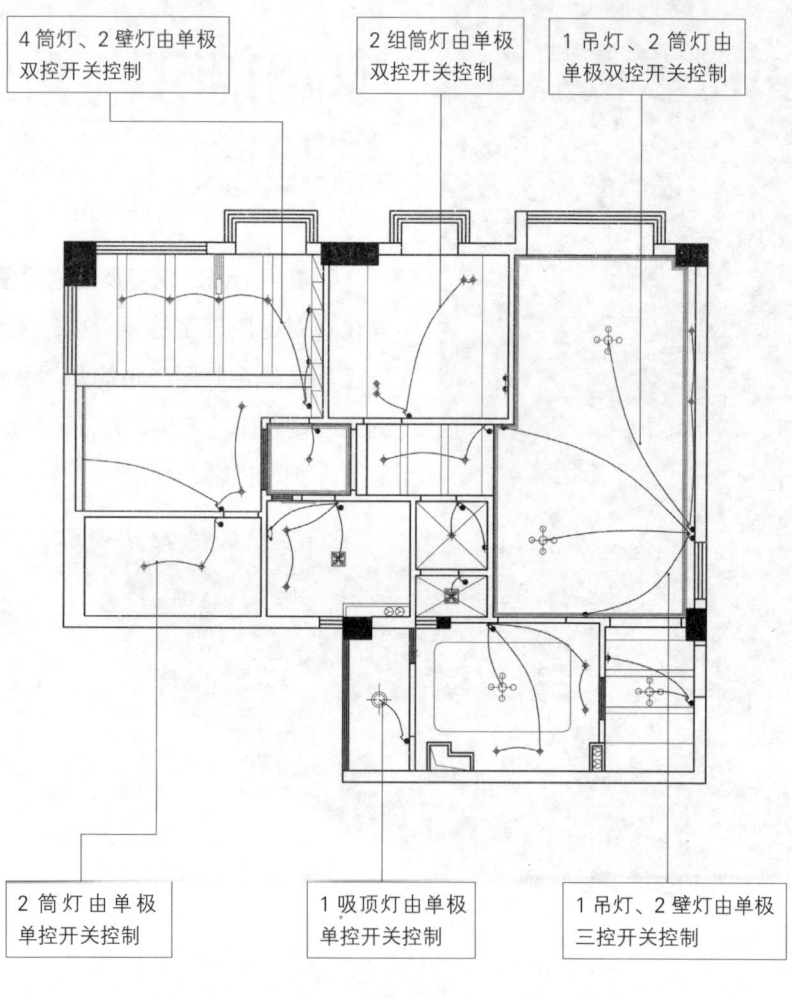

4筒灯、2壁灯由单极双控开关控制

2组筒灯由单极双控开关控制

1吊灯、2筒灯由单极双控开关控制

2筒灯由单极单控开关控制

1吸顶灯由单极单控开关控制

1吊灯、2壁灯由单极三控开关控制

↑家装照明布置图

厨房有厨房专用插座 5 个、洗衣机插座 1 个、防水插座 1 个、油烟机插座 1 个、燃气热水器插座 1 个

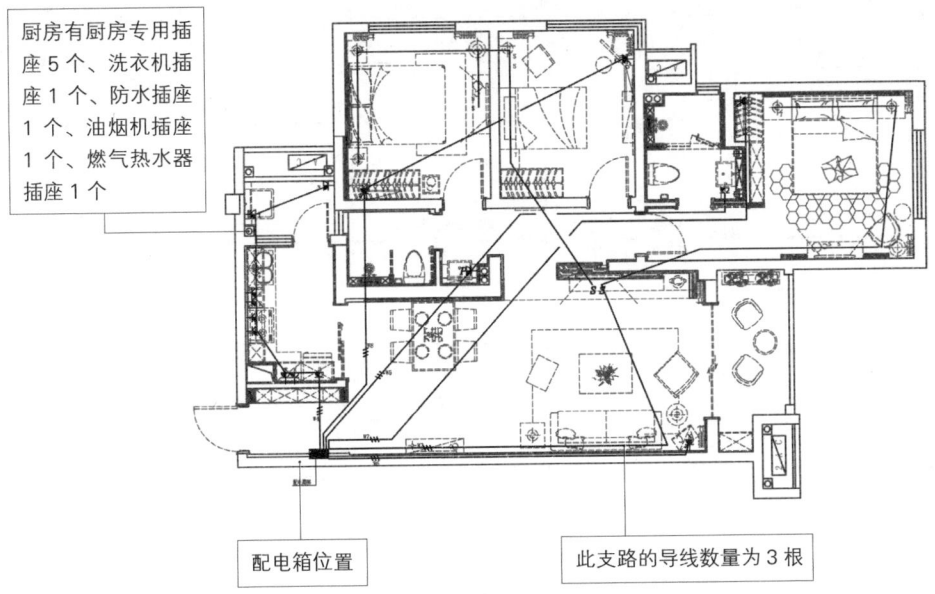

配电箱位置

此支路的导线数量为 3 根

↑ 家装插座布置图

直径为 20mm 的 PVC 套管，暗敷墙内、地内

此位置为 1 个电话插座

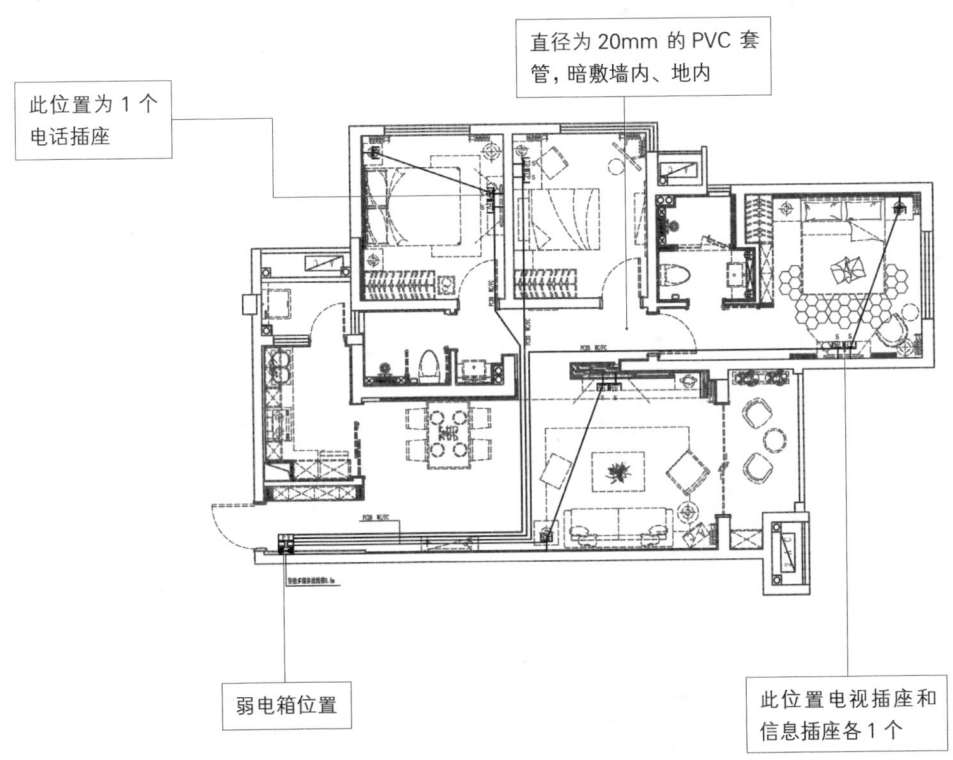

弱电箱位置

此位置电视插座和信息插座各 1 个

↑ 家装弱电布置图

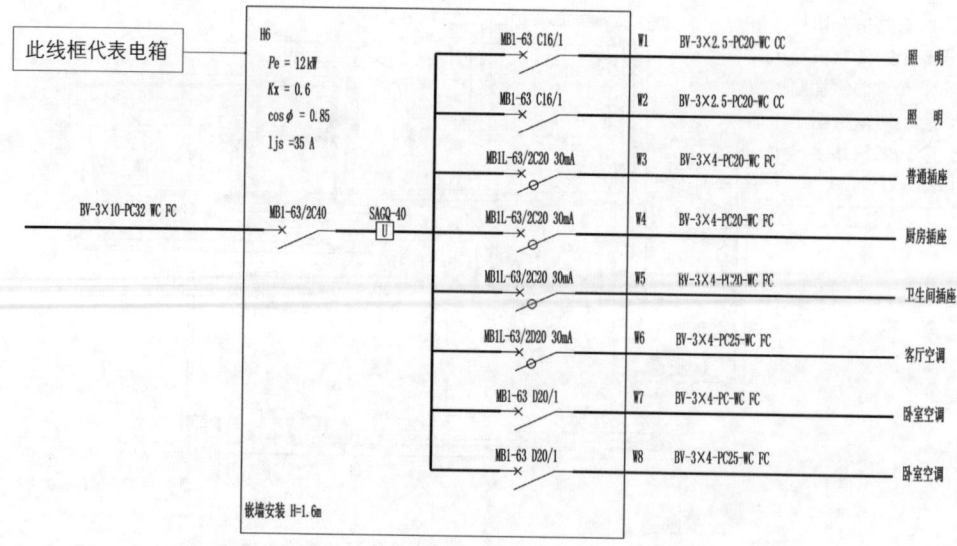

↑ 家装配电箱系统图

配电箱系统图例中各符号意义	
BV–3×10–PC32 WC FC	铜芯聚氯乙烯绝缘电缆 –3（根）×10mm² – 穿直径为 32mm 的硬塑料管暗敷在墙面、地面
Pe=12kW	配电箱的额定功率为 12kW
Kx=0.6	需要系数 0.6
cos φ =0.85	功率因数 0.85
Ijs=35A	计算电流为 35A
MB1–63/2C40	小型断路器型号
SAGQ–40	自复式过欠压保护器
MB1–63 C16/1	断路器型号为 MB1– 框架电流 63A 额定电流 16A/1P 单极开关
BV–3×2.5–PC20–WC CC	铜芯聚氯乙烯绝缘电缆 –3（根）×2.5mm² – 穿直径为 20mm 的硬塑料管暗敷在墙面、顶面

2. 电路施工常用工具

电路施工常用工具		
指针万用表		指针万用表的刻度盘上共有七条刻度线，从上往下分别是：电阻刻度线、电压电流刻度线、10V 电压刻度线、晶体管 β 值刻度线、电容刻度线、电感刻度线及电平刻度线
数字万用表		数字万用表是一种多用途电子测量仪器，一般包含安培计、电压表、欧姆计等的功能，有时也被称为万用计、多用计、多用电表或三用电表
兆欧表		兆欧表又称摇表，主要用来检查电气设备的绝缘电阻，判断设备或线路有无漏电，判断是否有绝缘损坏或短路现象
测电笔		测电笔，简称电笔，是一种电工工具，用来测试电线中是否带电，可分为数显测电笔和氖气测电笔两种
水平尺		主要用来检测水平度和垂直度，既能用于近距离的测量，又能用于远距离的测量。它解决了水平仪在狭窄地方测量难的问题，并且测量精确、携带方便，分为普通款和数显款两种
卷尺		卷尺又称盒尺，是用来测量长度的工具。卷尺的中心测量结构是有一定弹性的钢带，它卷于金属或塑料等材料制成的尺盒或框架内，按尺盒结构的不同，可分为自卷式卷尺、制动式卷尺、摇卷盒式卷尺和摇卷架式卷尺四种
组合式螺丝刀		螺丝刀是用来拧转螺钉使其就位的工具，通常有一个薄楔形头，可插入螺钉头的槽缝或凹口内
电烙铁		电烙铁是电子制作和电器维修的必备工具，主要用途是焊接元件及导线
钳子		钳子是一种用于夹持、固定加工工件或者扭转、弯曲、剪断金属丝线的手工工具。钳子的外形呈 V 形，通常包括手柄、钳腮和钳嘴三个部分。钳子的手柄依握持形式而设计成直柄、弯柄和弓柄三种样式，常用的钳子有圆嘴钳、钢丝钳、花鳃钳、针嘴钳、弯嘴钳、尖嘴钳、斜嘴钳、顶切钳、扁嘴钳

3. 电路施工作业条件

电路施工作业时保证天气晴朗，房屋通风干燥，并切断电箱电源，防止施工人员不慎触电受伤。要求在墙体拆除和重新规划完成后进行施工，并且家具及电器的规格、位置基本确定，灯具的平面布置图、造型、位置及种类已确定，各个空间中的各种插座的位置已确定。

4. 电路施工流程

电路施工是重要的隐蔽工程之一。电路施工的工序比较复杂，很容易出现安全隐患，因此，电路改造施工过程必须严格按规范进行。具体的施工流程如下。

画线 → 定位 → 开槽 → 预埋 → 穿线 → 安装 → 检测 → 备案

5. 电路施工注意事项

（1）电路施工中检测的注意事项

在电路施工中，通电检测指的是检查电路是否通顺。在检测电路的时候，引线要合理，注意电路的绝缘性，也要注意可能会发生的短路现象。另外，重要的是不能忽略检测弱电。

（2）旧房电路改造时应注意的问题

①旧房不能任意接线。为了节约装修费用，原有的线路能用的可以不拆除，但新增加的电源插座和照明电路最好是从配电箱单独走线，因为原来的所有电路在安装时是按照每个电路支路的用电负荷计算电流并分配的，任意接线或在原电路上增加插座和照明器具都会造成单个电路负荷过大，容易引起跳闸或烧坏电源总闸，严重的甚至会引起火灾。

② 旧房不能大量使用移动插座。新的国家标准规定，民用住宅中固定插座的数量不应少于 12 个，但目前仍有不少的二手房原有的插座数量达不到这个标准，如果大量使用移动插座，当电流增大时，移动插座就会因接触不良而产生异常的高温，为触电和电器火灾事故埋下隐患。

③ 旧房改造记录要做好。再次装修时肯定会打乱之前的电路布局。在装修过程中一定要注意用照片和图纸的方式留下改动记录，保证以后需要整改和维修的时候能让专业人员知道线路的排布方式。同时，这也关系到以后在墙、地面加钉子是否会打穿水电线路的问题，所以不能忽略。

二、电路现场施工

1. 电路现场定位

根据图纸要求进行测量与定位，以确定管线的走向、标高，以及开关、插座、灯具等设备的位置，并用墨盒线进行标识。

① 从入户门的位置开始定位，确定灯具、开关、插座、电箱的位置，初步定位时可直接采用粉笔画线，需要标记出线路的走向和高度。

② 墙面中的电路画线只可竖向或横向，不可斜向，尽量不要有交叉。

③ 墙面电线走向与地面衔接时，需保持线路的平直，不可有歪斜。

④ 地面中的电路画线不要离墙脚太近，需保持 300mm 以上的距离，以避免后期墙面木作施工时对电路造成损坏。

 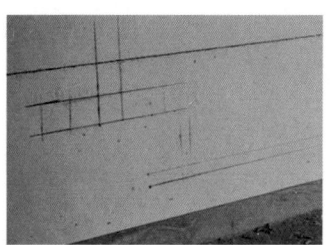

↑ 粉笔标记　　　　　　　↑ 地面画线

2. 开槽

确定线路走向、终端及各项设备设施的位置后，就要沿着画线的位置开槽。开槽时要配合水作为润滑剂，以达到除尘、降噪、防开裂的目的。开槽时的施工要点如下。

线路开槽

① 开槽必须严格按照画线标记进行，地面开槽的深度不可超过 50mm。

② 开槽必须要横平竖直，切底盒槽孔时也要方正、整齐。切槽深度一般比线管直径大 10mm，比底盒深度大 10mm 以上。

③ 开槽时强电和弱电需要分开，并且保持至少 150mm 以上的距离，处在同一高度的插座开一个横槽即可。

④ 管线走顶棚时打孔不宜过深，深度以能固定管卡为宜。

⑤ 开槽后，要及时清理槽内的垃圾。

↑强、弱电开槽

↑墙面开横槽

3. 布管

布管采用的线管一般有两种，一种是 PVC 线管，另一种是钢管。在家装中，多使用 PVC 线管；在一些对消防要求较高的公建中，则多采用钢管作为电线套管。因为钢管具有良好的抗冲击能力，强度高，抗高温，耐腐蚀，防火性能极佳，同时能屏蔽静电，保证信号的良好传输。布管的施工要点如下。

布管

① 布管排列要横平竖直。多管并列敷设的明管，管与管之间不得出现间隙，转弯处也同样。

② 电线管路与天然气管、暖气管、热水管道之间的平行间距应不小于 300mm，这样可以防止电线因受热而发生绝缘层老化，从而缩短电线的寿命。

③ 水平方向敷设多管（管径不一样）并设的线路时，要求小规格穿线管靠左，依次排列。

↑水平方向敷设多根穿线管

④ 敷设直线穿线管时，以下几种情况需要加装线盒：直管段超过 30m；含有一个弯头的管段每超过 20m；含有两个弯头的管段每超过 15m；含有 3 个弯头的管段每超过 8m。

⑤ 弱电与强电相交时，需包裹锡箔纸隔开，以起到防干扰作用。

↑强、弱电相交使用锡箔纸

⑥ 敷设转弯处穿线管时，要先用弯管弹簧将其弯曲，弯曲半径不宜过小；在管中部弯曲时，要将弹簧两端拴上铁丝，以便于拉动。为了保证不因为导管弯曲半径过小而导致拉线困难，导管的弯曲半径应尽可能放大。穿线管弯曲时，半径不能小于管径的 6 倍。

↑弯管处工艺处理

⑦ 地面采用明管敷设时应加固管卡，卡距不超过 1m。需注意，在预埋地热管线的区域内严禁打眼固定。管卡固定应"一管一个"，安装需要牢固，转弯处需要增设管卡。

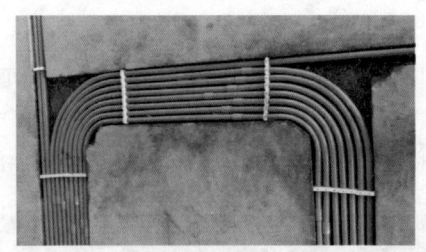

↑ 转弯处增设管卡

4. 穿线管连接

① 正确选择电线的颜色，三线制必须使用三种不同颜色的电线。红、绿双色为火线色标，蓝色为零线色标，黄色或黄绿双色线为接地线色标。

② 根据家庭装修用电标准，照明用 1.5mm^2 电线，空调挂机插座用 2.5mm^2 电线，空调柜机用 4mm^2 电线，进户线为 10mm^2。穿线管内事先穿入引线，然后将待装电线引入线管之中，利用引线将穿入管中的电线拉出，若管中的电线数量为 2~ 5 根，应一次穿入。将电线穿入相应的穿线管中时应注意，同一根穿线管内的电线数量不可超过 8 根。通常情况下，Φ16mm 的电线管不宜超过 3 根电线，Φ20mm 的电线管不宜超过 4 根电线。

③ 穿线管内的线不能有接头，穿入管内的导线接头应设在接线盒中，导线预留长度不宜超过 15cm。接头搭接要牢固，用绝缘胶带包缠，要均匀紧密。

④ 空调、浴霸、电热水器、冰箱的线路必须从强电箱中单独引至安装位置。

5. 电路检测

① 连接万用表。红色表笔接到红色接线柱或标有"＋"极的插孔内；黑色表笔接到黑色接线柱或标有"－"极的插孔内。

② 测试万用表。首先把量程选择开关旋转到相应的挡位；然后红、黑表笔不接触断开，看指针是否位于"∞"刻度线上，如果指针不位于"∞"刻度线上，则需要调整；再将两支表笔互相碰触短接，观察 0 刻度线，如果指针不在 0 刻度线上，则需要机械调零；最后选择合适的量程挡位，准备测量电路。

6. 封槽

检测成功后就可以进行封槽。封槽前先洒水润湿槽内，调配与原结构配比基本一致的水泥砂浆，从而确保其强度（不可采用腻子粉封槽）。将水泥砂浆均匀地填满水管凹槽，不可有空鼓。待封槽水泥快风干时，检查表面是否平整。若发现凹陷，应及时补封水泥。

三、电路施工验收与常见问题

1. 现场验收

（1）开工前电路验收

① 拉下室内的总闸、分闸，看是否能够完全地控制室内供电。

② 查看电表是否通电，运行是否正常。

（2）施工中电路验收

① 检查材料是否符合卫生标准和使用要求，型号、品牌是否与合同相符，以及材料和产品是否合格。

② 定位画线后，检查定位及线路的走向是否符合图纸设计，有无遗漏项目。

③ 检查槽路是否横平竖直、槽路底层是否平整、无棱角。

④ 检查电路管道的敷设是否符合规范要求，包括强电管路和弱电管路。查看电线穿管情况，中间是否没有接头，盒内预留的电线数量、长度是否达标，吊顶内的电线是否用防水胶布进行了处理。

⑤ 与水路相邻近的电路，其槽路是否进行了防水、防潮处理。

⑥ 电箱和暗盒的安装是否平直，误差是否符合要求，埋设得是否牢固。

（3）施工后电路验收

① 用相位仪检测所有插座，看是否有接错线的情况。

② 检查所有墙壁开关开合是否顺畅、有没有阻碍感，打开开关，检验是否所有的灯都能亮。检查同一室内的开关、插座的高度是否符合安装规范，误差是否在允许范围之内。

③ 打开电箱，查看强电箱、弱电箱是否能够完全对室内线路进行控制。强电箱内是否所有电路都有明确的支路名称，所有弱电插口包括电话、网络、有线电视是否畅通。

2. 常见问题解析

（1）强、弱电可以紧挨着敷设吗？

不可以。强电与弱电的走线应尽量分开一定距离，间距不要低于 30cm，最好在同一平面内相距 50cm。如果出现特殊情况需要交叉重叠，最好使用铝箔把交叉部位缠好，防止干扰。弱电的材料最好自己购买，尽量选择质量好的线材。隐蔽工程对材料的质量要求比较高，需要格外注意。

（2）电路施工中，安装灯具要注意些什么？

① 在灯具安装前应先检查验收灯具，查看配件是否齐全，有玻璃的灯具玻璃是否破碎，预先确定各灯具的具体安装位置，并注明于包装盒上。

② 采用钢管作为灯具吊杆时，钢管内径不应小于 10mm，管壁厚度不应小于 1.5mm。

③ 同一室内或同一场所成排安装的灯具应先定位、后安装，其中心偏差应不大于 2mm。

④ 灯具组装必须合理、牢固，导线接头必须牢固、平整。有玻璃的灯具，固定其玻璃时，接触玻璃处必须用橡皮垫子，并且螺钉不能拧得过紧。

⑤ 灯具的重量大于 3kg 时，应采用预埋吊钩或从屋顶用膨胀螺栓直接固定支吊架安装（不能用龙骨支架安装灯具）。从灯头箱盒引出的导线应用软管保护至灯位，避免导线裸露在平顶内。

↑ 安装超重量灯具

（3）电路施工时，穿线管使用时应该注意些什么？

电路施工涉及空间的定位，所以需要开槽，会使用到穿线管。严禁将导线直接埋入抹灰层，导线在线管中严禁有接头，同时对使用的线管（PVC 阻燃管）进行严格检查，其管壁表面应光滑，壁厚要达到手指用力捏不破的程度，而且应有合格证书。也可以使用符合国标的专用镀锌管作为穿线管。国家标准规定应使用管壁厚度为 1.2mm 的电线管，要求管中电线的总截面积不能超过塑料管内截面积的 40%。例如，直径 20mm 的 PVC 电管只能穿 1.5mm 导线 5 根，2.5mm 导线 4 根。

第六章

智能家居施工与验收

　　随着科技的发展，智能家居系统进入人们的视野，它能够营造更加便利、惬意的家居空间。智能家居的施工内容与电路工程相关，需要施工人员更加认真地对待施工的每一个步骤。

一、智能家居施工基础知识

1. 智能家居的作用

　　智能家居系统可以使家居空间更加安全、节能、便利和舒适。它以住宅为平台，利用综合布线技术、网络通信技术、智能家居系统设计方案安全防范技术、自动控制技术将与家居生活有关的设施进行集成，构建高效的住宅设施，以提升家居空间的安全性、便利性、舒适性、艺术性，并打造环保节能的居住环境。

　　智能家居系统能够让人轻松地享受生活，并且帮助手脚不便的人完成一些简单的操作，适合有老人或残障人士的家庭使用。

↑ 智能家居系统在空间的体现

2. 智能家居施工注意事项

　　①智能家居施工是电路后期施工中较为重要的一步。

　　②施工前要保证施工材料完成进场验收，并且工具全部进场。

　　③施工区域要保证无过多的杂物，空间内有足够的场地放置常用的施工工具、施工材料等。

　　④施工前要提前查询天气情况，保证当天天气晴朗，无雷雨。

　　⑤施工前将本户的电源全部断开，以保证施工安全地进行。

　　⑥智能家居主机的安装要求如下。

　　a. 需要一台电视机或监视器，也可以是显示器。

　　b. 需要一些报警探测器的连接件，可以使用 4 芯电话线代替。

　　c. 需要一路可以拨打市话的电话线。

　　d. 需要 220V 电源，最好还有 UPS 等备用电源。

　　e. 主机需安装在通风、干燥、无阳光直射的室内环境里。

二、智能家居现场施工

1. 智能家居系统主机

智能家居系统主机可通过计算机和手机远程监控家里的情况。若出现失火、失窃等，智能家居系统主机会第一时间通过短信告知家里情况，从而快速报警。智能家居系统主机采用国际通用 Z-Wave 协议，全部采用无线传输方式，安装方便、快捷。

↑无线智能家居系统主机

（1）智能家居系统主机的系统结构

◎智能家居控制子系统

系统可以控制家用电器或其他设备的电源开关、温度调节、频道调节等功能，可以输出经过预设定的各种设备的红外遥控码功能，这使得针对家用电器的智能控制非常方便。软件系统具有用户自编程功能，对家电设备的控制完全可以由用户来设定，如定时控制、触发控制等。这类功能不仅可通过计算机来控制，还可通过手机来控制。

◎报警控制子系统

报警系统采用红外对射、红外幕帘、门磁、煤气、火警等探测器的报警信号，通过有线或无线的方式将探测器所探测的信息传送到智能家居系统主机。对这些信息进行分析后，如果是报警信号则立即发出警报。报警方式有警号鸣响、循环拨打电话、向服务器发送报警信号、向正在连接的计算机发送报警信号等。智能家居系统主机可接入 16 路有线报警信号与 32 路无线报警信号。

◎视频监控子系统

智能家居系统主机可接入 4 路视频图像，其中 2 路还可以通过 2.4GHz 的无线接入。4 路视频图像可以设置 24 小时录像、触发录像及远程控制录像，机内硬盘可以保存半个月以上的连续录像。保存的录像可以在显示器或电视机中观看，也可以在手机上观看。

（2）智能家居系统主机的安装

↑ 智能家居系统主机

步骤一	安装硬件前面板，主要包括键盘和指示灯。键盘各键的功能根据菜单的变化而变化。
步骤二	安装硬件后面板，包括各种接线端口，主要有 VGA 接口、视频接口、网络接口及电话接口等。
步骤三	安装摄像机，连接视频线到视频输入接口，最多可接 4 路视频图像。其中，第一、第二路有无线和有线两种接入方式，可任意选择一种。
步骤四	安装并连接有线接入的各种探头。
步骤五	连接视频输出到电视机或监视器。
步骤六	安装无线接入的各种探头。如果是单独购买的无线探头，需要先录入到主机里，被主机识别认可后方可使用。
步骤七	安装智能家居无线控制开关。如果是单独购买的开关设备，需要先录入到主机里，被主机识别认可后方可使用。

智能家居系统主机的性能指标

功 能	指 标	功 能	指 标
视频解码度	4 路 CIF，352×288	网络接口	100MB 以太网
视频压缩格式	MPEG4	显示接口	VGA 与 VA 双显示
视频制式	PAL 制式	电话接口	PSTN 电话接口
最大帧率	4×25 帧全实时	16 路有线报警输入信号	无源开关量，常闭型，断开为报警
视频宽带	64Kb/s~2Mb/s 可调	6 路有线输出信号	500mA 的 TIL 电平信号，可接继电器等
无线视频使用频率	2.4GHz	1 路有线警笛输出信号	2A/12V 开关信号，可直接接警笛等

2. 智能开关

（1）单联、双联、三联智能开关接线

◎单联智能开关接线

L 接入火线，单联智能开关只有一路（L1）输出。

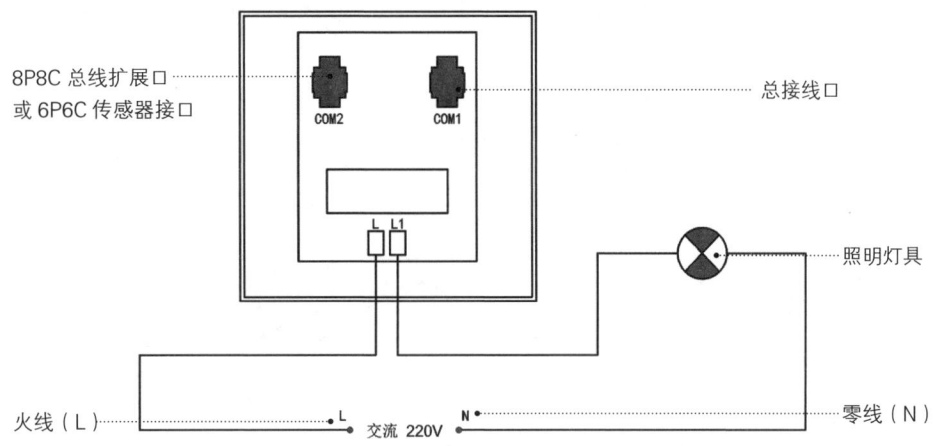

↑单联智能开关接线

◎双联智能开关接线

L 接入火线，双联智能开关有两路（L1、L2）输出。

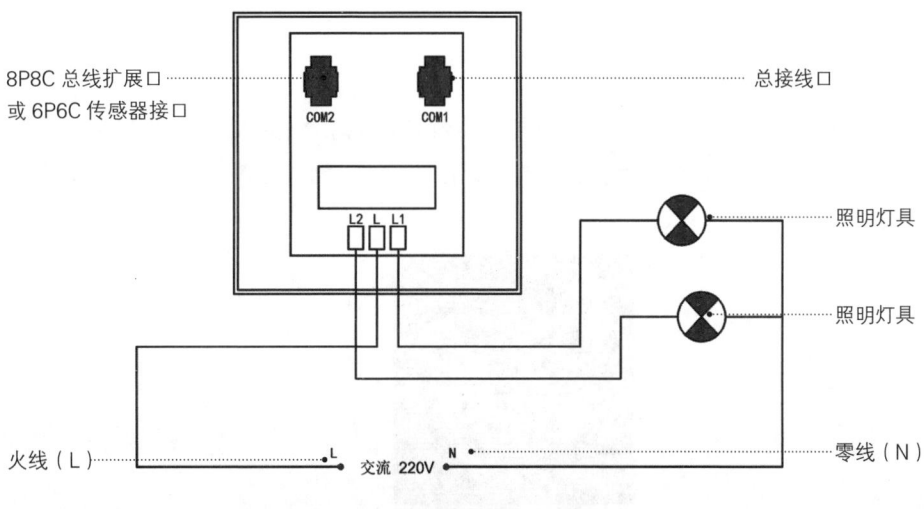

↑双联智能开关接线

◎三联智能开关接线

L 接入火线，三联智能开关有三路（L1、L2、L3）输出。

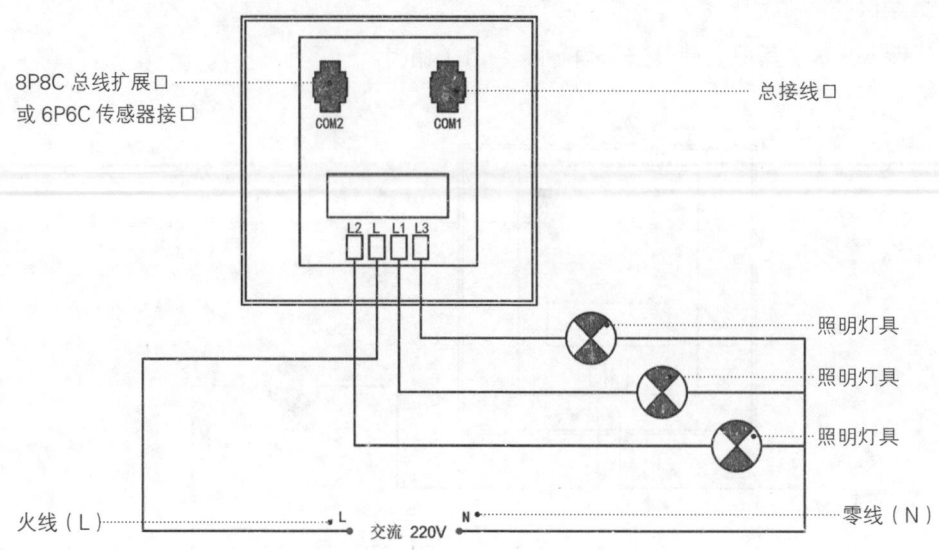

↑三联智能开关接线

◎接线指导

通信总线水晶头要求接入 COM1。当安装其他智能设备时，可以通过总线拓展接口 COM2 连接到相邻智能设备的 COM1 接口中。若选购的智能开关规格指明 COM2 为传感器接口，则不能作为通信总线扩展接口使用。

（2）智能照明开关

智能照明开关具有灯控与调光两种功能，配合智能家居主控设备可以实现普通电器的无线遥控和智能化控制，有效地改善人们的日常生活，为人们的生活带来极大的便利。

↑智能照明开关

◎功能特点

① 体积小，安装方便、快捷，可直接代替普通开关面板。

② 可双重控制，能隔墙无线控制，也能使用面板上的按钮控制。

③ 具有一路、两路面板，分别可接一路、两路负载。

④ 停电后再来电处于关闭状态，避免不必要的电能浪费。

⑤ 使用各种灯具，包括白炽灯、LED 节能灯、射灯、灯带等。

◎配置调试

① 注册系统标识码。按任意单元按钮，相应指示灯立即闪烁，表示该设备已经进入设置状态。使用主控设备进行注册系统标识码操作，注册成功后指示灯停止闪烁。

② 注册单元码。按下欲配置单元的对应按钮，相应指示灯立即闪烁，表示设备已经进入设置状态。使用主控设备进行注册单元码操作，注册成功后指示灯停止闪烁。

③ 根据系统实际需要，如果该设备需要打开中继功能，则功能开关拨到中继挡即可。

④ 用智能手机或中控主机无线操作控制测试设备是否正常，主控设备能否显示该设备的状态变化。

⑤ 直接在该设备的面板按钮上操作测试其是否能正常工作，并能把状态信息反映到主控设备上。

◎操作说明

① 按钮操作。在正常模式和中继模式下，单次按下面板按钮可切换灯具的开、关状态。灯开启时，单次按下面板按钮，对应单元的灯具开启（此时面板指示灯熄灭）；再次按下面板按钮，则对应单元的灯具熄灭（此时面板指示灯亮）。

② 无线操作。该设备能被无线控制，如被智能手机控制。当智能手机开启开关时，对应单元的灯具开启，面板上对应的指示灯熄灭；灯被关闭时，面板上对应的指示灯亮。

（3）智能空调开关

无线智能空调开关配合智能家居主控设备，实现了家用空调的无线遥控和智能化控制，为人们的生活带来了极大的便利。

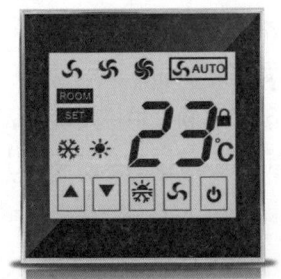
↑ 智能空调开关

◎功能特点

① 体积小，安装方便、快捷，可直接安装在空调旁的 86 暗盒上。

② 可实现多种控制方式，可以远距离无线控制，也可以直接用面板上的按钮控制。

③ 可远距离查看空调的工作状态，控制时能返回当前状态。

◎常见的配置调试方法

① 长按空调控制器面板上的"学习"按钮，3s 后松开，进入"红外学习模式"。

② 按下"确认"按钮，进入"等待红外码状态"。90s 未学习到红外码，将超时退出。

③ 将空调遥控器对准红外学习窗发出要学习的红外码。例如，要学习"开 17℃"红外码，应先将空调遥控器打开到 16℃，学习时按下空调原配遥控器的上调温度按钮，发出"开 17℃"红外码。

④ 按下"确认"按钮完成红外码学习，进入正常操作模式。用面板"开 / 关""上调""下调"按钮测试其是否能正常操作。

◎操作说明

① 无线操作。支持无线上调、下调、开启、关闭操作。

② 按钮操作。面板按钮操作包括开启（默认 26℃）、关闭、上调、下调操作。

③ 工作指示灯。空调处在工作状态时，工作指示灯亮。如果约 10s 内没有检测到空调开启，则指示灯熄灭，并将工作状态变化反映给主控设备。

3. 多功能面板

（1）多功能面板的安装

① 要按多功能面板背部标识正确接线。接线端子与插座以颜色配对，传感器接口为橙色对橙色，总线接口为绿色对绿色。

② 安装低压模块前要将面板组合，然后用 2 个 M4*25 规格螺钉将低压模块安装并固定到墙面暗盒上。

③ 检测面板组件是否安装到位，以磁铁吸合的声音作为判断的标准。

④ 纸板可按箭头方向拔出，或插入面板侧面开槽（针对插纸型多功能面板）。

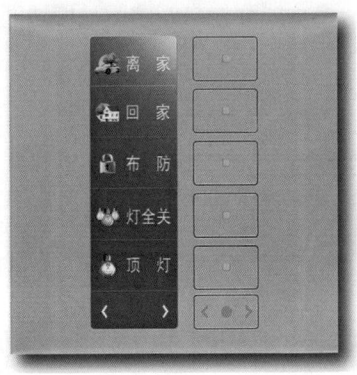

↑ 多功能面板

（2）多功能面板的接线

当多功能面板不带有驱动模块时，多功能面板只需接入 COM1 通信总线即可。当相邻安装有其他智能设备时，可以通过总线拓展接线 COM2 连接到相邻智能设备的 COM1 接口。若选购的多功能面板的规格中指明 COM2 为传感器接口（即 6P6 接口），则 COM2 不能作为通信总线扩展接口使用。

当多功能面板带有驱动模块时，驱动模块可控制灯光、风扇、电控锁及大功率设备等。具体接线方式有如下几种情况。

① 带单路驱动模块接线。L 接入火线，单路驱动模块只有一路（L1）输出。

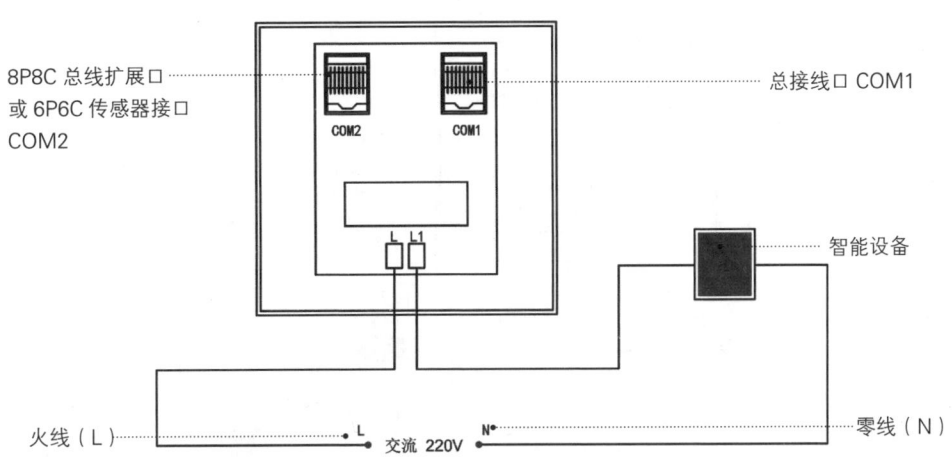

↑ 带单路驱动模块接线

② 带双路驱动模块接线。多功能面板带双路驱动模块时，有两路（L1、L2）输出，L 接入火线。

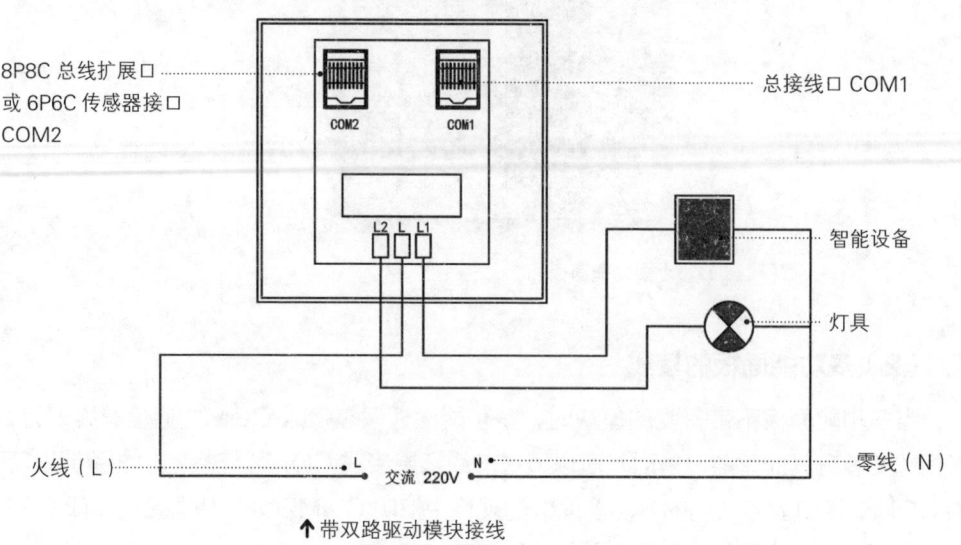

↑ 带双路驱动模块接线

③ 带三路驱动模块接线。多功能面板带三路驱动模块时，有三路（L1、L2、L3）输出，L 接入火线。

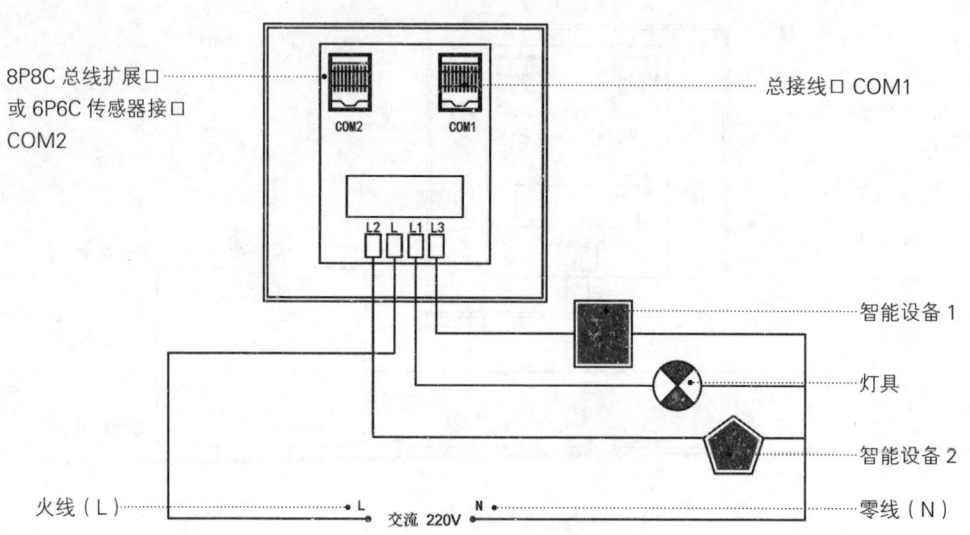

↑ 带三路驱动模块接线

④ 带四路驱动模块接线。多功能面板带四路驱动模块时，有四路（L1、L2、L3、L4）输出，L 接入火线。

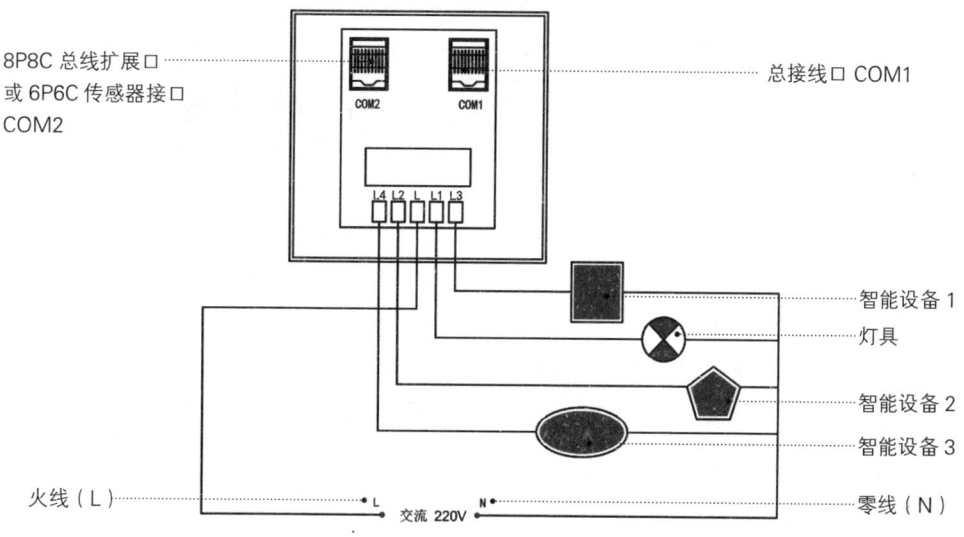

↑ 带四路驱动模块接线

⑤ 控制超大功率设备的接线。当控制对象大于 1kW 而小于 2kW 的大功率设备时，可选用智能插座控制；当控制对象为大于 2kW 的超大功率设备时，也可选用带继电器驱动模块的多功能面板驱动一个中间交流接触器，再由交流接触器转接驱动超大功率设备。

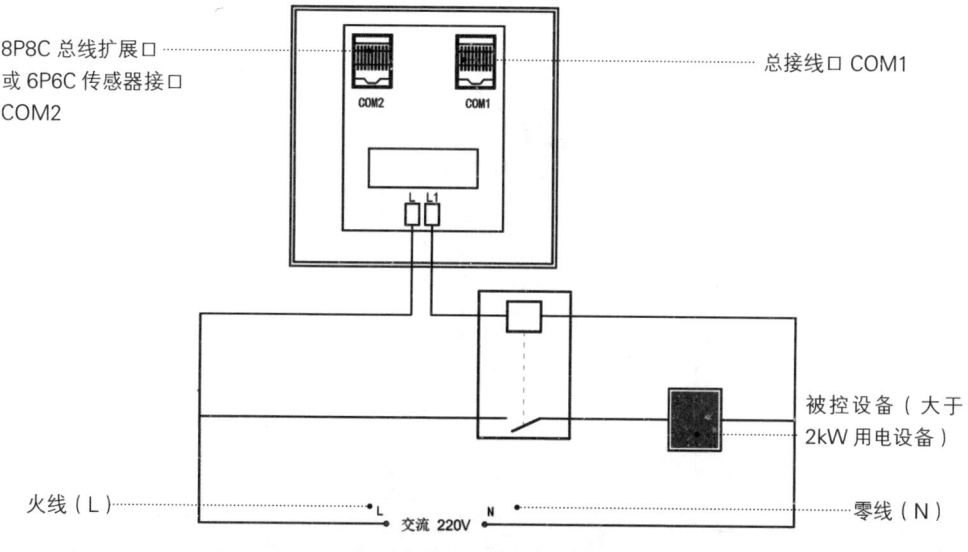

↑ 控制超大功率设备的接线

4.智能插座

智能插座是减少用电量的一种插座，对被控家用电器、办公电器电源实施定时控制开通和关闭。高档的节能插座不但节电，还能保护电器（具备清除电力垃圾的功能）。此外，节能插座还具有防雷击、防短路、防过载、防漏电、消除开关电源和电器连接时产生的电脉冲等功能。

↑ 智能插座

（1）智能插座的特点

① 体积小，安装方便，可直接安装到 86 暗盒上。

② 接收室内主控设备指令，实现对电器的遥控开关、定时开关、全开全关、延时关闭等功能。

③ 接收中心主控设备指令，实现远程控制。

④ 主要用于控制电视机、音响、电饭煲、饮水机、热水器等电器设备。

⑤ 停电后再来电为关闭状态。

（2）智能插座的接线

智能插座的强电接线方式和传统插座的接线方式基本一致，不同的是多出一个通信总线接口 COM。智能插座只有一个通信总线接口 COM（8P8C），将水晶头插入通信总线接口 COM 即可。

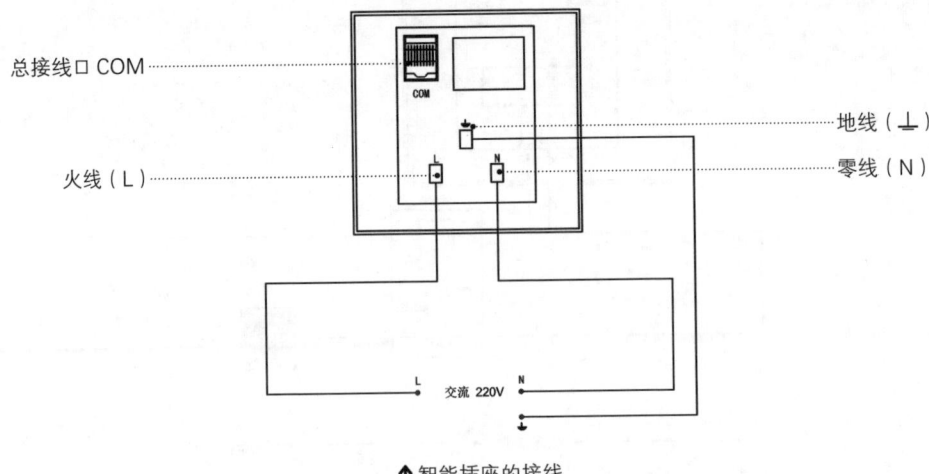

↑ 智能插座的接线

5. 智能窗帘控制器

智能窗帘控制器可实现对窗帘的电动控制，控制器上有"开""关"两个按钮和一个指示灯。同时，智能窗帘控制器可实现远程控制，利用智能手机等设备远端控制窗帘的开合。

↑ 智能窗帘控制器

（1）智能窗帘控制器的特点

① 体积小、安装方便，可直接安装在 86 暗盒上。

② 可实现双重控制，能隔墙实施无线控制或使用面板上的触摸开关手动控制。

③ 当停电后再来电时，窗帘仍保持停电前的状态。

④ 具备校准功能，适合不同宽度（小于 12m）的窗帘。

（2）智能窗帘控制器的接线

L 输入电压为电动窗帘的交流电源输入端（火线），L1、L2 分别为电动窗帘的左右或上下开闭输出控制端，若电动机的转向相反，则将 L1、L2 接线端对调即可；电动机的公共端（N）接零线；COM1 接入通信总线。

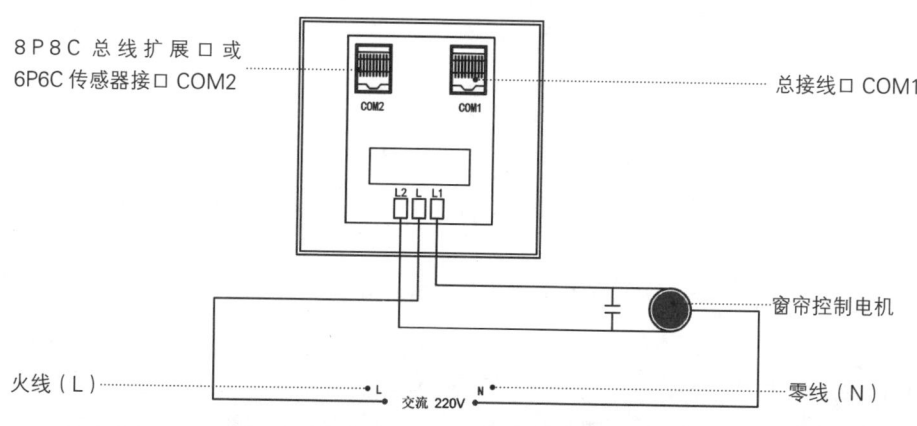

↑ 智能窗帘控制器的接线

6. 智能报警器

（1）无线红外报警器

无线红外报警器由有线红外探头 +V8 无线收发模块组成。无线红外报警器留有 +12V（红色线）和地线（黑色线）两条电源线，只需要外供 DC+12V 电源即可。

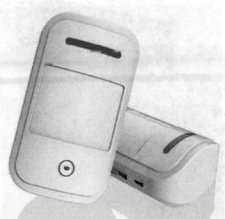

↑ 无线红外报警器

◎使用方法

只需要注册到中控主机上就可以正常工作，无线红外报警器支持布防、撤防操作。在布防状态下，报警触发会发出报警信号。报警时 V8 无线收发模块上的 LED 快速闪烁。

（2）无线瓦斯报警器

无线瓦斯报警器是工程上常用的俗称，其学名为 CH4 报警器、燃气探测器、可燃气体探测器等。无线瓦斯报警器的主要作用是探测可燃气体是否泄漏。可探测的燃气包括液化石油气、人工煤气、天然气、甲烷、丙烷等。

↑ 无线瓦斯报警器

◎安装要求

① 报警器的安装高度一般为 1600~1700mm，便于维修人员进行日常维护。

② 报警器是声光仪表，有声、光显示功能，应安装在人员易看到和易听到的地方，以便及时消除隐患。

③ 报警器的周围不能有对仪表工作有影响的强电磁场，如大功率电机或变压器等。

④ 被探测气体的密度不同，室内探头的安装位置也应不同。被探测气体的密度小于空气的密度时，探头应安装在距吊顶 300mm 以外，方向向下；反之，探头应安装在地面 300mm 以上，方向向上。

（3）无线紧急按钮

无线紧急按钮配合智能家居系统的主控设备，实现了智能家居系统在紧急情况下发出报警信号的功能，中控主机将处理的报警信号发往警务管理中心求助。无线紧急按钮的体积小，安装方便，可以将其直接安装在 86 暗盒内；低功率、低电耗，两节 7 号碱性电池可以使用两年；有欠电压提示功能，便于及时更换电池。

↑ 无线紧急按钮

7. 电话远程控制器

电话远程控制器是通过远程电话语音提示来控制远程电器的电源开关，具有工作稳定、控制可靠的特点。电话远程控制器分为两个部分：主控器和分控器。主控器通过外线电话拨入，根据语音提示、密码输入，验明主人身份后进入受控状态；分控器通过地址方式接收来自主控器的信号，并进行电器的通断操作。

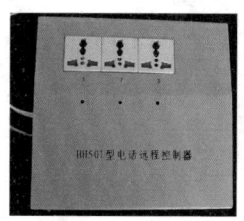

↑ 电话远程控制器

（1）远程操作方式

① 用手机或固定电话拨通与电话远程控制器相连接的电话。响铃五次后将出现语音提示"请输入密码"；通过手机或固定电话上的键盘输入六位密码，输入"#"结束。

② 出现语音提示"请输入设备号"（指 1、2、3 三个电源插座上的电器设备）。例如，操作 1 插座上的设备就输入"1#"；同样，操作 2、3 插座上的设备就输入"2#""3#"。

③ 出现语音提示"0 通电，1 断电，2 查询"。输入"0"，该插座通电，同时相应的指示灯亮；输入"1"，原通电状态将断电，同时指示灯熄灭；输入"2"，语音提示该插座目前是"通电状态"或"断电状态"。

④ 当操作正确无误时，会听到语音提示"操作成功"，并出现新一轮的语音提示"请输入设备号"，以便继续操作。

（2）本地操作方式

① 将电话摘机。

② 按一下电话远程控制器右侧的本控按钮，听到语音提示"请输入设备号"；输入"1#""2#""3#"，语音提示"0 通电，1 断电，2 查询"；输入"0"或"1"或"2"，操作三个设备的通、断状态，同时会看到指示灯的亮、灭，以判断相应的插座是通电状态还是断电状态。

③ 操作结束后，当听到语音提示"请输入设备号"时进行下一轮操作，直到操作完全结束。

8. 集中驱动器

集中驱动器属于系统中可选安装的集中驱动单元，便于将灯具、电器的电源集中布线安装和日后维修。集中驱动器适用于实施布线管理的小区别墅、单元式住宅及娱乐场所等。其中，集中驱动器最常见的用途是和灯光场景触摸开关配合使用，构成智能灯光场景群控效果。

↑ 集中驱动器

集中驱动器的安装接线

集中驱动器采用标准卡轨式安装，每个集中驱动器可提供 4~6 路驱动输出，驱动对象包括灯具、中央空调、电控锁、电动窗帘、新风系统、地暖等。集中驱动器还具有三路或六路干接点输入接口，可以接入任何第三方的普通开关面板，使普通开关面板可以发挥智能控制面板的功效。此外，集中驱动器具有输出旁路应急手动操作和产品故障自诊断指示功能。

集中驱动器通过通信总线接受多功能面板的控制，使得多功能面板不需要再带高压驱动模块，只需要通过管理软件定义多功能面板各界面的控制对象即可，从而实现面板操作和高压驱动的完全分离。

面对不同的驱动对象，集中驱动器的具体接线如下。

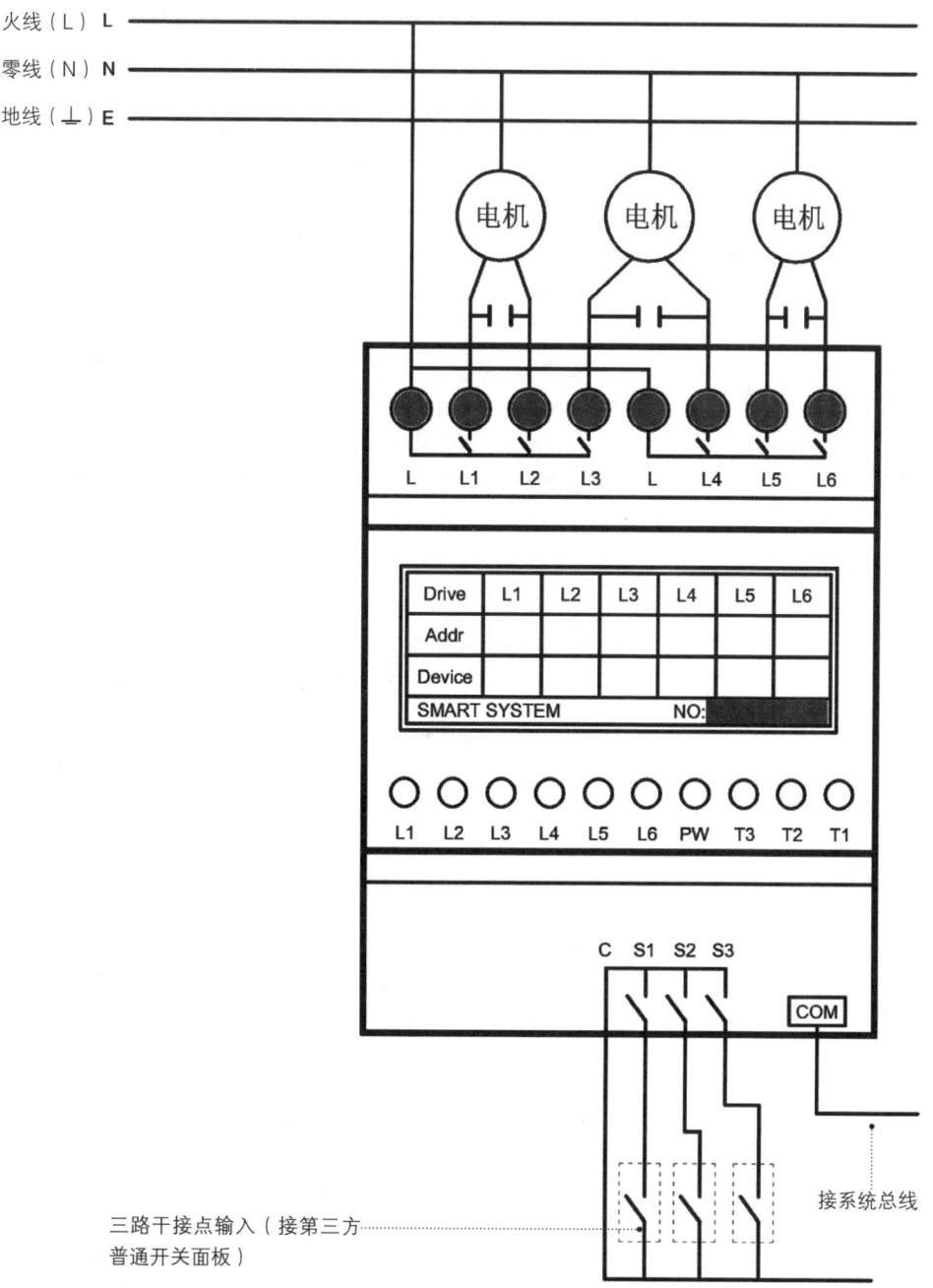

↑ 六路集中驱动器控制电动窗帘时的接线图

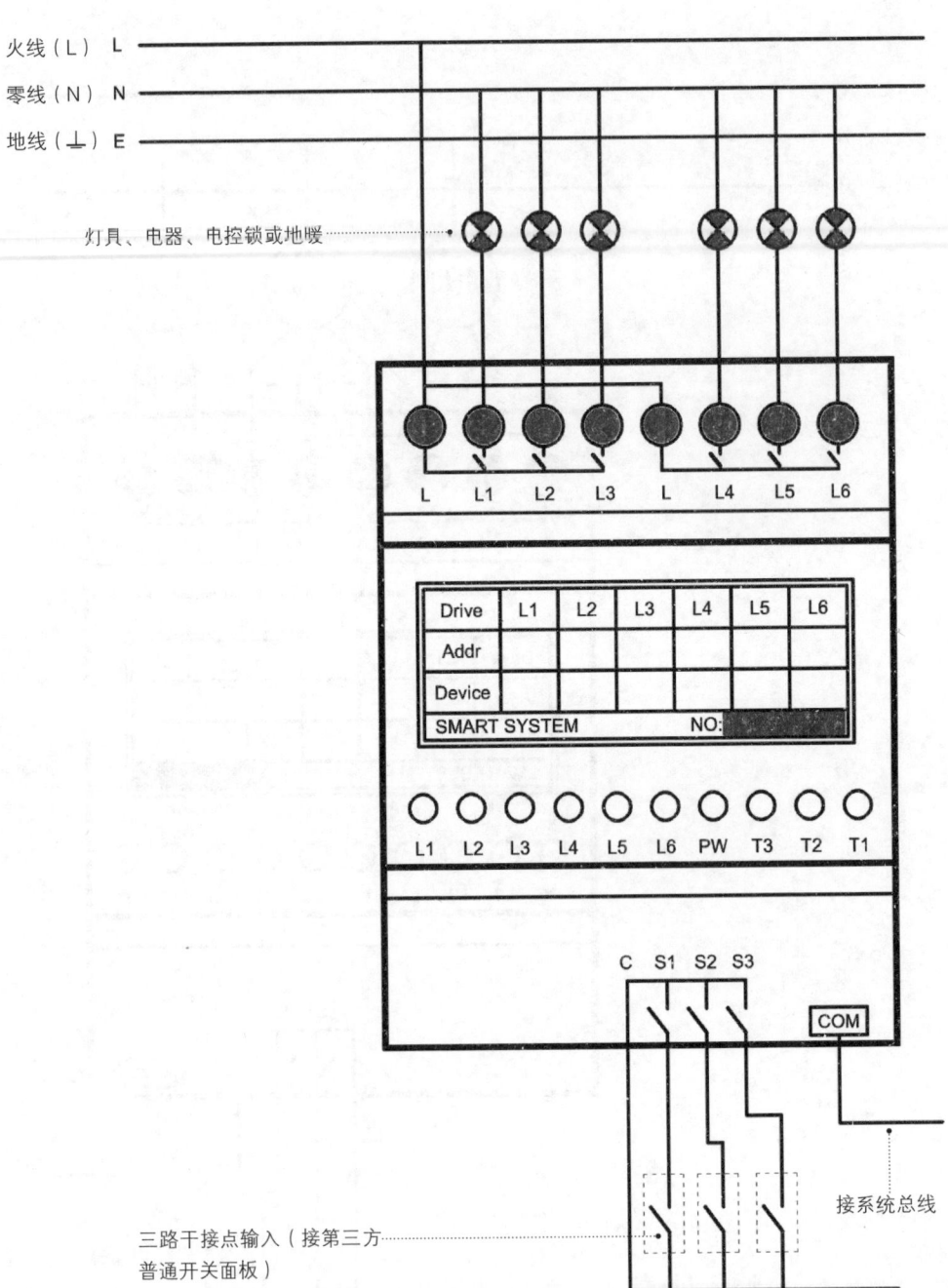

火线（L）L

零线（N）N

地线（⊥）E

灯具、电器、电控锁或地暖

Drive	L1	L2	L3	L4	L5	L6
Addr						
Device						
SMART SYSTEM				NO:		

L1 L2 L3 L4 L5 L6 PW T3 T2 T1

L L1 L2 L3 L L4 L5 L6

C S1 S2 S3

COM

接系统总线

三路干接点输入（接第三方
普通开关面板）

↑六路集中驱动器控制灯具、电器、电控锁或地暖时的接线图

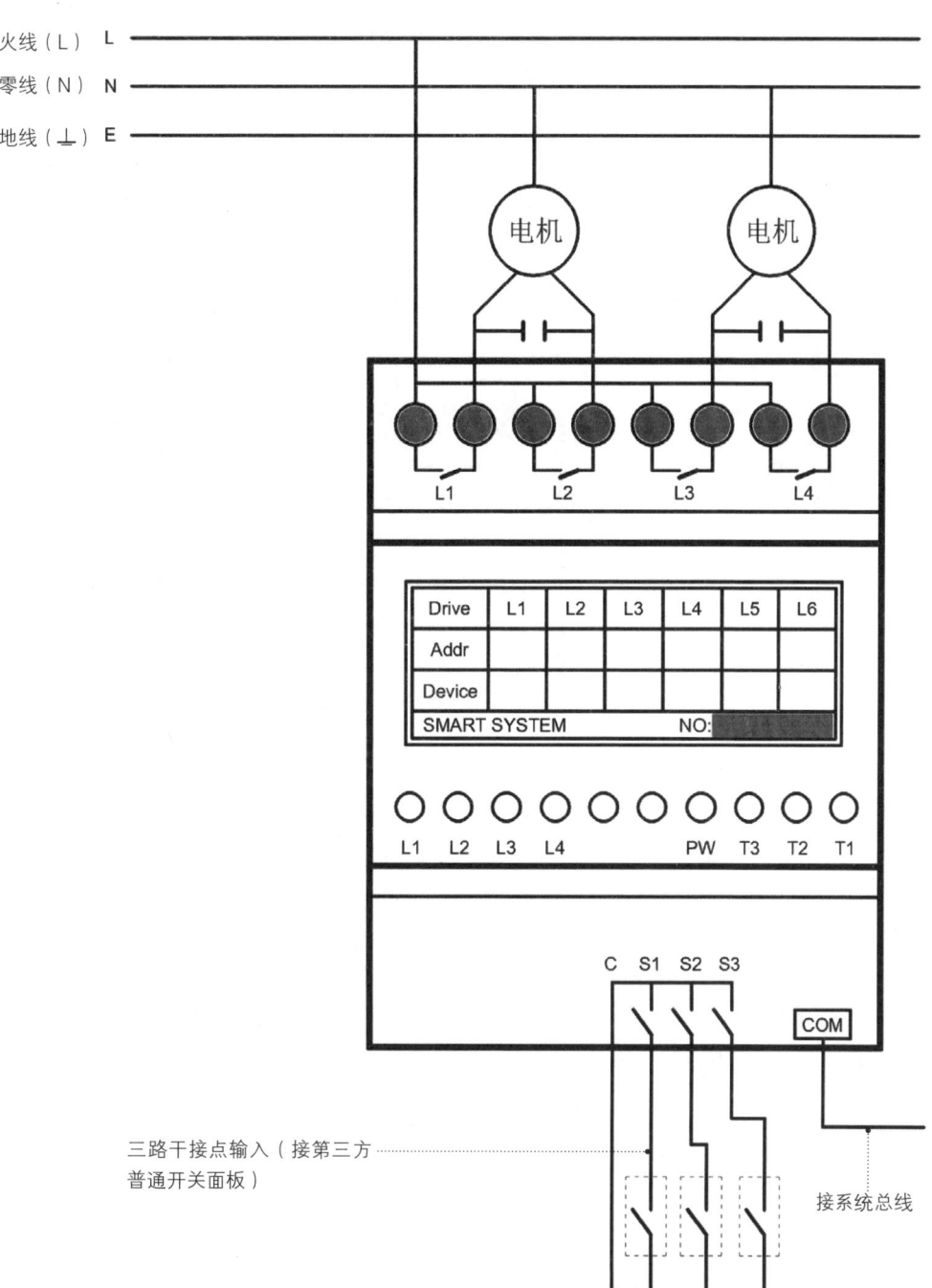

火线（L） L
零线（N） N
地线（⊥） E

电机　电机

L1　L2　L3　L4

Drive	L1	L2	L3	L4	L5	L6
Addr						
Device						
SMART SYSTEM			NO:			

L1　L2　L3　L4　　PW　T3　T2　T1

C　S1　S2　S3

COM

三路干接点输入（接第三方
普通开关面板）

接系统总线

↑ 六路集中驱动器控制中央空调时的接线图

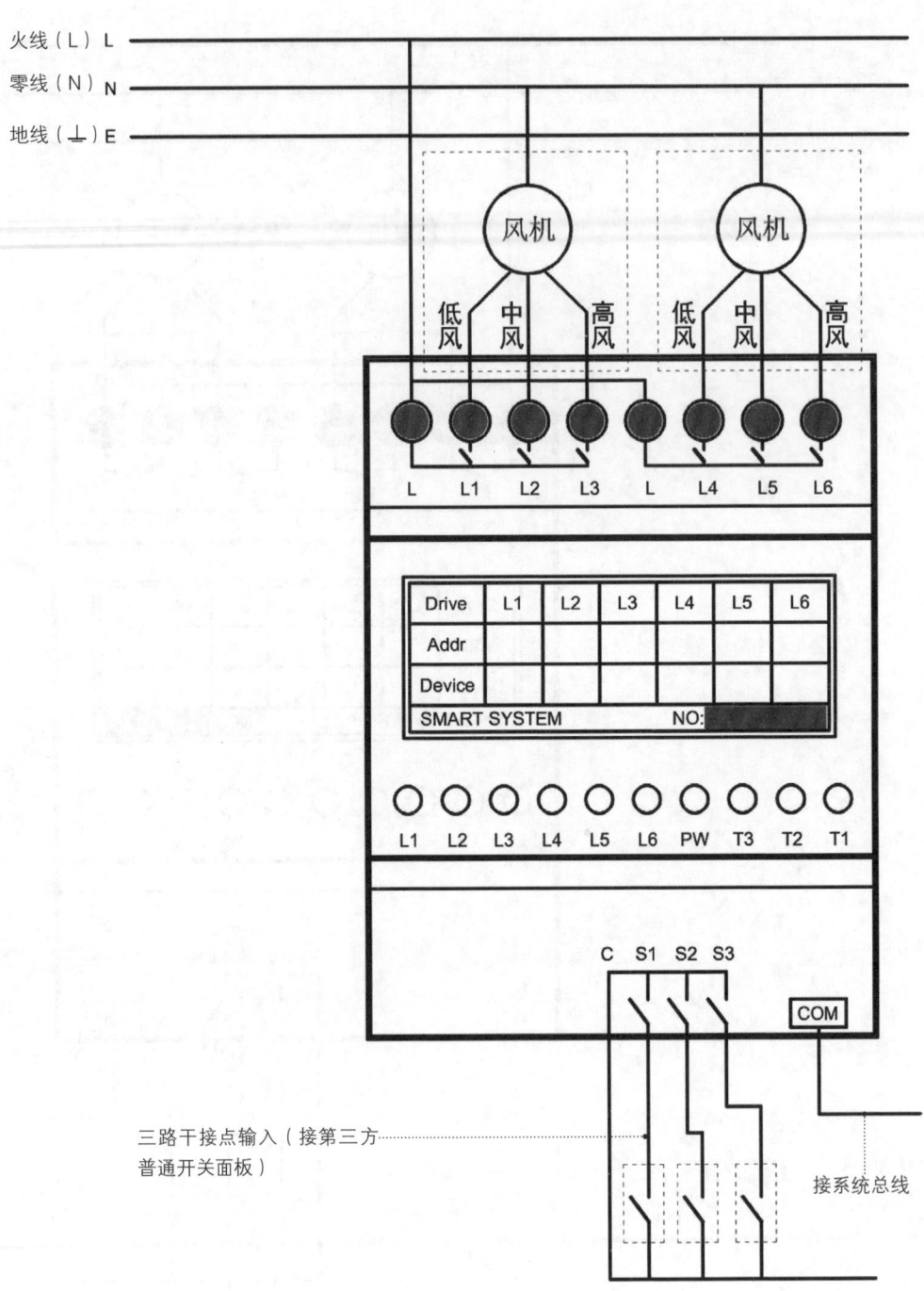

↑ 六路集中驱动器控制新风系统时的接线图

9. 智能转发器

智能转发器（无线红外转发器）可将 ZigBee（一种短距离、低功耗的无线通信技术）无线信号与红外无线信号关联起来，通过移动智能终端来控制任何使用红外遥控器的设备，如电视机、空调、电动窗帘等。

↑ 智能转发器

智能转发器一般安装在空间的顶面，也可以采用壁挂式安装。如果安装的是集成有人体移动感应探头的双功能或三功能智能转发器，还要遵循以下原则。

① 应安装在便于检测人员活动的地方，探测范围内不得有屏障、大型盆景或其他隔离物。

② 安装位置距离地面应保持在 2~2.2m。

③ 远离空调、电冰箱、电火炉等空气温度变化敏感的地方。

④ 安装位置不要直对窗口，以免受到窗外的热气流扰动、瞬间强光照射及人员走动干扰而引起误报。

⑤ 安装在顶面的智能转发器和家电设备（如电视机、音响等设备）的红外接头不能彼此垂直，至少保证有 45°夹角，否则可能无法控制家电设备。

三、智能家居验收与常见问题

1. 现场验收

（1）开工前的验收

①施工前，对施工所需要的电线、智能开关等辅材和电器进行验收。

②检查电表、总闸、分闸等是否能够正常使用，以保证电路运行正常。

（2）施工中的验收

①在施工过程中检查电线的连接是否正确。

②检查电线的连接等施工过程是否符合规范。

（3）施工后的验收

①测试所有线路是否能够正常运行。

②测试智能家居系统是否能够正常控制。

2. 常见问题解析

①家里一定要用宽带网络才可以安装智能家居系统吗？

如果家中有宽带网络，利用智能家居系统可以在任何地方控制家里的电器设备，因为主机可以连接互联网。如果家中没有宽带网络，就只能在家中控制电器设备。

②如果家中已经安装了窗帘，现在安装智能电动窗帘，是不是需要重新换轨道？

可以在原来轨道的下方安装电动窗帘专用轨道，或者拆除原来的窗帘杆。电动窗帘的轨道安装很简单，通过轨道顶部的螺钉固定即可，电动机直接垂直扣在轨道上，隐藏在角落中。

第七章

水路施工
与验收

　　水路施工主要围绕厨卫空间进行，属于隐蔽工程范畴，因而涉及的工法和工序较多。在施工时要注意细节，防止因质量问题而影响后续的施工。

一、水路施工基础知识

1. 水路施工图的识读

在水路改造之前，承接改造工程的公司应根据设计师提供的施工图纸，出具专业的水路改造图纸。图纸上应该包括地漏的位置及数量，热水、冷水管线的走向和出水口的位置。

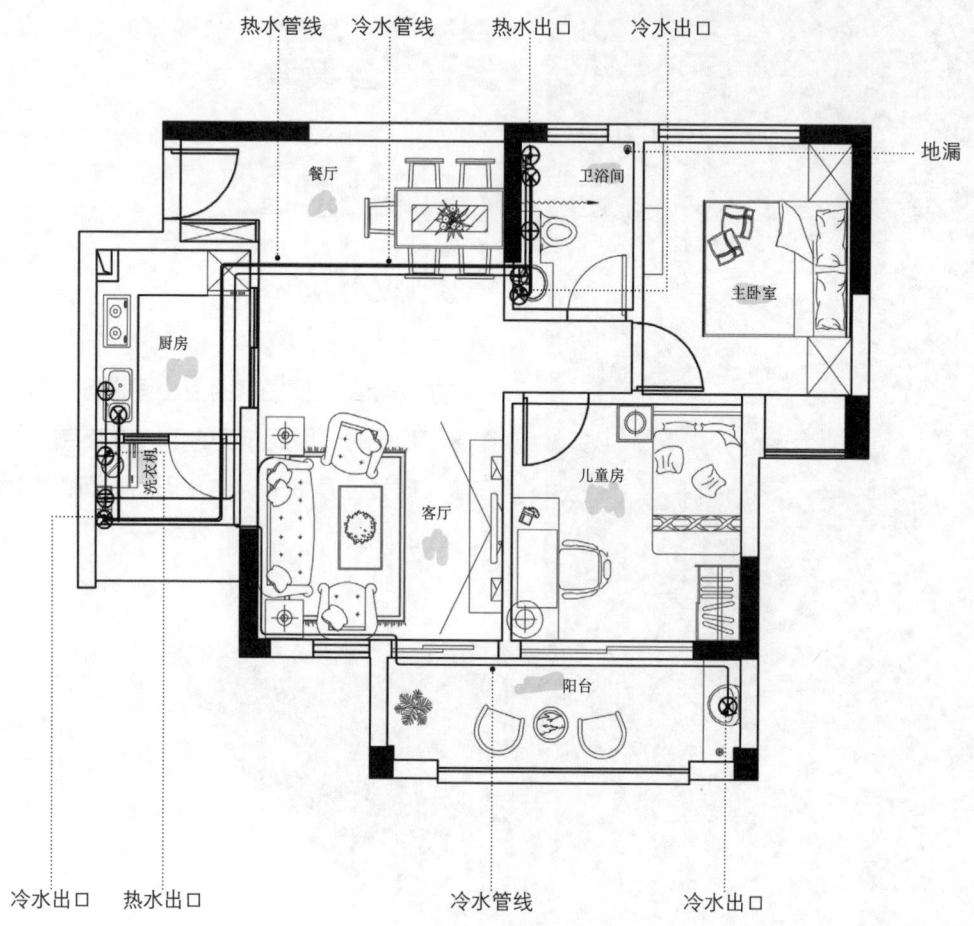

↑ 家装水路图

2. 水路施工常用工具

水路施工常用工具		
开槽机		开槽机，又称水电开槽机、墙面开槽机，主要用于墙面的开槽作业，一次操作就能开出施工需要的线槽，机身可在墙面上滚动，而且可通过调节滚轮的高度控制开槽的深度与宽度
冲击钻		冲击钻是一种打孔的工具，是依靠旋转和冲击来工作的。工作时钻头在电动机的带动下不断冲击墙壁打出圆孔
热熔机		热熔机是利用电加热方法将加热板的热量传递给上、下两片塑料加热件的熔接面，使其表面熔融，然后将加热板迅速退出，将上、下两片塑料加热件加热后的熔融面熔化、固化、合为一体的仪器
打压泵		打压泵是测试水压、水管密封效果的仪器。通常是打压泵的一端连接水管，另一端不断地向水管内部增加压力，通过压力的增加，测试水管是否存在泄漏问题
切割机		切割机的质量大、切割精度高、管口处理细腻，常用来切割民用建筑中的排水管道。切割机操作简单、实用性高，代替了传统的钢锯
管子割刀		管子割刀一般是 PVC、PPR 等塑管材料的剪切工具，主要用于辅助切割机和热熔机来完成水管的切割工作
激光水平仪		激光水平仪是一款家用五金装修工具，用于测量室内墙体、地面等位置的水平度和垂直度，可校正室内空间的水平度
墨斗		墨斗用于水路的定位和画线，确定两个点后进行弹线，是进行精确开槽定位的工具

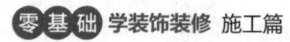

续表

水路施工常用工具			
扳手	扳手是一种常用的安装与拆卸工具，不同形状、型号的扳手可对应安装和拆卸各种螺栓 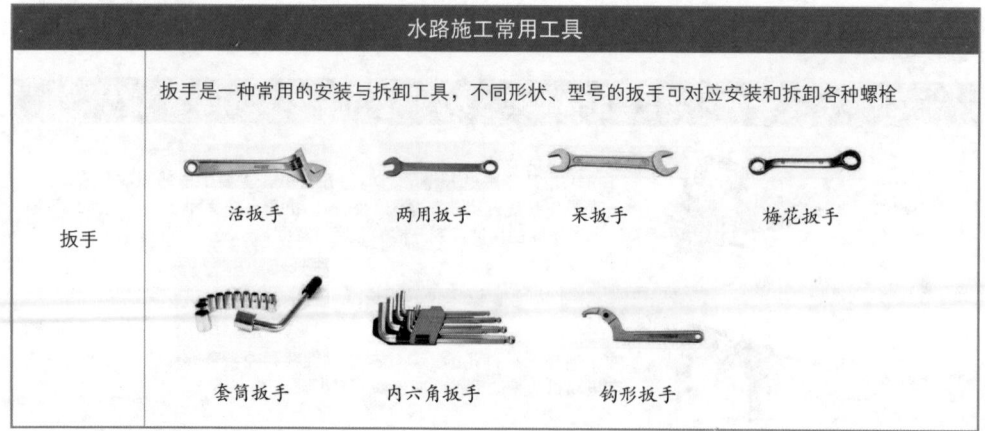 活扳手　　　两用扳手　　　呆扳手　　　梅花扳手 套筒扳手　　　内六角扳手　　　钩形扳手		

3. 水路施工流程

水路改造的施工步骤为：定位→画线→开槽→管线安装→打压测试→封槽→二次防水。其中，定位和画线是最为关键的两个步骤，会对后期的工程质量产生重要影响。

4. 水路施工作业条件

对原有水路进行打压测试，验收合格，装修所需各项手续办理完毕，室内墙体拆除或重建规划完成，确定住宅的供热水方式（是燃气供热水、电热水器，还是其他供热水方式），确定热水器的规格、尺寸及浴缸的种类（是普通浴缸还是按摩浴缸），提前预约水路工程师上门规划准确定位点，并做出工程量预算。

5. 水路施工注意事项

（1）避免使用过时管材

水路施工中，目前一般都采用 PP-R 管代替原有过时的管材，如铸铁、PVC 等。铸铁管由于会产生锈蚀问题，使用一段时间后容易影响水质，同时管材也容易因锈蚀而损坏。PVC 的化学名称是聚氯乙烯，其中含氯的成分对人体健康不好。PVC 管现在已经被明令禁止作为给水管使用，尤其是热水管更不能使用。如果原有水路采用的是 PVC 管，应该全部更换。

（2）冷、热水管不能同槽

水路铺设开槽是为了将管道隐藏在墙壁内，以增加室内美观度。但是现在钢筋水泥筑造的墙壁开槽十分不易，所以有些施工人员为了省事就在墙体上开个宽一些的槽，将冷、热水管安装在一起，这种做法是非常不可取的。

（3）卫生间水管安装注意事项

①安装前检查水管及连接配件的质量，最好设置一个总阀。

②冷、热水管要分开，不要靠得太近，淋浴水管高度在 1.8~2.1m 之间。

③水管走顶不走地，出水口要水平，一般都是左热右冷，布局走向要横平竖直。

④各类阀门的安装位置一定要便于使用和维修。

⑤水管要入墙，开槽的深度要够，冷水管和热水管不能在一个槽里。

⑥埋入墙体和地面的管道尽量不要使用连接配件，以防渗漏。

⑦淋浴混水阀的左、右位置要正确，连杆式淋浴器要根据房高及结合个人需要来确定出水口的位置。

⑧坐便器的进水口尽量安置在能被坐便器挡住视线的地方。

二、水路现场施工

1. 水路现场定位

首先查看进水管的位置，然后确定下水口的数量、位置，以及排水立管的位置。查看并掌握基本情况后再进行定位，定位的内容和顺序依次是冷水管走向、热水器位置、热水管走向，使用这种方式定位能够有效避免出现给水管排布重复的问题。

2. 水路画线与开槽

（1）画线

①在墙面标记出用水洁具、厨具（包括热水器、淋浴花洒、坐便器、小便器、浴缸，以及水槽、洗衣机等）的位置。通常来说，画线的宽度要比管材的直径宽10mm。墙面画线时要注意只能竖向或横向画线，不允许斜向画线；地面画线时需靠近墙边，转角保持90°。

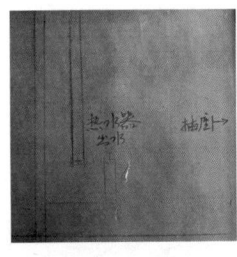

↑ 热水器的出水口距地高度为1700~1900mm

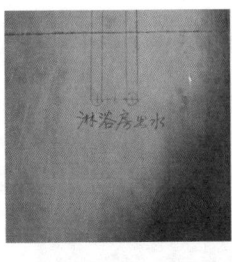

↑ 淋浴花洒的出水口距地高度为1000~1100mm

↑ 坐便器的出水口距地高度为250~350mm

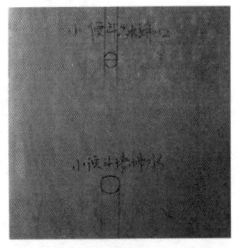

↑ 小便器的出水口距地高度为600~700mm

 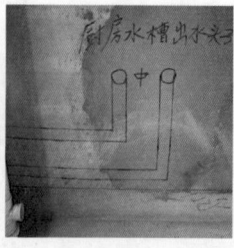 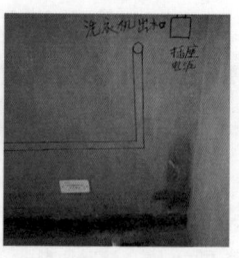

↑ 浴缸的出水口距地高 　↑ 水槽的出水口距地高 　↑ 洗衣机的出水口距地
　度为 750mm 　　　　　度为 500~550mm 　　　高度为 850~1100mm

②根据水电布置图确定卫浴间、厨房改造地漏的数量，以及新的地漏的位置；确定坐便器、洗手盆、洗菜槽、墩布池及洗衣机的排水管位置。

③将水平仪调试好，根据红外线用卷尺在两头定点，一般离地 1000mm；再根据这个点向其他方向的墙面标记点，最后根据标记的点弹线。

◎弹线技巧

① 弹长线的方法：先用水平仪标记水平线，然后在需要画线的位置的两端用粉笔标记出明显的标记点，再根据标记点使用墨斗弹线。

② 弹短线的方法：用水平尺找好水平线，一边移动水平尺，一边用记号笔或墨斗在墙面上弹线。

↑ 弹长线：墨斗弹线

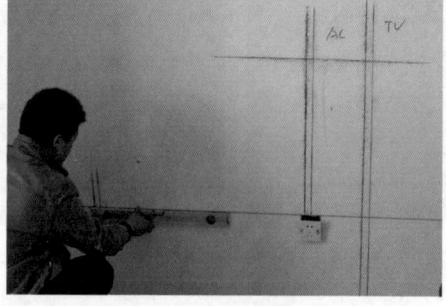

↑ 弹短线：用水平尺找好水平线

（2）开槽

①开槽施工之前，准备一个矿泉水瓶，在瓶盖上扎出小孔，灌满水。

冲击钻开槽

②使用开槽机顺着墙面的弹线痕迹，从上向下、从左向右开槽。在开槽过程中，使用矿泉水瓶不断向高速运转的切片上滋水，以防止开槽机过热，并减少切割过程中产生的粉尘。对于一些特殊位置、宽度的开槽，需要使用冲击钻。在使用过程中，冲击钻要保持垂直，不可倾斜或用力过猛。

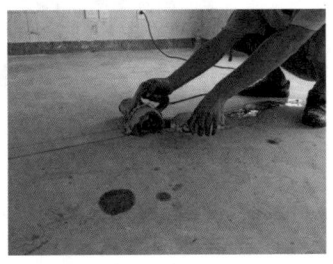
↑开槽机施工

↑冲击钻开槽

◎开槽尺寸

① 开槽深度尺寸：水管的开槽深度为 40mm。穿线管若选用 16mm 的 PVC 管，开槽深度为 20mm；若选用 20mm 的 PVC 管，开槽深度为 25mm。

② 水管的开槽宽度为 30mm，冷、热水管的开槽间距为 200mm 。

↑冷、热水管的开槽间距

↑水管的开槽宽度

3.PVC 排水管粘接

（1）管道标记

因为切割机的切割片有一定厚度，所以在管道上做标记时需多预留 2~3mm，从而确保切割管道长度的准确性。

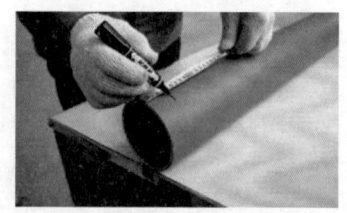

（2）切割管道

将标记好的管道放置在切割机中，并将标记点对准切片。开始切割管道，切割时要匀速、缓慢并确保与管道成 90°。切割后，迅速将切割机抬起，以防止切片过热烫坏管口。

（3）管口磨边

管口磨边是将刚切割好的管口放在运行中的切割机的切片上处理管口毛边的操作。磨边时用锉刀、砂纸处理。一些表面光滑的管道接面过滑，必须用砂纸将接面磨花、磨粗糙，从而保证管道的粘接质量。

（4）清洁管道

将打磨好的管道、管口用抹布擦拭干净，旧管件要先用清洁剂清洗粘接面，然后使用抹布擦拭干净。

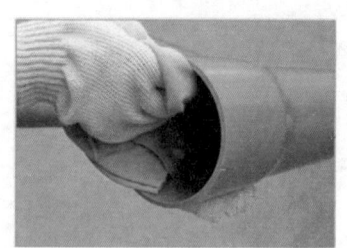

（5）在管件端口涂抹胶水

在管件内均匀地涂抹胶水，然后在两端口的粘接面上涂抹胶水。管件端口粘接面长约10mm，涂抹时要均匀并厚涂。

（6）粘接管道和配件

将管道轻微旋转着插入管件，完全插入后，需要固定 15s，胶水晾干后即可使用。

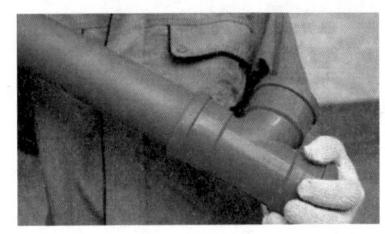

4. 管路敷设

给水管和排水管的敷设要分开进行。给水管敷设的长度长、难度大，遍布墙面、顶面、地面；排水管的敷设较为集中，主要分布在地面，敷设时的重点是坡度。

（1）给水管敷设

◎敷设顶面给水管

安装给水管吊筋、管夹，距离保持在 400~500mm 之间。转角处的吊筋、管夹可多安装 1~2 个。

敷设给水管。给水管与吊顶间的距离保持在 80~100mm 之间，与墙面保持平行；吊顶给水管需用黑色隔声棉包裹起来，以起到保温、减少噪声、防止漏水的作用。

◎敷设墙面给水管

墙面不允许大面积敷设横管，否则会影响墙体的稳固。

当水管穿过卫浴间或厨房的墙体时，需在离地面 300mm 的位置打洞，以防止破坏防水层。

给水管与穿线管之间应保持 200mm 的间距；冷、热水管之间需保持 150mm 的间距，左侧走热水，右侧走冷水。给水管需内凹 20mm，以方便后期封槽。

给水管的出水口需要用水平尺测量平整度，不可有高低、歪扭等情况。

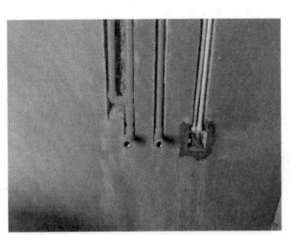

热水器冷、热水端头连接　　洗手盆冷、热水端头连接　　淋浴冷、热水端头连接

◎敷设地面给水管

当水管的长度超过 6000mm 时，需采用 U 形施工工艺。U 形管的长度不得低于 150mm，不得高于 400mm。

地面管道发生交叉时，次管道必须通过安装过桥敷设在主管道的下面，使整体管道的分布保持在水平线上。

（2）排水管敷设

◎敷设坐便器排污管

要改变坐便器排污管的位置，最好的方案是从楼下的主管道修改。

坐便器改墙排时需在地面开槽，然后预埋排水管的 2/3 进去，并保持轻微的坡度。墙面不需要开槽，使用红砖、水泥砌筑包裹起来即可。

坐便器排污管距离讲解

在安装下沉式卫生间中的坐便器排污管时，需具有轻微的坡度，并用管夹固定。

◎敷设面盆、洗菜槽排水管

洗菜槽排水管要靠近排水立管来安装，并预留存水弯。墙排式面盆的排水管高度需预留在 400~500mm 之间。

普通面盆的排水管的安装位置距离墙边 50~100mm。

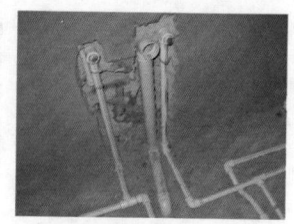

◎敷设洗衣机、墩布池排水管

洗衣机排水管不可紧贴墙面，需预留 50mm 以上的宽度。洗衣机旁边需预留地漏下水，以防止阳台积水。

墩布池下水不需要预留存水弯，通常安装在靠近排水立管的位置。

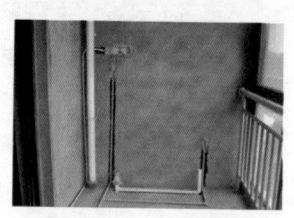

◎敷设地漏排水管

同一房间内的地漏排水管的粗细需保持一致，并敷设统一排水管道。

5. 水管打压测试

①打压试水时应首先关闭进水总阀门；然后逐一封堵给水管端口，封堵的材料需保持一致；再用软管将冷、热水管连接起来，形成一个圈，以保证封闭性。

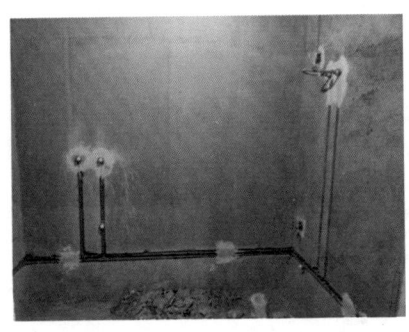

↑封堵给水管端口

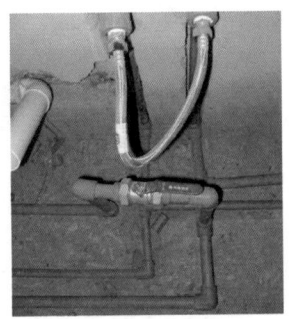

↑软管连接冷、热水管

② 用软管一端连接给水管，另一端连接打压泵。在打压泵容器内注满水，调整压力指针至 0 的位置。在测试压力时应使用清水，避免使用含有杂质的水来进行测试。

③ 按压压杆使压力表指针指向 0.9 ~ 1.0（此刻压力是正常水压的三倍），保持这个压力一段时间。不同管材的测压时间不同，一般在 30min ~ 4h 之间。

↑连接打压泵

↑水管测压

④ 测压期间要逐一检查堵头、内丝接头，看其是否渗水。在规定的时间内，打压泵压力表的指针没有丝毫下降，或下降幅度保持在 0.1 以内，说明测压成功。

6. 封槽

搅拌水泥的位置需避开水管，选择空旷、干净的地方。搅拌水泥之前，需将地面清理干净。水泥与细砂的比例应为1：2。

封槽应从地面开始，然后封墙面；先封竖向凹槽，再封横向凹槽。水泥砂浆应均匀地填满水管凹槽，不可有空鼓。待封槽水泥快风干时，检查表面是否平整。若发现凹陷，应及时补封水泥。

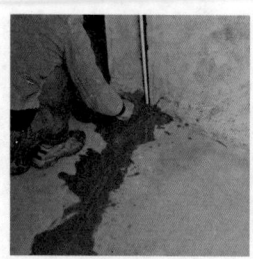
↑封槽施工

↑封槽完成

7. 二次防水施工

所有步骤完成后，对于用水的空间（如卫浴间和厨房）需要进行二次防水处理，以避免用水时渗漏到楼下。

①修理基层。如果墙面有明显凹凸、裂缝、渗水等现象，可以使用水泥砂浆修补，阴、阳角区域也要修理平直。若是下沉式的卫浴间，需要使用砂石、水泥将地面抹平。

↑下沉式卫浴间的地面抹平

②清理墙、地面。使用铲刀等工具铲除墙、地面的疏松颗粒，以保持表面的平整。可以使用扫帚将灰尘、颗粒清理出房间，然后用水润湿墙、地面，以保持表面的湿润，但不能留有明水。

③搅拌防水涂料。先将液料倒入容器中，然后将粉料慢慢加入，同时充分搅拌3～5min，直至形成无生粉团和颗粒均匀的浆料。如果用搅拌器搅拌，则应保持同一方向搅拌，不可反复逆向搅拌，搅拌完成后的防水涂料应均匀、无颗粒。

搅拌防水涂料

④ 涂刷应均匀，不可漏刷。转角处、管道变形部位应加强防水涂层，以杜绝漏水隐患。涂刷完成后，表面应平整、无明显颗粒，阴、阳角保证平直。

第一遍涂刷防水涂料

↑ 管道变形部位加固涂刷

⑤ 施工 24h 后，用湿布覆盖涂层或用喷雾洒水对涂层进行养护。施工后完全干涸前应采取禁止踩踏、雨水淋湿、曝晒、尖锐损伤等保护。

↑ 防水涂刷完成

8. 闭水试验

闭水试验

① 防水施工完成 24h 后，进行闭水试验。

② 封堵地漏、面盆、坐便器等排水管端口。封堵材料最好选用专业保护盖，没有的情况下可选择废弃的塑料袋。

③ 在房间门口用黄泥土、低等级水泥砂浆等材料砌筑 150 ～ 200mm 高的挡水条；也可以先用红砖封堵门口，然后再涂刷水泥砂浆。

↑ 水泥砂浆挡水条

④ 蓄水深度保持在 50 ~ 200mm，并做好水位标记。蓄水时间保持 24 ~ 48h。

⑤ 第一天闭水后应检查墙体与地面，看水位线是否有明显的下降，并仔细检查四周墙面和地面有无渗漏现象。第二天闭水后，需全面检查楼下天花板和屋顶管道周边位置有无渗水现象。

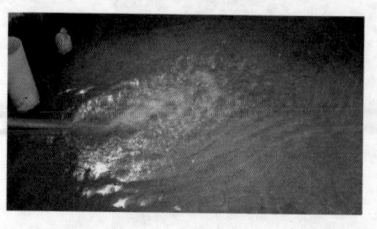

↑ 开始蓄水

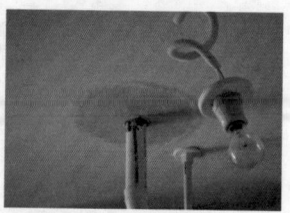

↑ 渗水印记表示防水层不合格

三、水路施工验收与常见问题

1. 现场验收

（1）水路施工过程中的验收

① 检查材料是否符合卫生标准和使用要求，型号、品牌是否与合同相符。

② 定位画线后，检查定位及线路的走向是否符合图纸设计，有无遗漏项目。

③ 检查槽路是否横平竖直、槽路底层是否平整、无棱角。

④ 检查水管的敷设是否符合图纸和规范要求，连接件是否牢固、无渗水，阀门、配件的安装是否正确、牢固。

⑤ 水管嵌入墙体的长度不小于 15mm，出水口的水平高差应小于 3mm。

⑥ 进行打压测试，主要检测管路有无渗水情况。如有泄压，先检查阀门；如阀门没有问题，再查看管道。

⑦ 检查二次防水的涂刷是否符合要求，装有地漏的房间的坡度是否合格。

⑧ 进行闭水试验后，检查防水处理是否到位，有无渗水。

（2）收尾阶段的验收

① 坐便器的下水是否顺畅，冲水水箱是否有漏水的声音。

② 地漏的安装是否牢固，与地面的接触是否严密。用乒乓球检测一下地漏的坡度，看乒乓球是否能从各个角度滚动到地漏的位置。

③ 浴缸、坐便器、面盆处是否有渗漏。

④ 各个水龙头的安装是否正确，能否正常使用；水管内是否有水，水有无杂质、

有无堵塞。

⑤ 打开风暖、灯暖及排气系统，看是否能够正常运转。

⑥ 检查水管及洁具上是否有未清理干净的水泥等难以去除的污物。

2. 常见问题解析

（1）管路开槽"走顶不走地，走竖不走横"的原因是什么？

具体原因可分为如下三点。

①地下有很多暗埋的管道和电线，如果破坏了原来的地下管道会非常麻烦；在后期装修过程中，如果电钻破坏水管，会影响安全。

②水管走地不易发现，因为水是向低处流的，漏水的地方不一定先流出水，只有当水漏到楼下或室内积水时，才会发现漏水；但由于是暗管，也无法立刻找到漏水的地方，所以损失会相当大。水管走顶，厨房、卫浴间可以用铝扣板吊顶遮住管道，在穿墙过玄关部分沿边角走并用石膏线包上，不影响美观。

③当水管走顶引到卫浴间时，遇到需要出水的地方，开竖槽向下到合适的高度，预留好花洒、面盆、洗衣机等出水口。这样做的好处是，当贴砖完工后，可以根据出水口的位置判断水管的走向，即所有的水管均在出水口位置垂直向上，从而避免水管基于任何原因被破坏，而且一旦发生漏水，便于维修。

↑卫浴间水管走顶施工

（2）坐便器排水管可以移动位置吗？

坐便器排水管是可以位移的。一般移动坐便器位置 100mm 左右，可以使用专用坐便器移位器。因为移动距离不是很大，所以不会发生堵塞的情况。

如果要移动的距离更远一些，超出专用坐便器移位器可使用范围，那么在改造管道的同时必须抬高卫浴间地面并且加个存水弯，存水弯用于防止臭气回流。因为排水管的直径一般为 110mm，所以地面至少要抬高 120mm，为水泥砂浆的砌筑和下水管坡度留出余地。

↑坐便器排水管抬高

（3）冷、热水管可以同槽敷设吗？

不可以。专业人员曾经做过试验，将长 20m 的冷、热水管安装在一起，然后在冷、热水都正常循环的前提下，测试热水器端口的水温与热水管末端的水温，热水器端口的水温是 80℃，到了热水管末端变成 70℃，经过 5min 后，热水管末端的温度就只有 55℃了。冷、热水管分开再测试时，显示热水管末端的温度为 78℃。这说明冷、热水管安装在一起，热水的温度损失得非常快。冷、热水管开槽的间距需要根据水管的直径来确定，通常四分管的槽间距要达到 2cm 以上。

↑冷、热水管保持一定的距离

第八章

暖气施工
与验收

　　暖气施工是北方装修施工中必要的一环。工程较为隐蔽，一旦发生问题，修复会较为困难，尤其是地暖系统。因此，要注意严格按照施工要求进行施工。

一、暖气施工基础知识

1. 暖气施工作业条件

①安装地暖系统前，必须保证整个房间水电施工完毕且通过验收。

②保证施工区域平整、清洁，没有影响施工进行的设备、材料、杂物。

③施工的环境温度条件不宜低于 5℃。

④应避免与其他工种进行交叉作业，并且确保预留好后期需要的孔洞。

⑤分水器、集水器上均要设置排气阀，以避免冷、热压差或补水等造成的气泡影响系统运行。

⑥分水器、集水器内径不应小于总供水管、总回水管内径，并且最大断面流速不宜大于 0.8m/s。每个分水器、集水器的分支环路不宜超过 8 个。

2. 暖气施工常用工具

暖气施工的常用工具大部分都是水路施工的常用工具，也有部分是暖气施工才特有的工具。

暖气施工常用工具		
分水器扳手		分水器扳手主要用于地暖集、分水器部件的拧紧加固。分水器扳手的形状为一侧开口的五角形结构，两头分别有两种对应型号。根据不同的集、分水器大小，有多种不同的对应型号的分水器扳手，常见的有 27-28、27-29、34-38 三种型号
地暖放管器		地暖放管器是一种可折叠的便携式工具，撑开后呈雨伞形状，将地暖管套入上面的旋转装置，一人便可以从事地暖管铺装施工，节约了人工成本。地暖管不会出现扭曲、打折、较劲等现象，同时可以不受损伤
手动卡压钳		手动卡压钳用于铝塑管、PEX 管（交联聚乙烯管）、PB 管（聚丁烯管）等与铜管件、铜接头的压接，通过和标准的压接模具配合使用，施加机械力于管件上，形成不透水的永久密封。手动卡压钳的压接模具有多种不同的型号，常见的有根据内壁直径划分的 16mm、20mm、25mm、26mm 四种型号

二、暖气现场施工

1. 水地暖施工

地暖铺设施工

步骤一 铺设保温板

① 使用专用乳胶沿墙体粘贴边角保温板，要求粘贴平整、搭接严密。

② 底层保温板的接缝处要用胶粘贴牢固，上面需铺设铝箔纸或粘一层带坐标分格线的复合镀铝聚酯膜，铺设要平整。

步骤二 铺设反射铝箔层

先铺设铝箔层，在搭接处用胶带粘住。铝箔层的铺设要平整、无褶皱，不可有翘边等情况。

步骤三 铺设钢丝网

① 在铝箔纸上铺设一层 ϕ2mm 的钢丝网，间距为 100mm×100mm，规格为 2m×1m，铺设要平整、严密，钢丝网间用扎带捆扎，不平或翘曲的部位用钢钉固定在楼板上。

② 如果是设计防水层的房间（如卫浴间、厨房等），在固定钢丝网时不允许打钉，管材或钢丝网翘曲时应采取措施防止管材露出混凝土表面。

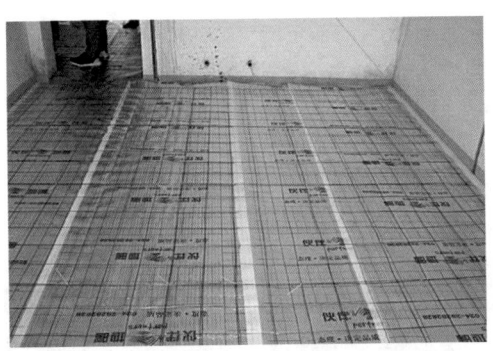
↑铺设钢丝网

步骤四 敷设地暖管

① 要用管夹固定地暖管，固定点间距不大于 500mm（按管长方向），大于 90°的弯曲管段的两端和中点均应固定。

② 地暖安装工程的施工长度超过 6m 时，一定要留伸缩缝，以防止在使用时由于热胀冷缩而导致地暖管龟裂，从而影响供暖效果。

步骤五 安装分、集水器

① 将分、集水器水平安装在图纸指定的位置，分水器在上，集水器在下，间距为200mm，集水器中心距地面高度不小于300mm。

② 需要保护安装在分、集水器上的地暖管，建议使用保护管和管夹。地暖分水器的进水处需装设过滤器，以防止异物进入管道，水源要用清洁水。

步骤六 进行压力测试

① 检查加热管有无损伤、间距是否符合设计要求，然后进行水压测试。

② 测试压力为工作压力的 1.5 ~ 2 倍，但不小于 0.6MPa。稳压 1h 内压力降不大于 0.05MPa，且不渗不漏为合格。

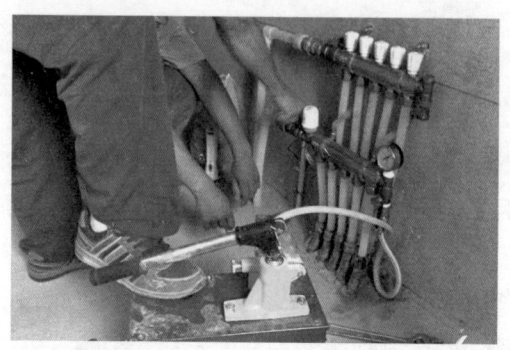

↑ 压力测试

步骤七 浇筑填充层

地暖管验收合格后，回填细石混凝土，加热管保持不小于 0.4MPa 的压力；垫层用人工抹压密实，不得用机械振捣，不许踩压已敷设好的管道，垫层养护期结束后才可泄压。

↑ 回填细石混凝土

↑ 人工抹压密实

2. 电地暖施工

步骤一 铺设保温板

先清扫地面，然后铺设保温板，以防止热量向下传递。与水地暖中铺设保温板的步骤相同。

↑铺设保温板

步骤二 铺设反射膜

保温板铺好后铺设反射膜，反射膜的作用是将热量向上反射。

步骤三 铺设硅晶网

在铺设硅晶网时，网头处应用捆扎带（或塑料卡钉）捆扎牢固，钢丝网之间应搭接并绑扎固定。硅晶网的作用是防止发热电缆发热后陷入到保温层里面去，另外也能加强水泥层的牢固度。

步骤四 铺设发热电缆

注意发热电缆不能随意裁剪或拼接，必须整卷铺完，所以铺设之前一定要算好间距。间距计算方法是：铺设的面积/发热电缆的长度。这里的铺设面积是指发热电缆实际要铺设地方的面积。比如一个房间量出来是 15m²，但是衣柜下面不铺，那就要减去衣柜的面积。假定衣柜面积是 1m²，那么实际铺设面积就是 14m²，然后再去除以电缆的长度。

注意： 发热电缆不能铺设在衣柜、书柜等与地面没有悬空空隙的家具下面，否则热量散发不出来会烧坏电缆。

↑铺设发热电缆

步骤五

等装修进入最后阶段，通电后安装温控器及调试。

3.散热片安装施工

步骤一 散热片组对

① 组对前应根据散热片型号、规格及安装方式进行检查核对，并确定单组散热片的中片和足片的数目。

② 用钢丝刷除净对口及内螺纹处的铁锈，并将散热片内部的污物倒净，右旋螺纹（正螺纹）朝上，按顺序涂刷防锈漆和银粉漆各一遍，并依次码放（螺纹部分和连接用的对丝也应除锈并涂上润滑油）。每片散热片上的各个密封面应用细纱布或断锯条打磨干净，直至露出全部金属本色。

③用石棉橡胶垫片组对时，应用润滑油随用随涂。

④按统计表的片数及组数选定合格的螺纹堵头、对丝、补心，试扣后进行组装。

⑤柱形散热片组对的一般规则是，14 片以内用两个足片（即两片带腿），15~24 片用 3 个足片，25 片以上用 4 个足片，并且均匀安装。

⑥组对时按两人一组进行。将第一片散热片足片（或中片）平放在专业组装台上，使接口的正丝口（正螺纹）向上，以便于加力。拧上试扣的对丝 1 ~ 2 扣，试其松紧度。套上石棉橡胶垫，然后将另一片散热片的反丝口（反螺纹）朝下，对准后轻轻落在对丝上，注意散热片的顶部对顶部，底部对底部，不可交叉对错。

⑦插入钥匙，用手扭动钥匙开始组对。先轻轻按加力的反方向扭动钥匙，当听到有入扣的响声时，表示右旋、左旋两方向的对丝均已入扣；然后换成加力的方向继续拧动钥匙，使接口右旋和左旋方向的对丝同时旋入螺纹锁紧〔注意同时用钥匙向顺时针（右旋）方向交替地拧紧上、下的对丝〕，直至用手拧不动，再使用力杠加力，到垫片压紧挤出油为止。

⑧按照上述方法逐片组对，达到需要的数量为止。

⑨放倒散热片，再根据进水和出水的方向，为散热片装上补心和堵头。

⑩将组对好的散热片运至打压地点。

步骤二 散热片安装固定

①先检查固定卡或托架的规格、数量和位置是否符合要求。

②参照散热片外形尺寸图纸及施工规范，用散热片托钩定位画线尺、线坠，按要求的托钩数分别定出上、下各托钩的位置，放线、定位做出标记。

③托钩位置定好后，用錾子或冲击钻在墙上按标记的位置打孔。要求固定卡孔洞的深度不少于 80mm，托钩孔洞的深度不少于 120mm，现浇混凝土墙的孔洞深度不少于 100mm。

④用水冲洗孔洞，在托钩或固定卡的位置定点挂上水平挂线，栽牢固定卡或托钩，使钩子中心线对准水平线，经量尺校对标高准确无误后，用水泥砂浆抹平压实。

⑤落地安装散热片。将带足片的散热片抬到安装位置，稳装就位，用水平尺找正、找直。检查散热片的足片是否与地面接触平稳。散热片的右螺纹一侧朝立管方向，在散热片固定配件上拧紧。

⑥安装散热片托架。如果将散热片安装在墙上，应先预制托架，待安装托架后，将散热片轻轻抬起落坐在托架上，用水平尺找平、找正、垫稳，然后拧紧固定卡。

↑安装散热片

步骤三 散热片单组水压测试

①将组好对的散热片放置稳妥，用管钳安装好临时堵头和补心，安装一个放气阀，连接好试压泵和临时管路。

②试压时先打开进水截止阀向散热片内充水，同时打开放气阀，将散热片内的空气排净，待灌满水后关上放气阀。

③散热片水压试验。如果设计无要求，则压力应为工作压力的 1.5 倍，并且不小于 0.6MPa。试验时应关闭进水阀门，将压力打至规定值，恒压时间为 2~3min，压力没有下降并且不渗不漏者即为合格。

三、暖气施工验收与常见问题

1. 现场验收

（1）现场施工中的验收

①检查材料是否符合卫生标准和使用要求，型号、品牌是否与合同相符。

②检查每一步的铺设操作区域是否有遗漏，以及铺设是否符合标准。

③检查散热片的安装是否符合要求，连接处是否牢固、无渗水。

（2）收尾阶段的验收

①将试验管道末端封堵，缓慢注水，同时将管道内气体排出。

②注满水后，进行水密性检查。

③加压宜用手动泵缓慢升压，升压时间不得少于 10min。

④升至规定试验压力后（试验压力升至工作压力的 1.5 倍，不小于 1.0MPa，如果暖气片系统的工作压力较大，试验压力要相应增加），停止加压，稳压 1h，压力降不得超过 0.06MPa。在 30min 内，允许两次补压，升至规定试验压力。

⑤在工作压力的 1.15 倍状态下（工作压力一般不大于 0.6MPa，试验压力为 0.8MPa 即满足要求），稳压 2h，压力降不得超过 0.03MPa，同时检查各连接处无渗、无漏为合格。

2. 常见问题解析

（1）铺设地暖后，房间地面会加高多少？

地暖找平层、防潮层、隔热层、反射层、硅晶网、电缆、装饰面层的总厚度在 8～11cm，对层高的影响不大。

（2）暖气施工在施工过程的哪一阶段进行？

在水电施工完成并经过验收后，暖气施工的工具、材料等再进场。暖气施工应避免与其他工种进行交叉施工作业，否则有可能导致配合困难或责任不明，进而耽误工期，施工质量也难以保证。施工区域地面应平整、清洁，无裸露的钢筋、水电管线及任何影响施工进行的设备、材料、杂物等。

第九章

泥瓦工程
与验收

　　泥瓦施工是室内装修施工的重要内容。墙体、地面是人们生活中经常接触、清洗的部分，因此，泥瓦施工的质量直接影响室内装修施工的效果。泥瓦施工主要包括墙体砌筑、地面找平、瓷砖铺贴等。

一、泥瓦工程基础知识

1. 泥瓦工施工图纸的识读

　　墙体的砌筑标识通常会在墙体新建图中以不同的填充形式来体现。由于填充形式的表达方式并未统一，一般在图纸中标注其填充形式的含义。

新建墙体 ....

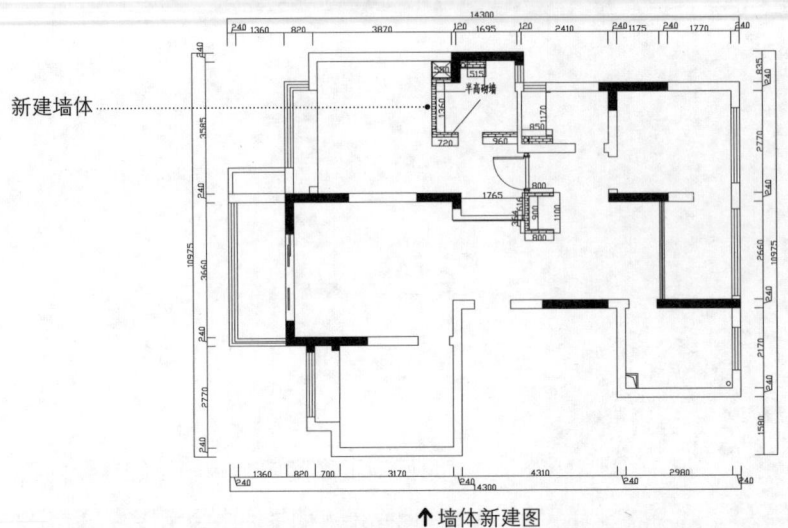

↑ 墙体新建图

　　地面布置图主要是用于分辨地面铺装的不同材料和规格。在形式较少的情况下，可以将地面铺装的材料和规格直接标注在地面布置图中；若是形式较多，可以在图纸的材料列表中进行说明。

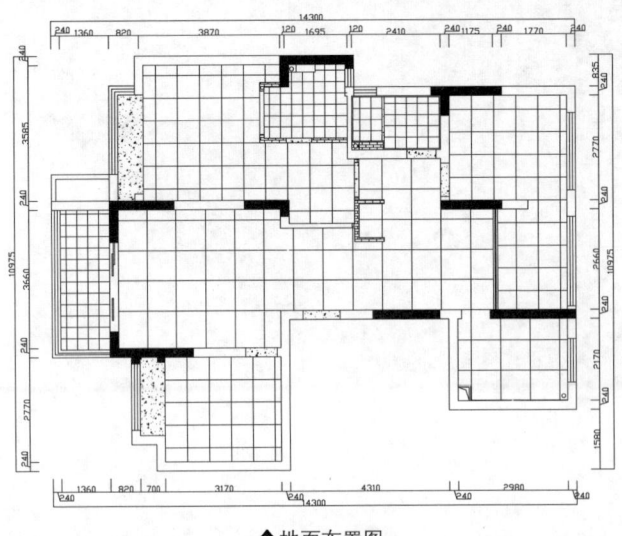

↑ 地面布置图

2. 泥瓦工常用工具

泥瓦施工常用工具		
水泥桶		用于专门盛装水泥的塑料桶，一般桶壁较厚、耐磨度高，有较好的柔软度，并且不易断裂，把手一般由钢丝制成
抹泥刀		抹泥刀又名抹泥板，是泥瓦工工具，由刀体和刀柄组成，是抹平填敷泥灰的工具。抹泥刀按材质分为碳钢、锰钢和不锈钢抹泥刀等；按形状分为带齿抹泥刀（尖齿、方齿、弧形齿）和平边抹泥刀等
手铲		简称铲子，由不锈钢和木手柄制作而成，常搭配抹泥刀共同使用，用于地砖、墙砖的铺贴和砌筑
靠尺		靠尺是一种检测工具，主要用于检测墙砖、地砖的铺贴平整度、垂直度等
角尺		角尺是一种具有圆周度数的角形测量绘图工具（三角尺），用于测量墙砖和地砖的阴、阳角的垂直度和平直度
云石机		云石机也称石材切割机、手持切割机，是用来切割石料、瓷砖、木料等材料的机器。可根据不同的切割材质选用相应的锯片。云石机的大握把设计使双手握持更舒适
吊线坠		又称吊砣、铁砣，主要用于瓦工贴墙砖中的吊线以测量垂直度，保证墙砖铺贴平直
手动瓷砖推刀		手动瓷砖推刀，又称手动自测型瓷砖切割机、手动瓷砖划刀、手动瓷砖切割机、手动瓷砖拉机等，主要用于切割硬度较高的瓷砖，可避免发生崩边的情况
飞机钻		飞机钻属于电钻的一种，转速较慢，功率较大，主要用于水泥和腻子粉的搅拌。通过飞机钻搅拌出来的水泥砂浆更加细腻、均匀

3. 泥瓦工施工作业条件

拆除工程所留下的垃圾全部清理完毕，保证有足够空间放置水泥等常用工具，以方便施工的快速进行。在施工人员全部进场前，检查水泥、石材、砖材、木材等材料的质量，进行进场验收，以保证材料的质量。

二、泥瓦工程现场施工

1. 砌筑施工

墙体砌筑主要分为两种不同的形式，一种是砖体墙砌筑，另一种是轻质隔板墙砌筑。两种砌筑形式的材料和施工工艺不尽相同，相比较而言，砖体墙砌筑更常规。

砌筑施工

（1）砖体墙砌筑

步骤一 砖浇水养护

在砌筑施工的前一天，应用水管对砖体浇水湿润。一般以水浸入砖四边 1.5cm 为宜，不可在同一位置反复浇水，浇水量不可过大，以含水率 10% ～ 15% 为宜。在新砌墙体与原结构接触处需浇水润湿，以确保砖体粘接牢固。

↑ 新砌墙体与原结构接触处浇水润湿

步骤二 挂线

在预计施工的区域放置垂直和水平的基准线，以确保砌砖过程中不会发生倾斜，这一施工步骤被称为挂线。

↑ 放垂直基准线

↑ 放水平基准线

步骤三 墙体拉结钢筋

墙体拉结钢筋的作用是增强房屋的整体性和协同性，对于避免房屋由于不均匀沉降和温度变化而引起的墙体裂缝具有一定的作用。新砌墙体时，在原墙体上从下至上每隔 60cm 处植入一道钢筋（两根），植筋布入新墙体的深度不得小于 500mm。

步骤四 砌筑

① 砌砖宜采用一铲灰、一块砖、一挤揉的"三一"砌砖法，即"满铺满挤"操作法。一定要按照"上跟线，下跟棱，左右相邻要对平"的方法砌筑。

② 水平灰缝宽度和垂直灰缝宽度一般为 10mm，但不应小于 8mm，也不应大于 12mm。

③ 砌筑砂浆应随搅拌随使用。水泥砂浆必须在 3h 内用完；水泥混合砂浆必须在 4h 内用完。不得使用过夜砂浆。

↑砌筑完成效果

④ 当墙体砌筑至楼板或梁的底部时应采用顶部砖斜砌工艺，这样不仅可以提高墙体的稳定性，还能解决墙体上方易开裂的问题。

⑤ 墙体下方做防潮止水梁，通常在潮湿区域的高度为 300mm，在非潮湿区域的高度为 180 ～ 200mm。止水梁不仅能够提高墙体的稳定性，还能够解决地面与墙体下方防潮、防渗、防霉的问题。

步骤五 安装门洞过梁

新砌墙体的门洞必须使用预制过梁或者内置钢筋的现浇过梁。过梁与墙体的搭接长度不得小于 150mm，以 200mm 为宜，以确保不会因为门头下沉造成门闭合不畅。

步骤六 挂网

有些墙体需要挂网，如新砌墙体、新旧墙面的连接处、轻质隔墙、红砖墙、墙面开槽处等。

↑安装门洞过梁

↑挂网剖面图

步骤七 抹灰

① 做灰饼：在墙面的一定位置涂抹砂浆团，以控制抹灰层的平整度、垂直度和厚度。

② 标筋（也称冲筋）：在上、下灰饼之间抹上砂浆带，同样起控制抹灰层平整度和垂直度的作用。

③ 通常抹灰分为三层，即底灰（层）、中灰（层）、面灰（层）。抹面灰之前，应先检查底层砂浆有无空裂现象，如有空裂，应剔凿返修后再抹面灰。另外，应注意底层砂浆中是否有尘土、污垢等，应先进行清净、浇水湿润，之后方可抹面灰。

↑抹灰

（2）GRC 轻质隔墙砌筑

步骤一 切割隔墙板

GRC 轻 质 隔 墙 板 的 宽 度 在 600 ～ 1200mm 之 间，长 度 在 2500 ～ 4000mm 之间。将所购买的隔墙板预排列在墙面中，并根据其尺寸计算用量，多余的部分使用手持电锯切割掉。

步骤二 定位放线

① 使用卷尺测量 GRC 轻质隔墙板的厚度。常见的隔墙板厚度有 90mm、120mm、150mm 三种规格。

↑GRC 轻质隔墙板

② 在砌筑 GRC 轻质隔墙板的轴线上弹线，按照隔墙板厚度弹双线，分别固定在上、下两端。

步骤三 安装

① 无门洞口时，由外向内安装；有门洞口时，由门洞口向两边安装。门洞口边应使用整板。

② 将条板侧抬至梁、板底面弹有安装线的位置，将黏结面用备好的水泥砂浆全部涂抹，两侧做八字角。

③ 竖板时，一人在一边推挤，一人在下面用撬棍撬起，挤紧缝隙，以挤出胶浆为宜。在推挤时，注意板面找平、找直。

④ 安装好第一块条板后，要检查黏结缝隙的大小，以不大于 15mm 为宜。合格后，用木楔楔紧条板底、顶部，用刮刀将挤出的水泥砂浆补齐刮平；然后以安装好的第一块板为基础，按第一块板的方法开始安装整墙条板。

↑ 完成图

（3）包立管

包立管即包管道井，是指为所有上、下水管进行防结露、保温及隔声处理。包立管的目的一是美观，二是隔声。

步骤一 清理基层

包立管前要先清理基层，以保证基层整洁。同时，基层和砌筑用的砖体需要提前润湿。

步骤二 浇筑止水梁

根据墙体厚度和位置用水泥砂浆浇筑反梁并进行维护。

步骤三 包消音棉

将上、下水管用消音棉包裹，保留水管检修口，然后使用柔性绷带再次包缠已进行隔声处理的水管，固定好消音棉，防止日久脱落。这种组合方式的吸声降噪效果较好，同时能够缓和水管内外的温差，降低管壁表面结露的概率，具有较好的防潮功能。

步骤四 砌筑砖墙

严禁使用将碎砖块与水泥砂浆直接填塞缝隙的方式包管道。砌筑方式为砖体内侧贴管道错缝砌筑，直角处轻体砖槎接，各交界面灰浆填充饱满，管道应预留检修口。

↑ 砌筑砖墙

步骤五 定位固定钢筋

拉墙筋时要将钢筋隐藏在砖体之中，每500mm的距离需加固一道，防止砖体收缩伤害到管道，并保证砖体与管道之间保持10mm的收缩缝。

步骤六 固定钢丝网

钢丝网要满挂，按照从上到下、从阳角到两边的顺序施工；要一边挂网，一边固定，以防止钢丝网脱落。需要注意的是，砌体与原墙体交接处或阴角处的钢丝网搭接宽度不得小于100mm。

↑ 固定钢丝网

步骤七 粉刷砂浆

包立管时，粉刷砂浆需要分层进行。在固定好钢丝网后，先涂刷一层水泥砂浆，再涂抹防水层（防水层要涂抹两遍），最后涂刷一层水泥砂浆以便进行后续施工。

↑ 粉刷砂浆

步骤八 铺贴饰面材料

在涂刷完砂浆之后要先阴干，再进行饰面处理操作。饰面处理既可以铺贴墙砖，也可以涂刷乳胶漆。涂刷乳胶漆时要先进行石膏找平处理。

2. 地面找平施工

地面找平有两种工艺，一种是采用水泥砂浆找平，厚度较厚，找平的效果较理想；另一种是采用自流平找平，厚度较薄，施工便捷，但是对基层的平整度要求较高。若基层的坡度较大、坑洼处较多，则不适合采用自流平工艺找平。

（1）水泥砂浆找平

步骤一 施工准备

对水泥的要求：必须是强度等级为 32.5 的普通硅酸盐水泥。

对砂的要求：必须为中砂，并且含砂量不应大于 3%，不得含有有机杂质。

步骤二 基层清理

① 在水泥砂浆找平前要先清理基层。首先要清扫结构表面的松散杂物；然后用钢丝刷将基层表面突出的混凝土渣和灰浆皮等杂物刷掉，同时要适当剔凿基层表面局部过高的地方；最后，如果有油污，可用 10% 的火碱水溶液清除，并用清水及时将碱液冲洗干净。

↑ 基层清理后的地面

② 抹水泥砂浆前，应适当在基层上面洒水浸润，以保证基层与找平层之间接触面的黏合度。

步骤三 墙面标记

① 从墙高 1m 处水平向下量出面层的标高，并弹在墙面上。

② 根据房间四周墙上弹出的面层标高水平线，确定面层抹灰的厚度，然后拉水平线。

↑ 弹线

步骤四 铺设水泥砂浆

① 在铺设水泥砂浆前要涂刷一层水泥浆，涂刷面积不要太大；然后要立即铺设水泥砂浆，在灰饼之间将砂浆铺设均匀即可。

② 用木刮杠刮平之后，要立即用木抹子搓平，并随时用两米靠尺检查平整度。用木抹子搓平之后，立即用铁抹子压第一遍，直到出浆为止。待浮水下沉后，以人踏上去有脚印但不下陷为准，再用铁抹子压第二遍即可。找平层的铺设厚度要均匀到位，以免找平层空鼓、开裂，水泥要稳定，抹压程度适当。

↑ 木刮杠刮平

↑ 靠尺检测平整度

步骤五 养护

地面压光完工 24h 以后，要铺锯末或者其他材料进行覆盖并洒水养护以保持湿润，养护时间不少于 7 天。养护要准时，不得过人踩踏，以防止起砂。

（2）水泥自流平找平

水泥自流平地面所用黏结材料一般为普硅水泥、高铝水泥、硅酸盐水泥等。自流平地面是指黏结材料加水后形成自由流动的浆料，根据地势的高低不平，在地面上迅速展开，从而获得高平整度的地坪。

步骤一　地面测量

用卷尺对地面进行准确的面积测量，以核定产品的使用量。用两米靠尺和楔形尺对地面进行随机检测，并在测绘图及地面上标注地面平整度、混凝土强度，以及起砂、裂缝等情况，进一步完善施工方案。

步骤二　基层表面处理

一般毛坯地面上会有凸起的地方，需要将其打磨掉。通常会用到打磨机，采用旋转平磨的方式将凸块磨平。对整体地面进行拉毛处理，增加水泥自流平与地面的接触面积，以防空鼓。基层表面处理完毕，用大型工业吸尘器吸尘。

↑打磨机清理地面

步骤三　涂刷界面剂

基层表面处理完毕，需要在地面上涂刷界面剂。涂刷界面剂的目的是为了让自流平水泥更好地与地面衔接，最大程度地避免出现空鼓或者脱落的情况。

① 用自流平底涂剂按 1：3 的比例兑水稀释封闭地面，混凝土或水泥砂浆地面一般涂刷 2 ~ 3 遍。

② 如果地面轻度起砂，可以将乳液稀释到原乳液的 5 倍，连续涂刷 3 ~ 4 遍，直到地面不再吸收水分，即可施工自流平。

↑涂刷界面剂

步骤四 浇自流平

① 通常自流平中水泥和水的比例是 1 ∶ 2，这样可以使水泥能够流动但又不会太稀，以保证地面的强度，否则干燥后强度不够，容易起灰。

② 倒自流平水泥时，观察其流出约 500mm 宽的范围后，由手持长杆齿形刮板、脚穿钉鞋的操作工人在自流平水泥表面轻缓地进行第一遍梳理，导出自流平水泥内部的气泡并辅助流平。当自流平流出约 1000mm 宽的范围后，由手持长杆针形辊筒、脚穿钉鞋的操作工人在自流平水泥表面轻缓地进行第二遍梳理和滚压，以提高自流半水泥的密实度。

↑倒自流平水泥

↑均匀梳理

步骤五 辊筒渗入

推干的过程中水泥会有一定凹凸，这时就需要用辊筒将其压匀。如果缺少这一步，则很容易导致地面出现局部的不平整，以及后期局部的小块翘空等问题。

步骤六 完工养护

施工完成后需要及时对成品进行养护，必须封闭现场 24h。在这段时间内需要避免人员行走或者其他物体冲击等情况出现，从而保证地面的质量不会受到影响。

3. 铺墙砖施工

墙面大理石铺贴工艺　　大型墙砖铺贴工艺

（1）墙面瓷砖铺贴

步骤一 施工准备

① 对垂直度和平整度较差的原墙面，以及不正的阴、阳角，必须事先进行抹灰修正处理；对空鼓、裂缝的原墙面应予以铲除补灰；对石灰砂浆的原墙面，应全部铲除重新抹灰。用直角尺测量阴、阳角的方正误差，误差不应大于 3mm。

② 铺贴前必须对墙砖的品牌、型号、色号进行核对，严禁使用有几何尺寸偏差太大、翘曲、缺楞、掉角、釉面损伤、隐裂、色差等缺陷的墙砖。

步骤二 清理基层

贴砖前必须清除墙面的浮砂及油污。如果墙面较光滑，则必须进行凿毛处理，并用素灰浆扫浆一遍。

步骤三 预排

① 预排施工时要自上而下计算尺寸，排列中横、竖向都不允许出现两行以上的非整砖。非整砖应排在次要部位或阴角处，排砖时可用调整接缝宽度的方法安排非整砖的位置。

② 如无设计规定，接缝宽度可在 1~1.5mm 之间调整。在管线、灯具、卫生设备支撑等部位应用整砖套割，以保证效果美观，不得用非整砖拼凑镶贴。

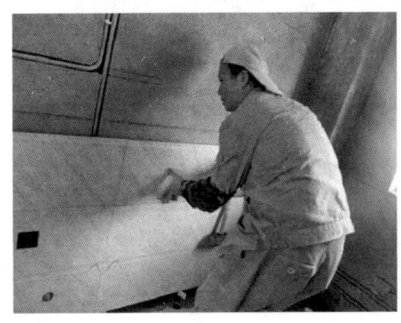

↑预排

步骤四 拉标准线

① 根据室内标准水平线找出地面标高，按贴砖的面积计算出纵横的皮数，用水平尺找平，并弹出墙面砖的水平和垂直控制线。

② 横向不足整砖的部分，留在最下一皮与地面连接处。

步骤五 浸砖润墙

① 浸砖：面砖铺贴前应放入清水中浸泡 2h 以上，然后取出晾干，用手按砖背无水迹时方可粘贴。冬季宜在浓度为 2% 的温盐水中浸泡。

↑浸砖

② 润墙：砖墙面要提前 1 天湿润好。混凝土墙面可以提前 3 ~ 4 天湿润，以免吸走黏结砂浆中的水分。

↑润墙

步骤六 铺贴

① 在墙面均匀涂刷界面剂。

② 在正式铺砖前要先试贴。将拌制好的水泥砂浆均匀地涂抹在墙砖背面，然后将墙砖贴在墙上，并用橡皮锤轻轻敲击，使其与墙面黏合。之后取下墙砖检查，看是否有缺浆及不合之处。试贴能够有效避免空鼓和脱落的问题。

③ 正式铺贴时，要在墙砖背面抹满灰浆，四周刮成斜面，厚度应在 5mm 左右，注意边角要满浆。将墙砖贴在墙面时应用力按压，并用橡皮锤敲击砖面，使墙砖紧密粘于墙面。

↑ 抹灰浆

④ 贴好第一块砖后，需要用靠尺和线坠检查水平度和垂直度。如有不平整之处，应用锤子轻轻敲击砖面进行调整。

↑ 敲打找平

⑤ 铺贴墙砖要先贴左端和右端，再贴中间。为避免墙砖铺贴完成后受温度和湿度的影响而变形，在贴砖时要适当留下空隙，可塞入小木片留缝，并对欠浆、亏浆的位置进行填充，以保证粘贴牢固。墙砖的规格尺寸或几何尺寸形状不等时，应在铺贴时随时调整，使缝隙宽窄一致。当贴到最上一行墙砖时，要求上口成一条直线。若最上层墙砖外露，则需要安装压条，反之则不需要。

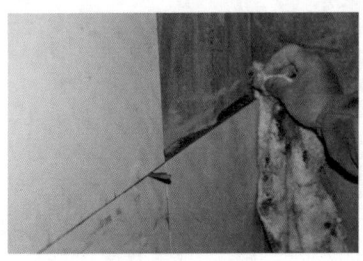

↑ 预留砖缝

墙砖铺贴完成后，需要用填缝剂勾缝。首先将墙面清理干净，再用扁铲清理砖缝，最后将填缝剂填入缝中，等其稍干后压实勾平即可。

（2）马赛克铺贴

◎软贴法

步骤一 抹黏结层

在抹黏结层之前，应在湿润的找平层上刷一遍素水泥浆，然后抹 3mm 厚的纸筋：石灰膏：水泥为 1：1：2 混合浆黏结层。待黏结层用手按压无坑印时，在其上弹线分格。由于此时灰浆仍稍软，故称为软贴法。

步骤二 粘贴马赛克

粘贴马赛克时，一般自上而下进行。具体操作为：将每联马赛克铺在木板上（底面朝上），用湿棉纱将马赛克的粘贴面擦拭干净，再用小刷蘸清水刷一道；然后在马赛克粘贴面上刮一层 2mm 厚的水泥浆，边刮边用铁抹子向下挤压，并轻敲木板振捣，使水泥浆充盈拼缝内，排出气泡；最后在黏结层上刷水湿润，将马赛克按线或靠尺粘贴在墙面上，并用木锤轻轻拍敲按压，使其更加牢固。

◎干缝撒灰湿润法

步骤一 洒水泥干灰

在马赛克背面满撒 1：1 细砂水泥干灰（混合搅拌应均匀）充盈拼缝，然后用灰刀刮平，并洒水使缝内干灰湿润成水泥砂浆，再按软贴法贴于墙面。

步骤二 铺贴马赛克

在铺贴马赛克时注意缝格内的干砂浆应撒填饱满，水湿润应适宜。太干易使缝内部分干灰在揭纸时漏出，造成缝内无灰；太湿则马赛克无法揭起，不能镶贴。此法由于缝内充盈良好，可省去擦缝工序，揭纸后只需稍加擦拭即可。

↑干缝撒灰湿润法

4. 铺地砖施工

（1）地面瓷砖铺贴

步骤一 基层处理

铺贴地面瓷砖通常是在原楼板地面或垫高地面上施工。较光滑的地面要进行凿毛处理，基层表面残留的砂浆、尘土和油渍等要用钢丝刷刷洗干净，并用水冲洗地面。

步骤二 浸砖

地砖应浸水湿润，以保证铺贴后不会因吸走灰浆中的水分而粘贴不牢。将浸水后的地砖阴干备用，阴干的时间视气温和环境湿度而定，以地砖表面有潮湿感，但手按无水迹为准。

↑ 浸砖

步骤三 弹线分格

① 弹线时以房间中心为中心，弹出相互垂直的两条定位线，在定位线上按瓷砖的尺寸进行分格。如果整个房间可排偶数块瓷砖，则中心线就是瓷砖的对接缝；如可排奇数块瓷砖，则中心线在瓷砖的中心位置上。分格、定位时，应距墙边留出 200 ~ 300mm 作为调整区间。

② 在分格定位时要先预排，并要避免缝中正对门口，影响整体效果。

步骤四 铺砂浆

应提前浇水润湿基层，刷一遍水泥素浆，随刷随铺 1：3 的干硬性水泥砂浆。根据标筋标高，将砂浆用刮尺拍实刮平，再用长刮尺刮一遍，最后用木抹子搓平。

↑ 铺砂浆

步骤五 铺地砖

① 正式铺贴前要先试铺。按照已经确定的厚度，在基准线的一端铺设一块基准砖，这块基准砖必须水平。

② 试铺无问题后，即可开始正式铺贴。对于地砖的铺贴，一般来说比较好的方式是干铺。干铺就是采用 1：3 的干硬性水泥砂浆。

③ 铺贴前，需要在地砖背面均匀地涂抹水泥素浆，然后将地砖铺放在已经填补好的干硬性水泥砂浆上。铺贴时，必须要用橡皮锤轻轻敲击，手法

↑ 铺地砖

是从中间到四边，再从四边到中间，反复数次，使地砖与砂浆黏结紧密，并要随时调整平整度和缝隙。目前最常见的地砖铺设方式有两种，即直铺和斜铺。直铺是指以与墙边平行的方式进行瓷砖的铺贴，这也是使用最多的铺贴方式；斜铺是指以与墙边成45°角的方式进行瓷砖的铺贴，这种方式耗材量较大。

④ 在铺贴地面瓷砖时要注意留缝，留缝的方式有两种，分别是宽缝和窄缝。在铺贴仿古砖时比较常用宽缝，一般会留 5 ~ 8mm 的缝；窄缝的留缝宽度通常是在 1 ~ 1.5mm。铺贴时留缝，主要是考虑到地砖热胀冷缩的问题。

⑤ 在施工过程中要随时检查所铺地砖的水平度，以及与相邻地面的高低差。检查的方式一般有两种：一种方式是用扁平铲在两个地砖的接缝处轻轻滑动；另一种方式是使用水平尺进行检验。

⑥ 铺贴后 24h 内要检查地面是否有空鼓的地方，一经发现要立刻返工。若时间超过 24h，水泥砂浆凝固会增加施工的难度。

> 步骤六 压平、调缝

① 压平。每铺完一个房间或区域，需要用喷壶洒水，约 15min 后，用橡皮锤垫硬木拍板按铺砖顺序拍打一遍，不得漏拍，在压实的同时用水平尺找平。

② 调缝。压实后，拉通线，按照先竖缝后横缝的顺序进行调整，使缝口平直、贯通。调缝后，再用橡皮锤拍平。若陶瓷地砖有破损，应及时更换。

↑ 压平、调缝

> 步骤七 勾缝、清理

瓷砖铺完 24h 后，将缝口清理干净，并刷水润湿，用水泥浆勾缝。如果勾缝太早，会影响所贴的瓷砖，可能会造成高低不平、松动脱落等现象。如果是彩色地面砖，最好使用白水泥或调色水泥浆勾缝，勾缝要做到密实、平整、光滑。在水泥砂浆凝结前，应彻底清理砖面灰浆，并将地面擦拭干净。

↑ 勾缝

（2）马赛克地面铺贴

步骤一　铺贴

① 铺贴时，在铺贴部位抹上素水泥稠浆，同时将马赛克表面刷湿，然后用方尺找到基准点，拉好控制线按顺序进行铺贴。

② 当铺贴接近尽头时，应提前量尺预排，及时进行调整，以避免造成端头缝隙过大或过小的问题。如果在墙角、镶边和靠墙处，每联马赛克之间应紧密贴合。靠墙处不得采用砂浆填补，如果缝隙过大，应裁条嵌齐。

步骤二　拍实

整个房间铺贴完毕，从一端开始，用木锤和拍板依次拍平拍实，拍至素水泥浆挤满缝隙为止。同时，用水平尺测校标高和平整度。

步骤三　洒水、揭纸

用喷壶洒水至纸面完全浸透，常温下 15 ~ 25min 即可依次把纸面平拉揭掉，并用开刀清除纸毛。

步骤四　拔缝、灌缝

揭纸后，应拉线。按先纵后横的顺序用开刀将缝隙拔直，然后用排笔蘸浓水泥浆灌缝，或用 1 : 1 水泥拌细砂将缝隙填满，并适当洒水擦平。完成后，应检查缝格的平直、接缝的高低差及表面的平整度。如不符合要求，应及时进行调整，并且全部操作应在水泥凝结前完成。

↑ 拔缝、灌缝

（3）地面拼花

步骤一　切割地砖

根据拼花设计图纸，在瓷砖上标记出切割尺寸。使用画线针在瓷砖上划出印记，使用手持式切割机按照印记切割，丢弃废料。将切割好的瓷砖堆放在一起，准备铺贴。

地面拼花工艺详解

步骤二　试铺

为防止拼花粘接时出现尺寸加工错误、加工误差大及色差等问题而导致石材拼花无法粘接，或拼花粘接完成后无法修补以致石材浪费，在正式拼花前应先进行试铺。必须按照图纸分区位置进行无粘接试铺，确保曲线之间的缝隙结合均匀，并且不大于0.5mm。同时，要检查拼合的曲线是否流畅，不得有影响效果的硬折线、直线。

步骤三 铺贴

① 在铺贴位置浇注适量 1：3.5 的水泥浆，厚度小于 10mm。在瓷砖背部涂抹约 1mm 厚的素水泥膏。

② 用 1：2 的水泥砂浆在定位线的位置铺贴拼花瓷砖，用橡皮锤按标高控制线和方正控制线调整拼花瓷砖的位置。

↑ 铺贴

③ 在铺贴 8 块以上拼花瓷砖时，需要用水平尺检查平整度。在铺贴的过程中，应及时擦去附着在拼花瓷砖表面的水泥浆。

步骤四 养护、勾缝

① 拼花瓷砖在铺贴完工后需要养护 1 ～ 2 天，然后进行拼花勾缝。

② 根据大理石的颜色，选择相同颜色的矿物颜料和水泥（或白水泥）拌合均匀，调成 1：1 的稀水泥浆，用浆壶徐徐灌入拼花瓷砖之间的缝隙中（可分几次进行），并用长杆刮板将流出的水泥浆刮向缝隙内，直至基本灌满为止。或者将白水泥调成干性团，在缝隙中涂抹，使拼花瓷砖的缝内均匀填满白水泥，再将拼花瓷砖表面擦干净。

↑ 白水泥勾缝

③ 勾缝操作完成 1 ～ 2h 后，可用棉纱团蘸原稀水泥浆擦缝，将其擦平并将水泥浆擦干净，使地砖面层的表面洁净、平整、坚实。

5. 石材施工

墙面石材干挂

石材干挂是通过金属挂件将饰面石材直接吊挂于墙面或空挂于钢架之上，其原理是在配件结构上设主要受力点，通过金属挂件将石材固定在建筑物上，形成石材装饰幕墙。

步骤一 基层处理

将墙面基层表面清理干净，将局部影响骨架安装的凸起部分剔凿干净；还要根据装饰墙面的位置检查墙体，局部进行剔凿，以保证足够的装饰厚度；最后根据质量标准检查饰面基层及构造层的强度、密实度。

步骤二 放线

① 石材干挂施工前需按照设计标高在墙体上弹出 50cm 水平控制线和每层石材标高线，并在墙上做控制桩，找出房间及墙面的规矩和方正。

② 根据石材分隔图弹线后，还要确定膨胀螺栓的安装位置。

步骤三 预排

将挑出的石材按使用部位和安装顺序进行编号，选择在较为平整的场地进行预排，检查拼接出的板块是否存在色差、是否满足现场尺寸要求。完成此项工作后，将板材按编号存放备用。

步骤四 安装骨架

① 对非承重的空心砖墙体，干挂石材时应采用镀锌槽钢和镀锌角钢做骨架：用镀锌槽钢做主龙骨；用镀锌角钢做次龙骨，形成骨架网（在混凝土墙体上可直接将挂件与墙体连接）。

② 安装骨架前，按设计和排版要求的尺寸下料，用台钻钻出骨架的安装孔并刷防锈漆处理。

③ 膨胀螺栓钻孔位置要准确，深度为 5.5～6.0cm。

↑ 安装骨架

安装膨胀螺栓前要将孔内的灰粉清理干净，螺栓埋设要垂直、牢固。连接铁件要垂直、方正，不准翘曲，不平的连接铁件应予以校正。

步骤五 石材开槽

安装前用云石机在石材侧面开槽，开槽深度根据挂件尺寸确定，一般要求不小于 10mm，并且在板材后侧边中心。为保证开槽不崩边，开槽位置距边缘距离为 1/4 边长，并且不小于 50mm。注意将槽内的石灰清理干净，以保证进行灌胶时能够黏结牢固。

↑ 云石机开槽

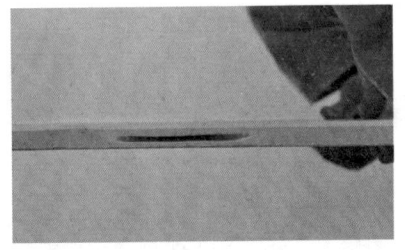
↑ 开槽细节

步骤六 石材安装

① 安装石材应由下至上进行，先上好侧面连接件，调整面板后用大理石干挂胶予以固定。同一水平石材上完后，应检查其表面的平整度及水平度，待合格后再予以勾缝。同一部位的石材表面颜色必须均匀、一致。

② 石材周边粘贴防污条后方可嵌入耐修胶，以免造成污染。耐修胶要嵌填密实、光滑、平顺，其颜色应与石材颜色一致，并保证固定 4 ~ 8h，以避免因过早凝固而脆裂，因过慢凝固而松动。

③ 板材的垂直度、平整度经拉线校正后，拧紧螺栓。

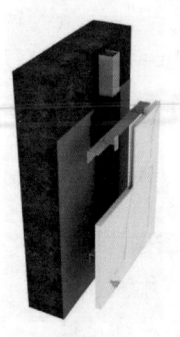

↑ 安装石材　　↑ 固定耐修胶

步骤七 清理

石材安装完毕，用柔软布料对石材表面的污物进行初步清理，待胶凝固后再用壁纸刀、棉纱等清理石材表面。打蜡一般应按蜡的使用方法进行操作，原则上应烫硬蜡、擦软蜡，要求均匀、不露底色，色泽一致，表面整洁。

三、泥瓦施工验收与常见问题

1. 现场验收

（1）墙面项目验收

① 墙体应平整，砖缝不得同缝，灰缝应饱满。

② 厨房、卫浴间的墙面砖，除砖与砖的对角处应平整外，还需达到标准的水平度（允许有 1mm 的误差）和垂直度（允许有 2mm 的误差），墙、地面的铺贴外观应符合要求。

③ 阳角处的瓷砖倒 45° 角，一面墙上不能有两排非整砖。瓷砖铺贴应平整、洁净，色泽协调，图案安排合理。

④ 墙面瓷砖粘贴必须牢固，无歪斜、缺棱掉角和裂缝等缺陷。墙面瓷砖铺贴表面要平整、洁净，色泽协调，图案安排合理，无变色、泛碱、污痕和显著光泽受损处。

⑤ 砖块接缝要填嵌密实、平直，宽窄均匀，颜色一致，阴、阳角处的搭接方向正确。非整砖的使用部位要适当，排列平直。预留孔洞要尺寸正确、边缘整齐。

⑥ 检查平整度偏差小于 2mm，立面垂直度偏差小于 2mm；接缝高低偏差小于 0.5mm，平直度偏差小于 2mm。

（2）地面项目验收

① 地面石材、瓷砖铺装必须牢固；铺装表面平整，色泽协调，无明显色差。

② 缝平直、宽窄均匀，石材无缺棱掉角现象，非标准规格板材的铺装部位及流水坡方向正确。

③ 地砖平整度用两米水平尺检查，误差不得超过 0.5mm，相邻地砖高差不得超过 0.5mm。

④ 地砖空鼓率（空鼓面积与地砖的总面积比）控制在 3% 以内，主要通道上的空鼓必须返工。

⑤ 检查卫浴间、阳台及有地漏的厨房地砖是否有足够的自排水倾斜度。

2. 常见问题解析

（1）铺贴砖材的时候为什么要留缝？

铺贴砖材的时候一定要留缝，这不仅是为了处理规格不整的问题，更主要的是为热胀冷缩预留位置。另外，砖材本身的尺寸存在一定的误差，工人施工也会有一定的误差，会造成砖材在铺贴时有缝隙。铺贴瓷质砖时留缝可小一些；铺贴陶质砖时留缝要大一些；铺贴仿古地砖时留缝也要大一些，这样才能体现出砖的古朴感。

（2）如何解决墙、地砖出现空鼓或松动等问题？

墙、地砖空鼓或松动的质量问题处理方法较简单。用小木槌或橡皮锤逐一敲击检查，发现空鼓或松动的地方则做好标记，然后逐一将墙、地砖掀开，去掉原有结合层的砂浆并清理干净，用水冲洗后晾干。刷一道水泥砂浆，按设计的厚度刮平并控制好均匀度，将墙、地砖的背面残留砂浆刮除，然后将墙、地砖洗净并浸水晾干，再刮一层胶黏剂，压实拍平即可。

↑ 墙面瓷砖留缝　　　　↑ 敲击检测空鼓瓷砖

（3）地面砖出现爆裂或起拱的情况怎么办？

如果地面砖爆裂或起拱，解决办法是：将爆裂或起拱的地面砖掀起，沿已裂缝的找平层拉线，用切割机切缝（缝宽控制在 10~15mm 之间），然后灌柔性密封胶，结合层可用干硬性水泥砂浆铺刮平整，最后铺贴地面砖。铺贴地面砖时要准确对缝，将地面砖的缝留在锯割的伸缩缝上，缝宽控制在 10mm 左右。

↑ 地面砖爆裂或起拱

（4）玻化砖在铺贴及使用时需注意哪些事项？

① 检查玻化砖的表面是否已经打过蜡。如果没有，必须经过打蜡后再施工。在施工时要求工人先将橡皮锤用白布包裹好再使用。因为防污性能不好的砖经皮锤敲打，砖面会留下黑印。

② 玻化砖的表面不能重压。对于刚铺好的玻化砖，不能在上面走动。由于砖未干固，可能造成砖面高低不平。

↑ 铺设包装箱保护玻化砖

③ 玻化砖表面的防护措施。对于刚铺好的玻化砖，必须用瓷砖的包装箱（最好是防雨布）将铺好的砖盖好，以防止砂子磨伤砖面，或者防止装修时使用的涂料油漆及胶水滴在砖上，污染砖面。

（5）怎样铺贴无缝砖？

无缝砖是指砖面和砖的侧边均成 90° 直角的瓷砖，包括一些大规格的釉面墙砖及玻化砖等。无缝墙砖在铺装时也应有一定间隙，间隙应为 0.5~1mm，目的是调节墙砖的大小误差，使铺装更美观。无缝砖对施工工艺的要求比较高，讲究铺贴平整，上、下、左、右调整通缝，一般不经常铺贴无缝砖的泥瓦工是很难做到的。

↑ 铺贴无缝砖

第十章

木作工程
与验收

　　木作施工项目较为零散，涉及的种类较多，因此，对木作施工现场的技术、细节的要求也就更高。

一、木作工程基础知识

1. 木工施工图纸的识读

木工的施工图纸主要包括木地板铺装、吊顶、木作隔墙及装饰装修方面的木作造型。通常情况下，铺装、吊顶和隔墙方面的施工较为简单和规矩，需要木作施工人员重点理解的是装饰装修方面的内容。一般图纸中会标明准确的施工位置、结构、不同部位所需材料及尺寸，以帮助施工人员更好地完成施工。

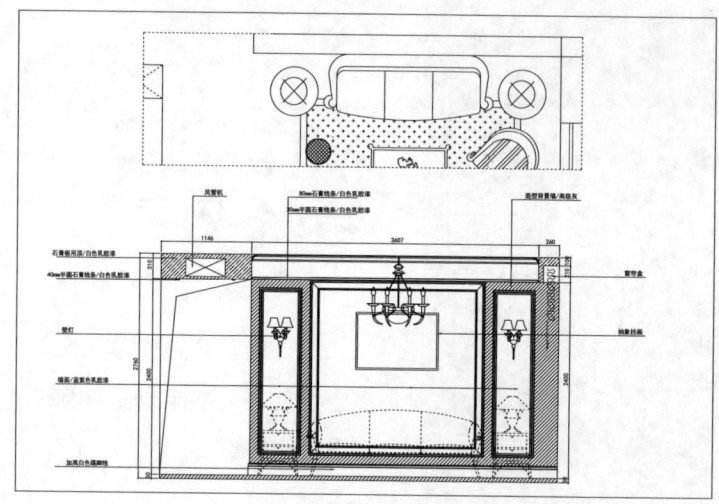

↑ 客厅背景墙立面图

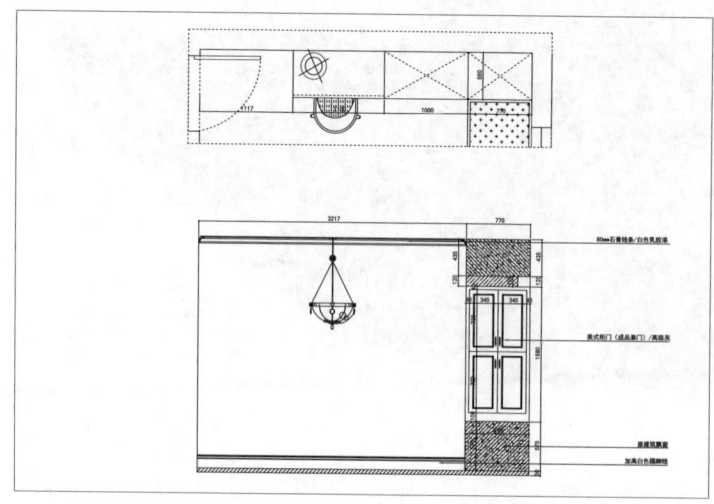

↑ 儿童房立面图

2. 木工常用工具

木工常用工具		
木工锯台		木工锯台主要用于各类板材及方料的切割操作，具有数据准确、裁切规矩等特点。木工锯台使用方便，如细木工板、刨花板等大型板材很适合使用木工锯台切割
电刨		电刨是进行刨削作业的手持式电动工具，生产效率高，刨削表面平整、光滑，主要用于各种木材的刨削、倒棱和裁边等作业
曲线锯		曲线锯主要用于切割各种木材和非金属材料。在木作施工中，曲线锯可以对板材进行曲线形切割，还可以对较薄的板材进行镂空处理，制作出镂空板
电圆锯		电圆锯也称小型手提式圆盘锯，具有操作简便、使用灵活、调整快捷、安全可靠等特点，很适合在家庭装修中锯割各种木质板材及各种人造纤维板材的下料作业
气动钉枪		气动钉枪简称气钉枪，通过气泵产生气压进行作业，主要用于板材和木龙骨之间的固定
手工锯		手工锯可以将木材锯割成各种形状，使其达到木构件需要的尺寸。手工锯锯割，就是锯条在直线形式或曲线形式的轻压和推进的运动中，对木材进行快速切割的一个工作过程
手推刨		手推刨是传统的木作工具，由刨身、刨铁、刨柄三部分组成。手推刨在木作施工中主要用于修整木方、木材的表面，使其光滑、平整，也可以用于木线条的修边作业
开孔器		开孔器主要用于筒灯、射灯的开孔作业，可以开出任意尺寸的孔距

续表

木工常用工具		
木锉刀	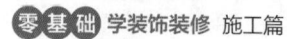	木锉刀的表面有许多细密的条形刀齿，是用于锉光的手工工具，可对金属、木料、皮革等表面进行微细加工和打磨
木工三角尺		木工三角尺可测量 90°、60°、45°、30° 等多种角度

3. 木工施工作业条件

确认顶面各种管线及通风管道均安装完毕。在材料进场后，对材料进行质量验收。材料验收完毕，在直接接触结构的木龙骨上预先刷防腐漆。确认吊顶房间的墙面及地面的湿作业和台面防水等工程是否完成。保证空间内没有打火机等可点火的工具，保护施工现场的安全。

二、木作现场施工

1. 天花吊顶施工

步骤一 根据设计图纸弹线

① 熟悉图纸，检查现场实际情况。了解图纸中吊顶的长、宽和下吊距离，然后结合现场实际情况，看照图施工是否有困难。若发现不能施工处，应及时解决。

② 弹基准线。采用水平管抄出水平线，在吊顶中用墨线弹出基准线。对局部吊顶的房间，如原天棚不水平，则吊顶是按水平做或是顺原天棚做，应在征求设计人员意见后再由业主确定。

步骤二 如为弧形吊顶，先在地面放样

如为弧型顶面造型，应先在地面放样，确定无误后方能上顶，以保证线条流畅。

↑ 在吊顶中弹线

↑ 弧形吊顶放样

步骤三 安装龙骨

① 吊顶主筋和间距设置。

吊顶主筋不低于 3cm×5cm 木龙骨，间距为 300mm，必须使用 1mm×8mm 膨胀螺栓固定，用量约为 1m² 一个。

② 安装膨胀螺栓。钢膨胀应尽量打在预制板板缝内，膨胀螺栓螺母应与木龙骨压紧。

③ 安装主龙骨和次龙骨。吊顶主龙骨采用 20mm×40mm 木龙骨，用 ϕ8mm×80mm 的膨胀螺丝与原结构楼板固定，规定孔深不能超过 60mm，每平方米不少于 3 颗膨胀螺丝。次龙骨为 20mm×40mm 木龙骨。主龙骨与次龙骨拉吊采用 20mm×40mm 木方连接，所有的连接点必须使用铁钉或自攻钉合理固定，不允许单独使用枪钉固定。

↑ 安装吊顶龙骨

④ 拉吊必须混用垂吊、斜吊两种。吊杆与主、次龙骨的接触处必须涂胶，靠墙的次龙骨必须每隔 800mm 固定一个膨胀螺丝。

步骤四 检查隐蔽工程，线路预放到位

① 封板之前检查。吊顶骨架封板前必须检查各隐蔽工程的合格情况（包括水电工程、墙面楼板等是否有隐患或有残缺情况）。

② 检查龙骨架和中央空调。检查龙骨架的受力情况，灯位的放线是否影响封板等。中央空调的室内盘管工程由中央空调专业人员到现场试机检查是否合格。

③ 检查龙骨架的底面。检查龙骨架的底

↑ 梳理灯具线路

面是否水平、平整，要求误差小于 1‰，超过 5m 拉通线，最大误差不能超过 5mm，橱卫嵌入式灯具必须打架子。

步骤五 吊顶封板

① 石膏板弹线分块。使用纸面石膏板前必须弹线分块，封板时相邻板留缝 3mm，使用专用螺钉固定，沉入石膏板 0.5~1mm，钉距为 15~17mm。固定石膏板时应从板中间向四边固定，不得多点同时作业。板缝交接处必须有龙骨。

木作吊顶封石膏板工艺

↑ 石膏板封板

② 5 厘板弹线分块。封 5 厘板前必须根据龙骨架弹线分块，确保码钉钉在龙骨架上面，5 厘板与龙骨架的接触部位必须涂胶，接缝处必须在龙骨中间。封 3 厘板时底面必须涂满胶水，然后贴在 5 厘板上，用码钉固定，与 5 厘板的接缝必须错开，3 厘板间留 2~3cm 的缝。

③ 预留出灯具线头。安装封板时，注意将灯具线路拖出顶面，依照施工图在罩面板上弹线确定筒灯位置，拖出线头。

步骤六 检查吊顶水平度

检查吊顶整面的水平度是否符合要求。拉通线检查不超过 5mm，两米靠尺检查不超过 2mm，板缝接口处的高低差不超过 1mm。

2. 墙面木作造型施工

步骤一 木骨架制作、安装

① 裁切木夹板和木方。根据图纸的设计尺寸、造型，裁切木夹板和木方，将木方制作成框架，用钉子钉好。

② 固定框架到墙面中。将框架钉在墙面的预埋木砖上；没有预埋木砖的，则钻孔打入木楔或塑料胀管，将框架安装牢固。

③ 对板材进行防潮、防火、防虫处理。所有木方和木夹板均应先进行防潮、防火、防虫处理，然后将木夹板用白乳胶和气钉钉装于框架上，必须牢固、无松动，基架的带线、吊线必须调平，做到横平竖直。

↑ 按照设计裁切面板

↑ 清洁完成后的墙面

步骤二 安装表面板材

① 根据设计裁切面板。将面板按照尺寸裁切好，在基架面和饰面板背面涂刷胶黏剂，必须涂刷均匀，粘贴牢固后静置数分钟，不得有离胶现象。

② 转角处采用 45° 拼角。在没有木线掩盖的转角处，必须采用 45° 拼角。对于要求拼纹路的木饰面，要按照图纸拼接好。

③ 处理缝隙宽窄一致。如果是空缝或密缝，按设计要求，空缝的缝宽应一致且顺直，密缝的拼缝紧密、接缝顺直。在有木线的地方，按设计所选择木线钉装牢固，钉帽凹入木面 1mm 左右，不得外露。

步骤三 清洁

将多余的胶水及时清理干净，清除表面污物。

3. 木作隔墙施工

（1）木龙骨隔墙施工

步骤一 施工准备

① 木龙骨一般可采用松木或杉木。常用的木龙骨有截面为 50mm × 80mm、50mm × 100mm 的单层结构；也有 30mm × 40mm 或 40mm × 60mm 的双层或单层结构。骨架所用木材的树种、材质等级、含水率及防腐、防火处理，必须符合设计要求和有关规定。

② 在施工前应先对主体结构、水暖、电气管线位置等工程进行检查，其施工质量应符合设计要求。

③ 在原建筑主体结构与木隔断的交接处，按 300 ～ 400mm 间距预埋防腐木砖。

④ 胶黏剂应选用木类专用胶黏剂，腻子应选用油性腻子，木质材料均需涂刷防火涂料。

步骤二 定位弹线

① 根据设计图纸，在地面上弹出隔墙中心线和边线，同时弹出门窗洞口线。设计中有踢脚线时，要弹出踢脚台边线。先施工踢脚台，踢脚台完工后，弹出下槛龙骨安装基准线。

② 施工前需要在地面上弹出隔断墙的宽度线与中心线，并标出门、窗的位置，然后用线坠将两条边缘线和中心线的位置引到相邻的墙面和棚顶面上，找出施工的基准

点和基准线。通常按 300 ~ 400mm 的间距在地面、棚顶面和墙面上打孔，预设浸油木砖或膨胀螺栓。

步骤三 固定龙骨固定点

① 弹好定位线后，如结构施工时已预埋了锚件，则应检查锚件是否在墨线内。如锚件与墨线偏离较大，应在中心线上重新钻孔，打入防腐木模。

② 门框边应单独设立筋固定点。隔墙顶部如未预埋锚件，则应在中心线上重新钻孔以固定上槛。下槛如有踢脚台，则锚件应设置在踢脚台上，否则应在楼地面的中心线上重新钻孔。

↑ 固定龙骨固定点

步骤四 固定木龙骨

① 先安装靠墙立筋，再安装上、下槛。在顶棚将上槛沿弹好的宽度线用铁钉固定，两端要紧顶靠墙立筋。下槛沿地面上弹出的定位线安装，用铁钉固定在预埋的木砖上，两端顶紧靠墙立筋底部，然后在下槛上面画出其他竖向立筋的位置线。

② 中间的竖向立筋之间的距离是根据罩面板材的宽度来决定的，一般为 400 ~ 600mm。要使罩面板材的两头都搭在立筋上，并胶钉牢固。立筋要垂直安装，在竖向立筋上每隔 300mm 左右应预留一个安置管线的槽口。将立筋的上、下端顶紧上、下槛，然后用钉子斜向钉牢。

③ 安装横撑及斜撑。在竖向龙骨上弹出横向龙骨的水平线，横向间距为 400 ~ 600mm。先安装横向龙骨，再安装斜撑，其长度应大于两根竖向龙骨间距的实际尺寸，然后将其两端按反方向锯成斜面，楔紧钉牢。

④ 遇到有门窗的隔断墙，在门窗框边的立筋应加大断面，或者将两根立筋并起来使用，或者将竖向立筋用 18mm 细木工板进行固定。

⑤ 在隔墙龙骨的安装过程中，要同时将隔墙内的线路布好，座盒等部位应加设木龙骨使其装嵌牢固，其表面应与罩面板齐平。

步骤五 铺装罩面板

① 木骨架板材隔断墙的罩面板多采用胶合板、细木工板、中密度纤维板或石膏板等。需要填充的吸音、保温材料，其品种和铺设厚度要符合设计要求。

② 安装罩面板时，应从中间开始向外依次胶钉，固定后要求表面平整、无翘曲、无波浪。与罩面板接触的龙骨表面应刨平、刨直，横、竖龙骨接头处必须平整，其表面平整度不得大于 3mm。背面应进行防火处理。

③ 钉帽应钉入板内，但不得使钉穿透罩面板，不得有锤痕留在板面上，板的上口应平整。安装罩面板使用的木螺钉、连接件、锚固件应进行防锈处理。使用普通圆钉

固定时，钉距为 80 ~ 150mm，钉帽要砸扁，冲入板面 0.5 ~ 1.0mm。使用钉枪固定时，钉距为 80 ~ 100mm。

④ 面层涂刷清漆时，施工前应挑选木纹、颜色相近的板材，以确保安装后美观、大方。

⑤ 隔墙罩面板固定的方式有明缝固定、拼缝固定和木压条固定三种。

（2）轻钢龙骨隔墙施工

步骤一 定位弹线

按图纸的设计要求弹出隔墙的四周边线，同时按罩面板的长、宽分档，以确定竖向龙骨、横撑龙骨及附加龙骨的位置。如果原建筑基面有凸凹不平的现象，要进行处理，以保证龙骨安装后的平整度。

步骤二 安装踢脚板

如果设计要求设置踢脚板，则应按照踢脚板详图先进行踢脚板施工。将地面凿毛清扫后，立即洒水浇筑混凝土。在踢脚板施工时应预埋防腐木砖，以方便沿地龙骨固定。

步骤三 固定边龙骨

① 龙骨边线应与弹线重合。在 U 形沿地、沿顶龙骨与建筑基面的接触处，先铺设橡胶条、密封膏或沥青泡沫塑料条，再用射钉或金属膨胀螺栓沿地、沿顶龙骨固定，也可以采用预埋浸油木模的固定方式。固定点与龙骨端头的距离为 50mm，间距不大于 600mm。

② 对于圆曲形墙面，需要将沿地、沿顶龙骨在背面中心部位断开，剪成齿状，根据曲面要求，将其弯曲后固定。对于半径为 900 ~ 2000mm 的曲面墙，竖向龙骨的间距宜为 150 ~200mm 左右；对于半径≥ 2500mm 的曲面墙，竖向龙骨的间距宜为 300mm 左右。石膏板宜横向安装，当圆弧半径为 900mm 时，可采用 9mm 厚石膏板；当圆弧半径为 1000mm 时，可采用 12mm 厚石膏板；当圆弧半径为 2000mm 时，可采用 15mm 厚石膏板。

步骤四 安装竖向龙骨

① 沿地、沿顶龙骨固定好后，按两者间的净距离切割 C 形竖向龙骨。竖向龙骨的高度应比实际隔墙的高度短 15mm，以便竖向龙骨顺利地滑动就位于沿地、沿顶龙骨之间。

② 根据设计要求确定竖向龙骨的间距，如用 9.5mm 厚的石膏板，竖向龙骨的最大间距可定为 400mm；如用 12mm 厚的石膏板，竖向龙骨的最大间距可定为 600mm。确定好竖向龙骨的间距后，将切割好的竖向龙骨依次推入沿地和沿顶龙

骨间，调整好位置及垂直度，将上、下两端与沿地及沿顶龙骨用 ϕ 4mm、长度为 13mm 的抽芯拉铆钉固定。

③ 竖向龙骨的连接，可将 U 形龙骨套在 C 形龙骨的接缝处，用抽芯拉铆钉或自攻螺丝固定。边龙骨与墙体间也要先进行密封处理，再进行固定，最后安装横撑龙骨。选用通贯龙骨时，高度低于 3000mm 的隔墙安装一道；3000 ~ 5000mm 的隔墙安装两道；5000mm 以上的隔墙安装三道。

④ 在隔断墙上设置门窗、配电箱、消防栓、水盆、灯具等各种附属设备及吊挂件时均应按设计要求，在安装框架时附加预埋龙骨。

↑ 安装竖向龙骨

↑ 安装通贯龙骨

步骤五 填充隔声材料

一般采用玻璃棉或 30 ~ 100mm 厚的岩棉板进行隔声、防火处理；采用 50 ~ 100mm 厚的苯板进行保温处理。填充材料应铺满、铺平。铺放墙体内的玻璃棉、岩棉板、苯板等填充材料，应与安装另一侧的纸面石膏板同时进行。

步骤六 安装石膏板

① 安装石膏板时，应从板的中部向板的四周固定。石膏板用直径为 3.5~ 4mm、长度为 25~35mm 的自攻螺钉固定，间距不应大于 200mm，螺钉与板边缘的距离应为 10~15mm。固定时，钉头埋入板内 1~2mm，但不得损坏纸面石膏板，然后涂饰防锈漆，钉眼用石膏腻子抹平。为增强隔声效果，以及减小安装自攻螺钉时对另一侧自攻螺钉的振动，两侧石膏板应错缝安装，使接缝不落在同一根龙骨上。

② 当需要安装两层石膏板时，两层板缝也应错开。石膏板宜竖向铺设，长边接缝应落在竖龙骨上，这样可以提高隔断墙的整体强度。对于有防潮、防水要求的墙体，应按设计规定设置墙垫，安装时选用防水性能高的纤维增强水泥平板或耐水石膏板，同时对墙面进行防水处理。

↑ 安装石膏板

步骤七 嵌缝

① 纸面石膏板的接缝一般有平缝、凹缝和压条缝。在接缝为平缝的情况下，接缝处一般应适当留缝 5mm，并且必须使坡口与坡口相接。

② 清除干净接缝内的尘土后，刷一道 50% 浓度的 107 胶水溶液粘贴嵌缝带。在进行阳角处理时，阳角应粘贴两层嵌缝带，角的两边均要拐过 100mm，粘贴方法同平缝处理。当设计要求做金属护角条时，按设计要求的部位、高度，先

↑ 嵌缝

刮一层腻子，然后用镀锌钉固定金属护角条，并用腻子刮平。正常情况下，嵌缝膏要刮三层，并且每一层批刮后的间隔时间为 4~6h，每一层批刮的宽度要比上一层宽 50mm。

③ 勾明缝时，要将胶黏剂及时刮净，以保持明缝顺直、清晰。

4. 木作柜体施工

步骤一 柜身制作

① 制作柜身木板和抽屉挡板。制作柜身时，通常活动柜的柜身采用松木板，抽屉内身采用密度板。首先制作两块 77cm×50cm×1.5cm 的柜身木板，然后再制作 8 块 45cm×12cm×1.5cm 的松木抽屉挡板。

② 标出抽屉位置。在柜身面板上标出安装抽屉的位置，并在上面制作圆木榫，然后将 8 块抽屉挡板组合在柜身面板上，形成一个活动柜的柜身。

现场衣柜制作工艺讲解

↑ 柜身制作步骤

步骤二 柜面包边

① 制作木松板柜面。柜身做好后，再制作一块 45cm×50cm×1.5cm 的松木板，作为活动柜的柜面。如果没有这么大的整块松木板，可以先用圆木榫拼接而成，然后再将柜面板固定在柜身的上面。

② 圆木棒镶嵌柜边。用圆木棒镶嵌柜边，圆木棒的直径约为 2cm，按要求切割两根长度为 50cm 和 1 根长度为 45cm 的圆木棒。在圆木棒衔接处切出 45° 的接口，并在接口内侧涂上木工胶，将圆木棒安装上去即可。

↑ 柜面包边步骤

步骤三 路轨安装

① 标记抽屉路轨的位置。用直尺在抽屉口上方 1.5cm 处标出抽屉路轨的位置，然后根据路轨的规格再标出安装螺丝孔的位置。

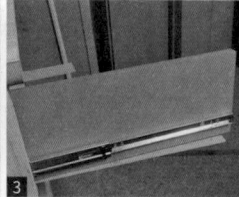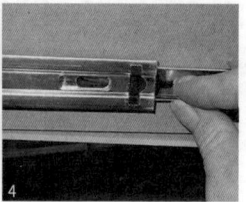

↑ 路轨安装步骤

② 拆开轨道。将轨道拆开，窄的轨道安装在抽屉架框上，宽的轨道安装在柜体上，安装时注意要分清前后。

③ 拧上螺丝。将柜体侧板上的螺丝孔拧上螺丝，一个路轨分别用两个小螺丝一前一后固定。

步骤四 抽屉制作

① 制定抽屉面板组合。抽屉是由两块截面为 46cm×13cm 和 1 块截面为 41cm×13cm、厚度为 1.5cm 的密度板，加上一块抽屉底板，外加松木板的抽屉面板组合而成的。

② 制作抽屉屉身。首先用密度板制作抽屉屉身，接口处涂上木工胶，然后安装松木面板，并在接口处安装直角固定卡。如果条件允许，抽屉也可以采用松木板（或者更好的实木），然后用燕尾榫衔接，这样工艺更加精致、牢固。

↑ 抽屉制作步骤

步骤五 打磨上漆

① 柜身打磨。在打造活动柜前，对柜身进行打磨。砂纸有粗砂纸和细砂纸，先用粗砂纸，到一定程度后再用细砂纸，以达到最终要求。

↑ 柜身打磨上漆

② 柜身刷漆。在上油前一定要将打磨木料时浮在木料表面的木屑清理干净，用有一点点潮的棉布擦，然后就可以打底漆，并进行刷漆了。

5. 木地板铺装施工

（1）实铺法

步骤一 基层处理

先将基层清扫干净，并用水泥砂浆找平。弹线要求清晰、准确，不能有遗漏，同一水平要交圈。基层应干燥并进行防腐处理（铺沥青油毡或防潮粉）。预埋件的位置、数量、牢固性要达到设计标准。

步骤二 安装木格栅

① 根据设计要求，格栅可采用 30mm×40mm 或 40mm×60mm 截面的木龙骨；也可以采用 10～18mm 厚、100mm 左右宽的人造板条。

② 在进行木格栅固定前，按木格栅的间距确定木楔的位置，用 ϕ16mm 的冲击电钻在水泥地面或楼板上弹出的十字交叉点处打孔（孔深 40mm 左右，孔距 300mm 左右），然后在孔内下浸油木楔。固定木格栅时用长钉将木格栅固定在木楔上。格栅之间要加横撑，横撑中距依现场及设计而定，与格栅垂直相交并用铁钉钉固，要求不松动。

↑ 安装木栅格

③ 为了保持通风，应在木格栅上面每隔 1000mm 开深度不大于 10mm、宽度为 20mm 的通风槽。木格栅之间的空腔内应填充适量的防潮粉或干焦渣、矿棉毡、石灰炉渣等轻质材料，以起到保温、隔声、吸潮的作用，填充材料不得高出木格栅的上皮。

步骤三 铺钉木地板

铺钉木地板前，可根据设计及现场情况的需要，铺设一层底板及聚乙烯泡沫胶垫或地板胶垫。底板可选 10 ~ 18mm 厚的人造板与木格栅胶钉。条形地板的铺设方向应满足铺钉方便、固定牢固、实用美观等要求。对于走廊、过道等部位，应顺着行走方向铺设；而室内房间，应顺着光线方向铺设。对于多数房间而言，光线方向与行走方向是一致的。

（2）悬浮铺贴法

步骤一 铺设地垫

铺设地垫时，地垫间不能重叠，接口处用 60mm 宽的胶带密封、压实。地垫需要铺设平直，向墙边上引 30 ~ 50mm，低于踢脚线的高度。

↑铺设地垫

步骤二 铺装地板

检查实木地板的色差，按深、浅颜色分开，尽量规避色差。先预铺分选，色差太严重的地板考虑退回厂家。从左向右铺装地板，母槽靠墙，将有槽口的一边靠向墙壁，试铺时测量出第一排尾端所需的地板长度，预留 8 ~ 12mm 后，锯掉多余的部分。

↑铺装地板

（3）直接铺贴法

步骤一 地面找平

地面的水平误差不能超过 2mm，超过则需要找平。如果地面不平整，不但会导致整体地板不平整，而且会有异响，严重影响地板的质量。

实木地板安装细节

步骤二 基层处理

对问题地面进行修复，形成新的基层，避免因原有基层空鼓和龟裂而引起地板起拱。撒防虫粉，铺防潮膜。防虫粉主要起防止地板起蛀虫的作用。防虫粉不需要满撒地面，可呈 U 字形铺撒。防潮膜主要起防止地板发霉、变形的作用。防潮膜要满铺于地面，在重要的部分甚至可铺设两层防潮膜。

↑铺防潮膜

步骤三 铺装地板

从边角处开始铺设地板，先顺着地板的竖向铺设，再并列横向铺设。铺设地板时不能太过用力，否则拼接处会凸起来。在固定地板时，要注意地板是否有端头裂缝、相邻地板高差过大或者拼板缝隙过大等问题。

↑铺装地板

三、木作施工验收与常见问题

1. 现场验收

①检查所有木作施工项目，应保证木作施工项目的装修外观平坦，没有起鼓或破缺。

②检查木作造型的转角是否精确。正常的转角是 90°，特别的木作装饰造型除外。

③检查木作拼花造型是否紧密、精确。精确的木作拼花要做到相互间无缝隙或保持同样的缝隙。

④检查木作造型的弧度与圆度是否流畅、光滑。除了单独的木作造型外，多个相同的木作造型还要保证相同的弧度与圆度。

⑤检查木作造型的结构是否平直。无论水平方向还是垂直方向，精致的木作造型的结构都应是平直的。

⑥检查对称性的木作吊顶、木作墙面造型等项目是否对称。

⑦检查木作吊顶、墙面造型、隔墙等项目表面的钉眼是否补好。

⑧检查天花吊顶角线的连接处是否顺畅，有无显著不对称和变形。检查铝扣板、PVC 扣板等卫浴间、厨房的天花板是否平坦，有无变形现象。检查柜门把手、锁具装置方位是否精确，敞开是否正常。检查卧室门及其他门扇敞开是否正常。当门处于关闭状态时，上、左、右门缝应紧密；下门缝隙要适度，通常以 50mm 为佳。

2. 常见问题解析

（1）如何处理纸面石膏板接缝处的开裂？

为防止纸面石膏板开裂，首先要清除缝内的杂物，当嵌缝腻子初凝时需要再刮一层较稀的腻子，厚度应掌握在 1mm 左右，然后贴穿孔纸带，纸带贴好后放置一段时间，待水分蒸发后，在纸带上再刮一层腻子，将纸带压住，同时将接缝板面找平。纸面石膏板吊顶容易出现的问题主要是，在吊顶竣工后半年左右，纸面石膏板的接缝处开始出现裂缝。解决的办法是，在

↑纸面石膏板吊顶开裂

制作石膏板吊顶时，要确保石膏板在无应力状态下固定，龙骨及紧固螺钉的间距要严格按设计要求施工；整体满刮腻子时要注意，腻子不要刮得太厚。

（2）为什么对龙骨进行防火、防锈处理？

在施工中应严格要求对木龙骨进行防火处理，并要符合有关防火规定。对于轻钢龙骨，在施工中也要严格要求对其进行防锈处理，并符合相关防锈规定。一旦出现火情，火是向上燃烧的，吊顶部位会直接接触火焰。如果木龙骨不进行防火处理，造成的后果不堪设想。由于吊顶属于封闭或半封闭的空间，通风性较差，并且不易干燥，如果轻钢龙骨没有进行防锈处理，则很容易生锈，进而影响使用寿命，严重的可能导致吊顶坍塌。

↑木龙骨进行防火处理

（3）木工现场制作的柜体需要注意哪些事项?

◎带柜门的柜子

一张大芯板开条，再压两层面板。错误的施工是：在一整张大芯板上直接刷油漆或压一张面板，这样容易变形。

◎买成品移门的柜子

注意留出滑轨的空间，滑轨的侧面还需要涂刷漆，这样可以保证衣柜内的抽屉自由拉出（抽屉稍微做高一些，不要被推拉门的下轨挡住）。

◎衣柜门的尺寸

首先看衣柜门的宽度尺寸，平开门的最佳宽度尺寸为 450~600mm（具体由门数来决定），推拉门的最佳宽度尺寸为 600~800mm。平开门的高度尺寸为 2200~2400mm，超过 2400mm 可以设计加顶柜。推拉门的高度尺寸与平开门的高度尺寸一致。需要注意的是，在选择尺寸的时候，要考虑衣柜门的承重力。

◎整体衣柜的深度尺寸

整体衣柜的进深一般为 550~600mm。除去衣柜背板和衣柜门，整个衣柜的深度为 530~580mm，这个深度比较适合悬挂衣物，不会因为深度太浅造成衣服的褶皱，挂衣服的空间也不会感觉太狭窄。

（4）套装门安装有哪些注意事项?

①在安装套装门时，首先要注意套装门套除了靠走头与墙固定外，在套子立边外侧还要钉上木砖或者铁扒钉。木砖要呈梯形，砌砖时用嵌入体固定，使套子更加稳定、牢固，不至于因为门窗扇的开启而使门窗套晃动。

②套装门窗套凡接触砌体的面必须进行防腐处理，涂刷防腐油，并在外墙门窗套上钉上防寒毡。涂刷防腐油是为了防止门窗套与砖墙接触的一面受潮、腐朽。

↑门套准备刷防腐油

（5）木龙骨和轻钢龙骨哪个好？

木龙骨和轻钢龙骨都是制作吊顶时作为基底的材料。相对来说，轻钢龙骨抗变形性能较好，坚固、耐用。不过轻钢龙骨是金属材质，在制作复杂造型的吊顶时不易施工。木龙骨适于制作复杂造型的吊顶，但是木龙骨如果风干不好容易变形、发霉。因此，在制作简单直线吊顶时用轻钢龙骨比较好；在制作复杂艺术吊顶时，可以将轻钢龙骨与木龙骨结合起来使用。

（6）顶面灯洞是由木工开还是由电工开？

用专业术语来说这是配合工程，也就是说，要两者都在现场、彼此配合做这些事；或者至少灯具在，木工能看懂灯具的安装位置。开孔涉及吊顶结构，有些结构还要加固，需要木工来开孔，木工开孔的水平比电工较好一些。

↑ 开孔后穿线

第十一章

油漆工程
与验收

油漆工程直接展示装修的效果，起着画龙点睛的作用。油漆工程的施工内容主要有乳胶漆施工、木器漆施工、壁纸施工、硅藻泥施工。

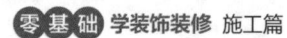

一、油漆工程基础知识

1. 油漆工常用工具

油漆工常用工具		
批灰刀		批灰刀分为两种，一种是用于墙面抹灰的刮刀，另一种是用于挑出灰桶里面粉浆的铲刀。两种工具的材质有铁和个锈钢两种，是最基础的涂料施工工具。批灰刀用于将双飞粉、腻子粉等粉浆刮抹于墙面上，找平墙面，以减少墙面的粗糙感
阴、阳角抹子		阴、阳角抹子主要用于墙面阴角、阳角平整度的修缮工作。阴、阳角抹子又分为直角抹子和圆角抹子。如墙面需要设计圆角造型，则需要使用圆角抹子完成施工作业
辊筒		辊筒又称筒刷，分为长毛、中毛、短毛三种。辊筒由圆柱形辊轴和塑料手柄组成，主要用于墙面、顶面中的乳胶漆滚涂
肌理辊筒刷		肌理辊筒刷可用于在墙面中滚涂出漂亮的、带有凹凸质感的花纹，与普通的辊筒刷相比，肌理辊筒刷具有更多的装饰变化性
砂纸夹板		砂纸夹板是用于打磨的工具。使用砂纸夹板时，将砂纸裁切成相应的大小，然后夹在砂纸夹板上进行打磨作业，这样可以使打磨施工更加方便
羊毛刷		羊毛刷可应用于涂料的涂刷作业，是涂料施工中最常用到的工具。优质羊毛刷的含漆量大、流平性好，能均匀地涂刷涂料，使涂刷表面平滑、厚薄一致，并且不易在涂刷表面留下刷纹和刷毛，施工时手感顺畅、耐用
喷漆枪		喷漆枪是利用液体或压缩空气迅速释放作为动力的一种工具，主要用于墙面涂料的喷涂施工作业。使用喷漆枪省事、省力，喷涂的涂料具有均匀、细腻等特点

2. 油漆工施工作业条件

油漆工施工前应先除去墙面所有的起壳、裂缝，并用填料补平，清除墙面一切残浆、垃圾、油污，如为大面积墙面宜作分格处理。砂平凹凸处及粗糙面，然后冲洗干净墙面，待完全干透后即可涂刷。

二、油漆现场施工

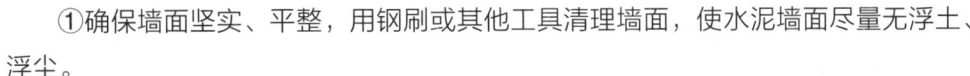

墙面漆材料及工艺讲解

1. 乳胶漆施工

步骤一 基层处理

①确保墙面坚实、平整，用钢刷或其他工具清理墙面，使水泥墙面尽量无浮土、浮尘。

②在墙面上辊一遍混凝土界面剂，尽量均匀，待其干燥后（一般在 2h 以上），就可以刮腻子了。对于泛碱的基层应先用 3% 的草酸溶液清洗，然后用清水冲刷干净。

步骤二 满刮腻子

①一般墙面刮两遍腻子即可，既能找平，又能罩住底色。平整度较差的腻子需要在局部多刮几遍。如果平整度极差，墙面倾斜严重，可考虑先刮一遍石膏进行找平，然后再刮腻子。

②每遍腻子批刮的间隔时间应在 2 h 以上（表面干透后）。当满刮腻子干燥后，用砂纸将墙面上的腻子残渣、斑迹等磨光，然后将墙面清扫干净。

步骤三 打磨腻子

耐水腻子完全凝实之后 (5~7 天) 会变得坚实无比，此时再进行打磨就会变得异常困难。因此，建议刮过腻子之后 1~2 天便开始进行腻子打磨。打磨可选在夜间，用 200W 以上的电灯泡贴近墙面照明，一边打磨一边查看平整程度。

墙面腻子打磨工艺

步骤四 涂刷底漆

①底漆涂刷一遍即可，务必均匀，待其干透后（2~4h）可以进行下一步骤。涂刷每面墙面宜按先左后右、先上后下、先难后易、先边后面的顺序进行，不得胡乱涂刷，以免漏涂或涂刷过厚、涂料不均匀等。通常情况下用排笔涂刷，使用新排笔时要注意将活动的毛笔清理干净。

乳胶漆底漆滚涂工艺

②干燥后修补腻子，待修补腻子干燥后，用 1 号砂纸磨光并清扫干净。

步骤五 涂刷面漆

①面漆通常要刷两遍，每遍之间应相隔 2~4h 以上（视其表面干透时间而定），待其基本干燥。

②第二遍面漆刷完之后，需要 1~2 天才能完全干透。在涂料完全干透前应注意防水、防旱、防晒，以及防止漆膜出现问题。乳胶漆的漆膜干燥快，所以应连续迅速操作，涂刷时从左边开始，逐渐涂刷向另一边。一定要注意上下顺刷、互相衔接，避免出现接槎明显的问题，导致需要另行处理。

↑ 刷面漆

2. 木器喷漆施工

（1）木作清漆涂刷

步骤一 基层处理

先将木材表面的灰尘、胶迹等用刮刀刮除干净，但应注意不要刮出毛刺，并且不得刮破；然后用 1 号以上的砂纸顺木纹精心打磨，先磨线角、后磨平面，直到光滑为止。当基层有小块翘皮时，可用小刀撕掉；如有较大的疤痕，则应有木工修补；节疤、松脂等部位应用虫胶漆封闭，钉眼处用油性腻子嵌补。

步骤二 润色油粉

用棉丝蘸油粉反复涂于木材表面。擦进木材的棕眼内，然后用棉丝擦净，应注意墙面及五金上不得沾染油粉。待油粉干后，用 1 号砂纸顺木纹轻轻打磨，先磨线角、后磨平面，直到光滑为止。

↑ 木作清漆涂刷

步骤三 刷油色

先将铅油、汽油、光油、清油等混合在一起过筛，然后倒在小油桶内，使用时要经常搅拌，以免沉淀造成颜色不一致。刷油的顺序应从外向内、从左到右、从上到下，并且顺着木纹进行。

步骤四 刷第一遍清漆

第一遍清漆的刷法与油色相同，但刷第一遍清漆应略加一些稀料撤光以便快干。因清漆的黏性较大，最好使用已经用出刷口的旧棕刷，刷漆时要少蘸油，以保证不流、不坠，涂刷均匀。待清漆完全干透后，用 1 号砂纸彻底打磨一遍，将头遍漆面上的光亮基本打磨掉，再用潮湿的布将粉尘擦掉。

步骤五 拼色与修色

木材表面上的黑斑、节疤、腻子疤等颜色不一致处，应用漆片、酒精加色调配或用清漆、调和漆和稀释剂调配进行修色。木材颜色深的应修浅，木材颜色浅的应提深，将深色和浅色木面拼成一色，并绘出木纹。最后，用细砂纸轻轻往返打磨一遍，再用潮湿的布将粉尘擦掉。

步骤六 刷第二遍清漆

清漆中不加稀释剂，操作同刷第一遍清漆，但刷油动作要敏捷，多刷、多理，使清漆涂刷得饱满、一致，不流、不坠，光亮、均匀。刷第二遍清漆时，周围环境要整洁。

（2）木作色漆涂刷

步骤一 基层处理

除了清理基层的杂物外，还应进行局部的腻子嵌补，打砂纸时应顺着木纹打磨。

步骤二 涂刷封底漆

封底涂料由清油、汽油、光油配制，略加一些红土子进行涂刷。待全部刷完后应检查一下有无遗漏，并注意油漆颜色是否正确，并将五金件等处沾染的油漆擦拭干净。

↑涂刷封底漆

步骤三 第一遍刮腻子

待涂刷的清油干透后，将钉孔、裂缝、节疤及残缺处用石膏油腻子刮抹平整。腻子以不软不硬、不出蜂窝、挑丝不倒为准。刮腻子时要横抹竖起，将腻子刮入钉孔或裂纹内。若接缝或裂缝较宽、孔洞较大，可用开刀或铲刀将腻子挤入缝洞内，使腻子嵌入后刮平收净；表面上的腻子要刮光，无松散腻子及残渣。

步骤四 磨光

待腻子干透后，用 1 号砂纸打磨，打磨方法与底层打磨相同，但注意不要磨穿漆膜并要保护好棱角，不留松散腻子痕迹。打磨完成后应打扫干净，并用潮湿的布将打磨下来的粉末擦拭干净。

步骤五 涂刷

色漆的几遍涂刷要求，基本与清漆一致，可参考清漆涂刷过程。

步骤六 打砂纸

待腻子干透后，用 1 号以下砂纸打磨。在使用新砂纸时，应将两张砂纸对磨，将粗大的砂粒磨掉，以免打磨时将漆膜划破。

步骤七 第二遍刮腻子

待第一遍涂料干透后，在底腻子收缩或残缺处用石膏腻子刮抹一次。

3. 硅藻泥涂刷施工

步骤一 搅拌涂料

在搅拌容器中加入施工用水量 90% 的清水，然后倒入硅藻泥干粉浸泡几分钟，再用电动搅拌机搅拌约 10min。搅拌的同时添加 10% 的清水调节施工黏稠度，泥性涂料要在充分搅拌均匀后方可使用。

步骤二 涂刷涂料

第一遍涂料的涂平厚度约为 1mm，完成后等待约 50min，根据现场气候情况而定，以表面不粘手为宜，有露底的情况用料补平；然后涂刷第二遍涂料，厚度约为 1.5mm。总厚度在 1.5 ~ 3mm 之间。

↑ 涂刷涂料

步骤三 图案制作并收光

① 常见的肌理图案有拟丝、布艺、水波、如意、格艺、斜格艺麻面、扇艺、羽艺、弹涂、分割弹涂等，可任选其一涂刷在墙面中。

② 制作完肌理图案后，用收光抹子沿图案纹路压实收光。

↑ 制作肌理

4. 壁纸粘贴施工

步骤一 施工准备

壁纸施工的材料准备是至关重要的环节。通常来说，除了壁纸以外，壁纸施工时常用的施工材料有胶黏剂、防潮底漆与底胶、底灰腻子等。

① 胶黏剂。应根据壁纸的品种、性能来确定胶黏剂的种类和稀稠程度。原则是：既要保证壁纸粘贴牢固，又不能透过壁纸，影响壁纸的颜色。

② 防潮底漆与底胶。裱糊壁纸前，应在基层表面先刷防潮底漆，以防止壁纸、壁布受潮脱胶。底胶的作用是：封闭基层表面的碱性物质，以防止贴面吸水太快；随时校正图案和对花的粘贴位置，以便于在校正时揭掉壁纸，同时也为粘贴壁纸提供一个粗糙的结合面。

③ 底灰腻子。有乳胶腻子和油性腻子之分。乳胶腻子的配比为：

聚醋酸乙烯乳液：滑石粉：羧甲基纤维素（2% 溶液）=1 ： 10 ： 2.5

油性腻子的配比为石膏粉：熟桐油：清漆（酚醛）=10 ： 1 ： 2

步骤二 基层处理

① 基层应平整，同时墙面阴、阳角垂直方正，墙角小圆角弧度大小上下一致，表面坚实、平整、洁净、干燥，没有污垢、尘土、沙粒、气泡、空鼓等现象。

② 安装于基面的各种开关、插座、电器盒等突出设置，应先卸下扣盖等影响壁纸施工的部件。

步骤三 刷防潮底漆及底胶

基层处理经工序检验合格后，在处理好的基层上涂刷防潮底漆及一遍底胶，要求薄而均匀，墙面要细腻、光洁，不应有漏刷或流淌等现象。

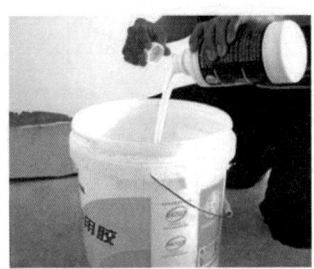 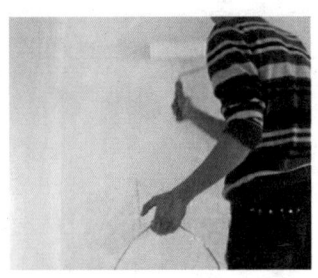

↑在涂刷前配置底胶　　　↑墙面滚刷

步骤四 墙面弹线

在底层涂料干燥后弹水平、垂直线，作用是使壁纸粘贴的图案、花纹等纵横连贯。

步骤五 裁纸

① 按基层实际尺寸进行测量，计算所需用量，并在壁纸每一边预留 20 ～ 50mm 的余量，从而计算出需要用的卷数，以及确定壁纸的裁切方式。裁切好的壁纸需要按次序摆放，不能乱放，否则壁纸很容易出现色差问题。一般情况下，可以先裁 3 卷壁纸试贴。

↑测量壁纸　　　↑裁切壁纸

② 将裁好的壁纸反面朝上平铺在工作台上，用辊筒刷或白毛巾涂刷清水，使壁纸充分吸湿伸张，浸湿 15min 后方可粘贴。可将壁纸先进行试拼，确认每块壁纸的位置。

↑试拼

步骤六 涂刷胶黏剂

壁纸和墙面需刷一遍胶黏剂，厚薄均匀。胶黏剂不能刷得过多、过厚、不均，以防溢出；在壁纸上刷胶黏剂时应避免刷不到位，以防产生起泡、脱壳、壁纸黏结不牢等现象。

步骤七 贴壁纸

① 首先找好垂直，然后对花纹拼缝，再用刮板将壁纸刮平。原则是：先垂直方向、后水平方向，先细部、后大面。贴壁纸时要两人配合，一人用双手将润湿的壁纸平稳地拎起来，将纸的一端对准控制线上方 10mm 左右处；另一人拉住壁纸的下端，两人同时将壁纸的一边对准墙角或门边，直至壁纸上下垂直，再用刮板从壁纸中间向四周逐次刮去。壁纸下的气泡应及时赶出，使壁纸紧贴墙面。

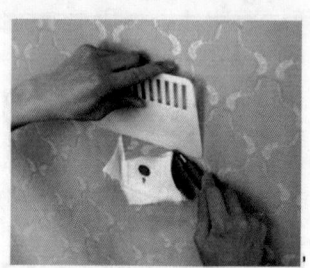

↑刮板赶出气泡

② 拼贴时注意阳角千万不要有缝，壁纸至少包过阳角 150mm，达到拼缝密实、牢固，花纹图案对齐的效果。多余的胶黏剂应顺操作方向刮挤出纸边，并及时用干净、湿润的白毛巾擦干，以保持纸面清洁。

③ 电视背景墙上开关、插座位置的壁纸裁切，一般是从中心点裁切十字口，使其出现 4 个小三角形，再用刮板压住开关、插座的四周，并用壁纸刀将多余的壁纸切除。

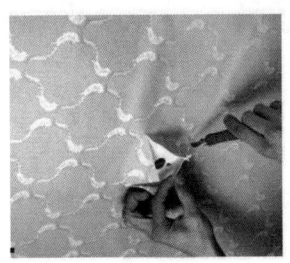

↑ 裁切十字口

④ 将壁纸铺贴好之后，需要将上、下、左、右端及贴合重叠处的壁纸裁掉。最好选用刀片较薄、刀口锋利的壁纸刀。

步骤八 清理修整

① 完成壁纸施工后，要对整个墙面进行检查。如有粘贴不牢的，可用针筒注入胶水进行修补，并用干净的白色湿毛巾将其压实，擦去多余的胶液。如粘贴面起泡，可用裁纸刀或注射针头沿图案的边缘将壁纸割裂或刺破，以排出空气。纸边口脱胶处要及时用黏性强的胶液贴牢。

② 用干净的白色湿毛巾将壁纸面上残存的胶液和污物擦拭干净。

三、油漆施工验收与常见问题

1. 现场验收

（1）乳胶漆施工验收标准

① 乳胶漆涂刷使用的材料品种、颜色应符合设计要求。

② 涂刷面颜色一致，无砂眼、无刷纹，不允许有透底、漏刷、掉粉、皮碱、起皮、咬色等质量缺陷。

③ 使用喷枪喷涂时，喷点应疏密均匀，不允许有连皮现象，不允许有流坠；用手触摸漆膜应光滑、不掉粉；门窗及灯具、家具等应洁净，无涂料痕迹。

④ 侧视墙面应平整，无波浪状；墙面如需修补，应整墙补刷。

⑤ 检查表面是否平整，是否反光均匀，有无空鼓、起泡、开裂等现象。

⑥ 木质和石膏板天花的涂料一般为乳胶漆，应表面平整，板接处没有裂缝。

⑦ 检查乳胶漆墙面是否有污染、脏迹存在。

（2）壁纸施工验收标准

① 壁纸、墙布必须黏结牢固，无空鼓、翘边、皱折等缺陷。

② 壁纸表面应平整，无波纹起伏；色泽应一致，无斑污，无明显压痕。

③ 壁纸各幅拼接应横平竖直，图案端正，拼缝处图案花纹吻合，距墙 1m 处正视无明显接缝；阴角处搭接顺光，阳角无接缝，角度方正，边缘整齐、无毛边。

④ 壁纸与挂镜线、贴脸板、踢脚板、电气槽盒等交接处应严密、无缝隙，无漏贴和补贴；活动件的四周及挂镜线、贴脸板、踢脚板等处的边缘切割整齐、顺直，无毛边。

⑤ 铺贴好的壁纸应表面平整、挺秀，拼花正确、图案完整、连续对称、无色差、无胶痕，面层无飘浮，经、纬线顺直。

2. 常见问题解析

（1）如何处理乳胶漆气泡？

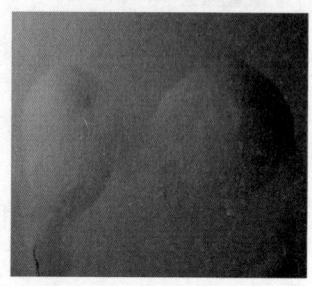

主要原因是基层处理不当，涂层过厚，特别是在用大芯板做基层时容易出现起泡现象。预防的方法是：在使用涂料前搅拌均匀、掌握好漆液的稠度，也可在涂刷涂料前先在底腻子层上刷一遍 107 胶水。在返工修复时，应将起泡脱皮处清理干净，先刷 107 胶水，再进行修补。

↑ 乳胶漆起泡现象

（2）如何处理乳胶漆反碱掉粉？

主要原因包括基层未干燥就潮湿施工，未刷封固底漆，以及涂料过稀。如发现反碱掉粉，应返工重涂，将已涂刷的材料清除，待基层干透后再施工。施工中必须用封固底漆先刷 1 遍，特别是对新墙，面漆的稠度要合适，白色墙面应稍稠些。

（3）如何处理乳胶漆流坠？

主要原因是涂料的黏度过低，涂层太厚。施工中必须调好涂料的稠度，不能加水过多，操作时排笔一定要勤蘸、少蘸、勤顺，避免出现流挂、流淌。如发生流坠，需等漆膜干燥后用细砂纸打磨并清理饰面，然后再涂刷 1 遍面漆。

↑ 乳胶漆流坠

（4）乳胶漆漆膜内颗粒较多，表面粗糙，应如何处理？

漆膜内充满颗粒，是由于涂刷腻子后，工人没有对墙面进行打磨，导致刷漆时漆膜内存在异物。若要解决这一问题，需要用砂纸重新打磨 1 遍墙面，将颗粒打磨平，然后再重新刷漆。

↑ 乳胶漆漆膜内颗粒较多，表面粗糙

（5）壁纸基膜施工后掉落在地面上，应如何清除？

如果基膜未干，可直接用湿毛巾擦掉；如果掉落在地面上的基膜已干透成膜，则可采取以下两种方法予以清除。

◎ 加热法

由于基膜是一种高聚物，具有一定的玻璃化温度，可采用电吹风对着基膜进行加热，软化基膜后方可轻松掀揭、清除。小面积基膜痕迹的清除，推荐采用这种环保的方法。

◎ 溶解法

用干布或毛巾蘸取专用的基膜清洁剂，在基膜的涂层上进行擦拭，即可在溶解后将基膜清除。专用基膜清洁剂是一种对基膜具有强溶解力的高效清洁剂，由于其气味较大，使用时请注意通风，一般情况下不推荐使用。

（6）壁纸接缝处出现明显胶痕，应如何处理？

接缝处的胶液如未擦干净，曝露在空气中的时间长了，会因受氧化的关系而颜色变深。处理方法如下。

① PVC 壁纸等耐腐蚀、耐擦洗的壁纸类型，可使用专用的壁纸清洁剂进行清洁。注意，这些清洁剂具有一定的腐蚀性。

② 纯纸、无纺类壁纸，可先用干净的白色毛巾蘸取洗衣皂的兑水溶液在胶痕上进行擦拭，然后使用湿毛巾擦拭即可清除。

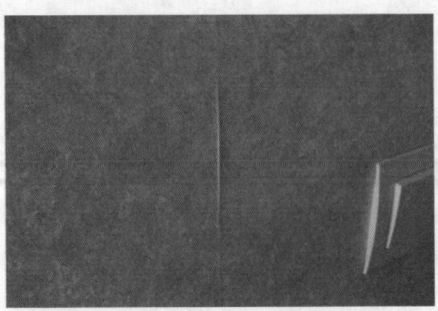

↑壁纸接缝处出现明显胶痕

（7）壁纸内部出现肿胀气泡，应如何解决？

壁纸内部充满大小不一的气泡，其产生原因是在施工时未对壁纸进行润纸处理，如需解决则要重新铺贴壁纸。铺贴前先在壁纸背面涂刷壁纸胶并静置一段时间，使壁纸变得湿润，再将其依照正常工序铺贴在墙面上，这样便不会出现内部起泡的现象。

↑壁纸内部出现肿胀气泡

第十二章

洁具安装
与验收

洁具主要包括厨房和卫浴间内的清洁用具,是家居生活中人们使用频率最高的用具。施工时要注意不同安装类型的施工要点,以防止后期出现问题。

一、洁具安装基础知识

1. 厨卫洁具安装顺序

　　厨房洁具的安装：要先对抽油烟机、净水器等在高处安装的用具进行安装施工，再对水槽、水龙头等进行安装。

　　卫浴间洁具的安装：要先安装在吊顶上的浴霸、热水器等用具，再安装坐便器、面盆、浴缸等一系列用具，最后对一些小的五金件进行安装。

2. 厨卫洁具安装注意事项

（1）装修卫浴间地面

　　应注意防水、防滑。卫浴间的地砖是否防滑，关键在于卫浴间地砖表面的摩擦力。一般防滑性较好的地砖是通过在地砖表面制作纹路或其他方式，使地砖有一定的粗糙感，以增大砖面与脚底的摩擦力，使人走在上面不易滑倒。因此，卫浴间的地面最好使用有凸起花纹的防滑地砖，这种地砖不仅有很好的防水性能，而且即使是在沾水的情况下也不会太滑。

↑ 卫浴间的防滑地砖

（2）装修卫浴间顶部要注意防潮

　　卫浴间顶部要注意防水气，因此，最好采用防水性能较好的 PVC 扣板。可以将这种扣板安装在龙骨上，起到遮盖管道的作用。装修卫浴间要注重电路的安全性。卫浴间内有水电路需要改造时，业主应事先要求设计师提供一张电路改造图。如果施工过程中有所改动，业主还要与设计师沟通并再绘制一张改造图，然后开始施工。最好不要边施工边修改，以免以后在对墙体施工时弄坏电线，引起事故。

（3）做卫浴下水的注意事项

　　地漏水封的高度要达到 50mm，排水管道内的浊气才不会漫入室内。地漏应低于地面 10mm 左右，排水流量不能太小，否则容易造成阻塞。如果地漏的四周很粗糙，则容易挂住头发、污泥，造成堵塞，还特别容易滋生细菌。地漏算子的开孔孔径应该控制在 6~8mm，以有效防止头发、污泥、沙粒等污物进入地漏。

（4）旧房卫浴间管道改造需要注意的问题

在进行旧房改造时，一般需要将管道改为目前通用的 PP-R 管，这种改造有利于改善旧房居民的用水质量。如果在二次装修时确实不方便将管道置换成 PP-R 管，也应当为管道增加相应的饮用水过滤装置。

二、洁具安装

1. 厨房洁具安装

（1）水龙头安装

步骤一 连接进水管

先将两条进水管接到冷、热水龙头的进水口处（如果是单控龙头，只需要接冷水管），然后再将水龙头固定柱穿过两条进水管。

步骤二 固定安装板

用卷尺、水平尺测量安装板的安装孔位置，用笔做好标记。用冲击钻和大小合适的钻头钻出安装孔，然后装上安装板。

步骤三 安装水龙头

将冷、热水龙头安装在面盆的相应位置，面盆的开口处放入进水管。

步骤四 安装固定件

将固定件固定好，并将螺母、螺杆旋紧。

步骤五 检查

首先仔细查看水龙头出水口的方向是否向内倾斜（水龙头出水口向内倾斜，在使用时容易碰到头），然后实际使用感受一下。如果发现水龙头出水口有向内倾斜的现象，应及时调节、校正。

（2）抽油烟机安装

步骤一 固定安装板

用卷尺、水平尺测量安装板的安装孔位置，用笔做好标记。用冲击钻和大小合适的钻头钻出安装孔，然后装上安装板。

步骤二 安装抽油烟机

将抽油烟机固定到安装板上，调节左、右间距，并固定牢固。通常在安装抽油烟机之前，橱柜已经安装完成，因此，需要将抽油烟机的位置控制在吊柜的中间，不可偏向一侧。

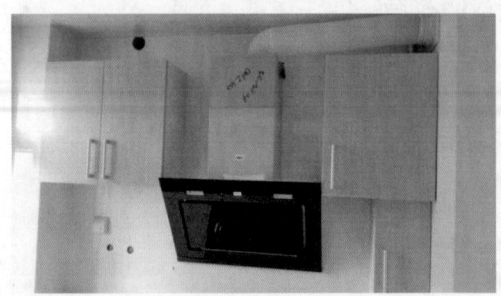

↑安装抽油烟机

步骤三 安装烟道

将逆止阀安装到烟道口，以防止发生油烟倒吸现象。在连接抽油烟机和烟道的软管两端时，要用胶带缠起来密封，要求密封严实，不可留有空隙。

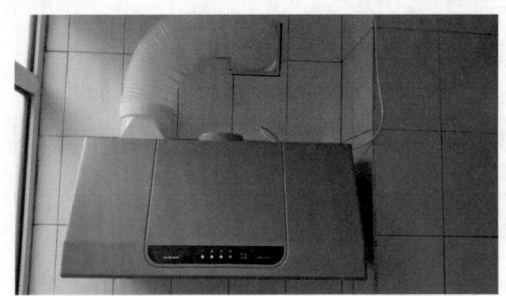

↑安装抽油烟机

（3）净水器安装

步骤一 配置净水器

安装前要先检查零件是否齐全。若无问题则将主机与滤芯连接好，再装入反渗透膜。最后，拧紧各个接头处及滤瓶。

步骤二 连接压力桶

将压力桶的小球阀安装在压力桶的进、出水口处（注：请勿旋转太紧，否则易裂）。

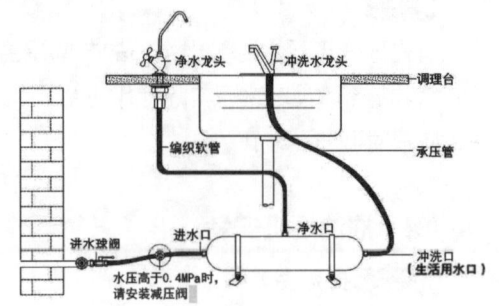

↑净水器安装示意图

步骤三 固定水龙头

将水龙头安装到水槽适当的位置，固定好水龙头，然后将 2 分（DN 8，Φ12mm）水管插入水龙头的连接口。

步骤四 连接净水器

① 剪适当的水管将各原水、纯水、压力桶、废水管分别连接好。

② 将进水总阀关闭，并将进水三通及 2 分（DN 8，Φ12mm）球阀安装好。安装前要检测水压，如高于 0.4MPa，需加装减压阀。

③ 将主机与压力桶连接好，再将主机与进水口连接好。剪适当长度的管子，将其一端与废水出口处连接，另一端与下水道连接，然后用扎带固定好废水管。

步骤五 整理验收

① 理顺连接好的水管，并用扎带扎好，将压力桶与主机摆放好，插上电源，打开水源进行测试。需要注意的是，要仔细检查水管是否理顺，以防止水管弯折。

② 打开压力桶球阀，并检查各接头是否渗水。

↑完成图

（4）水槽安装

步骤一 预留水槽孔

要为即将安装的水槽留出一定的位置，根据所选款式及设计要求开孔。

步骤二 组装水龙头

将水龙头的各项配件组装到一起，然后取出水槽，将其安装到台面的豁口处。

步骤三 安装下水管

① 安装溢水孔下水管。溢水孔是避免洗菜槽向外溢水的保护孔，因此，在安装溢水孔下水管时，要特别注意其与槽孔连接处的密封性。要确保溢水孔下水管自身不漏水，可以用玻璃胶进行密封加固。

② 安装过滤篮下水管。在安装过滤篮下水管时，要注意下水管和槽体之间的衔接，不仅要牢固，而且还应该密封。这是洗菜槽经常出问题的关键部位，必须谨慎处理。

③ 安装整体排水管。应根据实际情况对配套的排水管进行切割，这时要注意每个接口之间的密封。

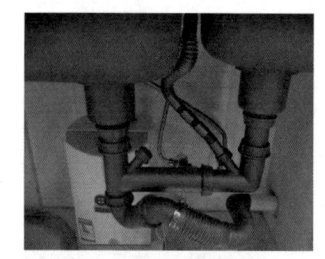
↑安装整体排水管

步骤四 排水试验

将洗菜槽放满水，同时测试过滤篮下水和溢水孔下水的排水情况，发现渗水处再紧固螺帽或者打胶。

步骤五 打胶

做完排水试验，确认没有问题后，对水槽进行封边。使用玻璃胶封边，要保证水槽与台面连接的缝隙均匀，不能有渗水的现象。

↑完成图

2. 卫浴洁具安装

（1）面盆安装

◎台上盆安装

步骤一 测量

安装台上盆前，要先测量好台上盆的尺寸，再将尺寸标注在柜台上，然后沿着标注的尺寸切割台面板，以便安装台上盆。

步骤二 安装落水器

将台上盆安放在柜台上，先试装落水器，使水能正常冲洗、流动，然后锁住、固定。

步骤三 打胶

安装好落水器后，沿着台上盆的边缘涂抹玻璃胶，为安装台上盆作准备。

步骤四 安装台上盆

涂抹玻璃胶后，将台上盆安放在柜台的面板上，然后摆正位置。

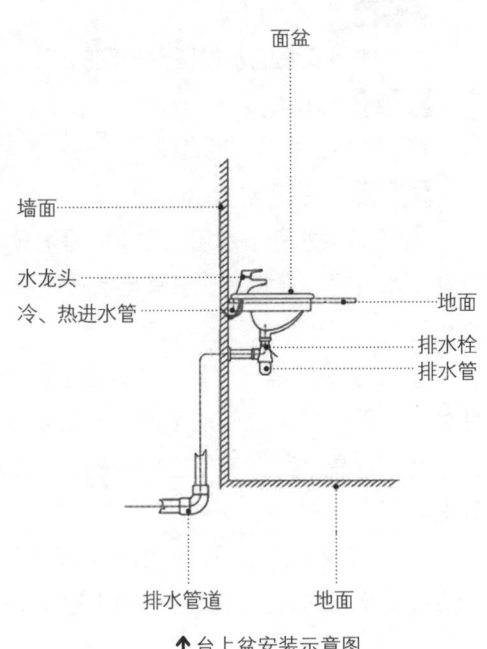

↑台上盆安装示意图

◎台下盆安装

步骤一 测量切割

根据设计图纸的要求进行 1：1 放样，将台下盆的尺寸轮廓描绘在台面上，然后切割面盆的安装孔并进行打磨，最后安装支撑台面的支架。

步骤二 安装台下盆

将面盆暂时放入已开好的台面安装口内，检查间隙，并做好相应的记号；然后在面盆边缘的上口涂抹硅胶密封材料；再将面盆小心地放入台面下并对准安装孔，与之前的记号相校准并向上压紧；最后使用连接件将面盆与台面紧密连接。

步骤三 安装水龙头

等密封胶硬化后安装水龙头，然后连接进水和排水管件。

（2）坐便器安装

步骤一 裁切下水口

根据坐便器的尺寸，将多余的下水口管道裁切掉，一定要保证排污管高出地面10mm 左右。

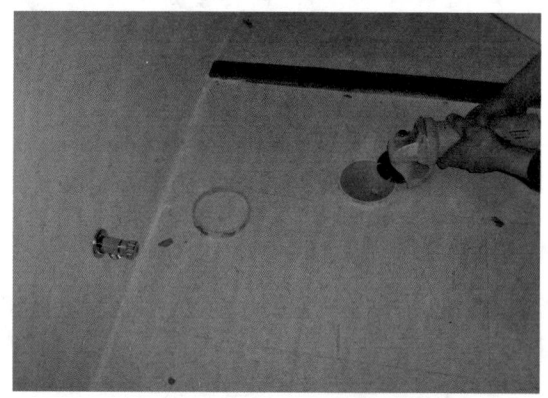

↑ 裁切多余的下水口管道

步骤二 确定坑距、排污口位置

先确认墙面到排污孔中心的距离，测量其是否与坐便器的坑距一致，同时确认排污管的中心位置并画上十字线；然后翻转坐便器，在排污口上确定中心位置并画出十字线，或者直接画出坐便器的安装位置。

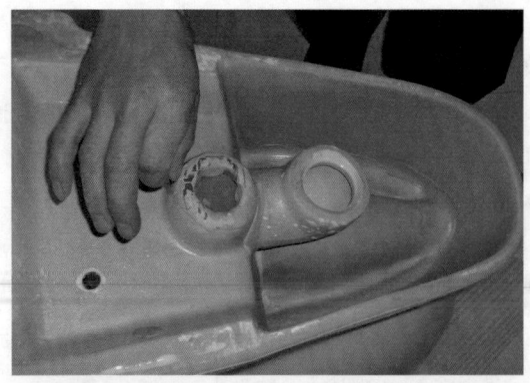

↑ 测量坐便器的坑距

↑ 确定排污口

步骤三 安装法兰

确定坐便器底部的安装位置，将坐便器排污管中心位置的十字线与地面排污口的十字线对准，保持坐便器水平，用力压紧法兰（如果没有法兰，要涂抹专用密封胶）。

步骤四 安装坐便器盖

将坐便器盖安装到坐便器上，保持坐便器与墙面平行，平稳、端正地摆好。

步骤五 打胶

坐便器与地表面的交会处用透明密封胶封住，这样可以将卫浴间的局部积水挡在坐便器的外围。

（3）淋浴花洒安装

步骤一 安装阀门

① 关闭总阀门，将墙面上预留的冷、热进水管的堵头取下，打开阀门，放出水管内的污水。

② 将冷、热水阀门对应的弯头涂抹铅油，缠上生料带，与墙上预留的冷、热水管头对接，并用扳手拧紧。将淋浴器阀门上的冷、热进水口与已经安装在墙面上的弯头试接，若接口吻合，则将弯头的装饰盖安装在弯头上并拧紧。最后，将淋浴器阀门与墙面的弯头对齐后拧紧，扳动阀门，测试安装是否正确。

↑冷、热阀门弯头

↑阀门与弯头试接

步骤二 安装淋浴器

① 将组装好的淋浴器连接杆放置到阀门预留的接口上，使其直立，注意保持垂直；然后将连接杆的墙面固定件放在连接杆上方的适合位置，用铅笔标注出将要安装螺丝的位置，并在墙上的标记处用冲击钻打孔，安装膨胀塞。

② 将固定件上的孔与墙面打的孔对齐，用螺丝固定住；将淋浴器上连接杆的下方在阀门上拧紧，上方卡进已经安装在墙面上的固定件。

③ 在弯管的管口缠上生料带，固定喷淋头，然后安装手持喷头的连接软管。

步骤三 清除杂质

安装完毕，拆下起泡器、花洒等易堵塞配件，让水流出，将水管中的杂质完全清除后再将配件装回。

（4）浴缸安装

步骤一 安装阀门

将浴缸抬进浴室，放在下水的位置，用水平尺检查水平度。若不平，可通过浴缸下的几个底座来调整水平度。

步骤二 安装排水管

将浴缸上的排水管塞进排水口内，用密封胶填充多余的缝隙。

步骤三 安装软管和阀门

将浴缸上面的软管与阀门按照说明书的示意连接起来，对接软管与墙面预留的冷、热水管的管路及角阀，然后用扳手拧紧。

步骤四 固定浴缸

拧开控水角阀，检查有无漏水，安装手持花洒和去水堵头，固定浴缸；然后测试浴缸的各项性能，如果没有问题，则将浴缸放到预装位置，与墙面靠紧。

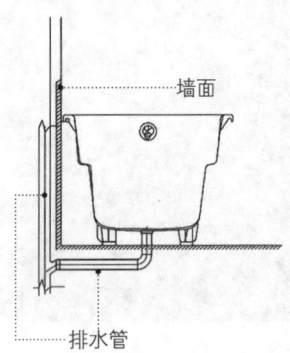

↑ 亚克力浴缸安装结构

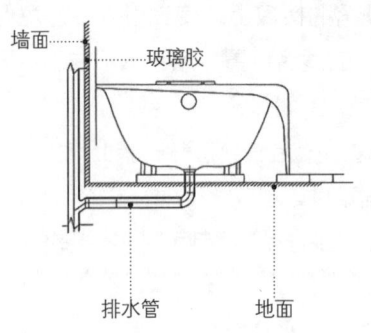

↑ 铸铁有裙边浴缸安装结构

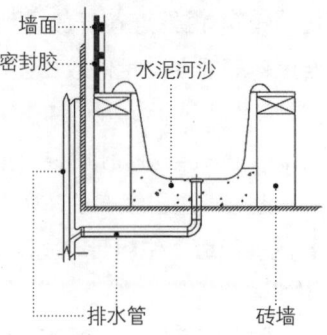

↑ 铸铁无裙边浴缸安装结构

（5）地漏安装

步骤一 标记位置

摆好地漏，确定其大概的位置，然后画线、标记地漏位置，确定待切割瓷砖的具体尺寸（尺寸务必精确），再对周围的瓷砖进行切割。

步骤二 安装地漏

以下水管为中心，将地漏主体扣压在管道口，用水泥或建筑胶密封好。地漏上平面低于地砖表面 3 ~ 5mm 为宜。

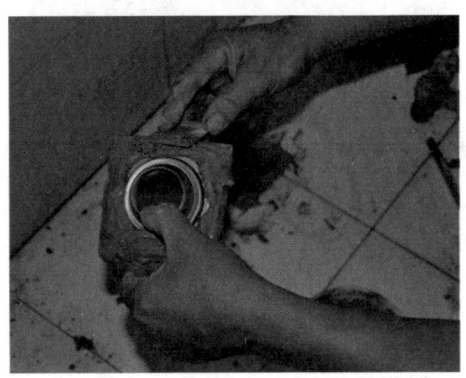

↑安装地漏

步骤三 安装防臭塞

将防臭塞塞进地漏体，按紧密封，盖上地漏箅子。

↑安装防臭塞

步骤四 测试坡度

安装完毕，可检查卫浴间的泛水坡度，然后再倒入适量水，检查排水是否通畅。

↑倒水检查

（6）电热水器安装

步骤一 检查

用卷尺测量电热水器的尺寸与安装位置的尺寸，计算安装空间预留得是否充足。

步骤二 安装箱体

① 用卷尺测量电钻打孔的位置，用记号笔在墙面上做标记；然后用锤子将膨胀螺栓敲进去，注意要将整个膨胀螺栓敲进去，这样才能使其更加牢固。

② 使用钳子或者扳手将膨胀螺栓拧紧，使其头朝上，这样才能将电热水器挂在上面。

③ 将热水器抬起来。筒式的热水器比较重，搬运时要注意。

④ 将热水器后面的挂钩对准膨胀螺栓，将热水器挂在上面并固定好。

步骤三 安装进水管

在墙面的冷、热水管上安装角阀，然后将进水软管分别连接电热水器和角阀的两端，并拧紧。

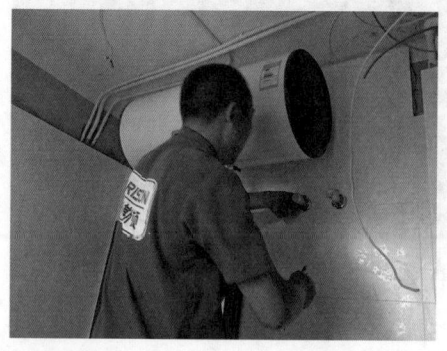

↑安装角阀

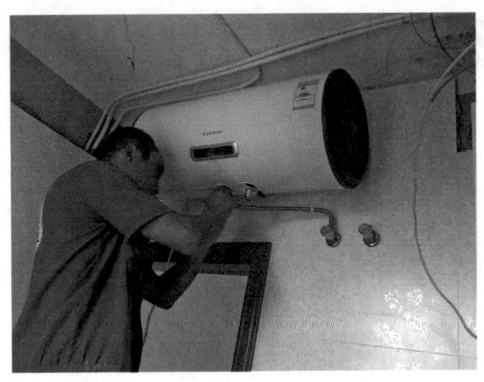

↑连接进水软管

（7）浴霸安装

步骤一 前期准备

在前期准备时需要确定浴霸类型、浴霸安装位置，开通风孔（应在吊顶上方150mm处），安装通风窗，准备吊顶（吊顶与房屋顶部形成的夹层空间高度不得小于220mm）。

步骤二 取下浴霸面罩

将所有灯泡拧下并取下浴霸面罩。

步骤三 连接通风管

将通风管伸进室内的一端拉出，然后将其套在离心通风机罩壳的出风口上。

步骤四 安装浴霸面罩和灯泡

① 将浴霸面罩定位脚与箱体定位槽对准后插入，再将弹簧挂在面罩对应的挂环上。

② 细心地旋上所有灯泡，使之与灯座保持良好的接触，然后将灯泡与面罩擦拭干净。

↑连接通风管

三、洁具安装验收与常见问题

1. 现场验收

①检查浴缸是否滴漏。将浴缸注满水后进行检查，看水流是否有所减少，然后看排水情况，以是否通畅、不堵塞为标准。

②检查地漏是否符合安装的要求。在地面上泼水，水应流向地漏处，并且地面没有残留水源。

③淋浴房和淋浴盆之间用硅胶密封，以防渗水；同时也要做好防水台，其高度要符合安装的条件。

④检验坐便器到坑的距离是否合理，若到坑的距离过大，坐便器和墙面之间会有较大的空距；坐便器的安装要牢固，最好采用膨胀螺栓固定，不得用木螺丝固定。

⑤卫生洁具的水管连接不能有凹凸、弯扁的缺陷，路线要规划好，数量不要太多，进水管和排污口要紧密连接，不能有渗漏。

⑥立盆下方底脚和地坪的连接要牢固，安装后底脚的四周用硅胶密封，最好没有渗漏的问题。

⑦检查洗手池的外观是否有破损，检查排水栓的预留孔是否大于、等于8mm。

⑧检查洗手池与排水管的连接是否牢固，并且是否便于拆卸。

⑨检查洗手池与墙面的连接处是否使用了玻璃胶进行粘接。

⑩检查坐便器的进水阀进水及密封是否正常，排水阀是否存在卡阻及渗漏现象。

⑪检查完成安装的浴缸水龙头、淋浴器等五金件的镀层是否被损坏。

⑫若安装的是嵌入式浴缸，则需检查是否预留了检修口，以便于后期检查、维修。

2. 常见问题解析

（1）如何更换洗手池的进水管？

到五金卖场购买洗手池的进水管时，要确认尺寸及所需配件。更换进水管时先将进水口控制阀关闭，再卸下控制阀上的固定螺帽，将旧水管拔起。利用万用钳卸下将水管连接到洗手池一端的固定螺帽，然后将旧水管拆除。

新式高压软管本身已附加固定螺帽，因此，直接将其一端固定在进水口的控制阀上即可。对应冷、热水的龙头位置，将高压软管的另一端安装在水龙头的下方。在完成冷、热进水口高压软管的安装后，将进水口的控制阀开启。

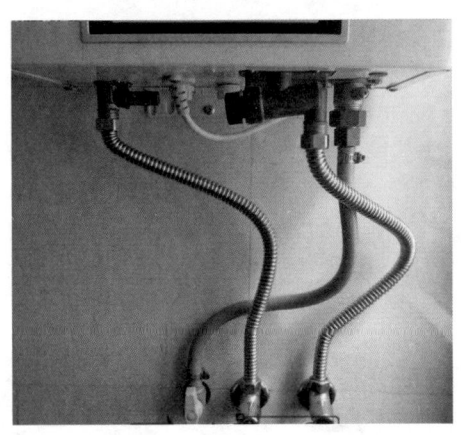

↑ 更换不锈钢进水管

（2）水龙头一直漏水，应如何处理？

很多人认为水龙头漏水是阀芯出了问题，实际上，只要使用得当，阀芯是不容易出问题的。因此，如果水龙头出现漏水现象，应从其本质来进行分析。

漏水现象	原因分析	解决办法
水龙头出水口漏水	水龙头内的轴心垫片磨损	根据水龙头的大小，选择对应的钳子将水龙头压盖旋开，用夹子取出磨损的轴心垫片，换上新的垫片
水龙头接管的接合处漏水	检查下接管处的螺帽是否松动	将螺帽拧紧或者换上新的 U 形密封垫
水龙头拴下方的缝隙漏水	压盖内的三角密封垫磨损	可以先将螺丝转松、取下拴头，然后将压盖弄松取下，再将压盖内侧的三角密封垫取出，换上新的密封垫

（3）如何安装水龙头起泡器？

在厨房、浴室中安装水龙头起泡器，可阻止水花四溅，并减少资源浪费。安装前应先关闭水龙头，将水龙头上旧的滤水头卸下。拆卸时需注意，接头内有一片黑色橡胶圈，应一并更换，以防止漏水；然后将起泡器的旋牙对准水龙头出水端的旋牙，转紧即可。

安装起泡器后，水龙头给水时会产生大量气泡，可以防止溅出水花，并可以任意调整水流方向。

↑ 水龙头的起泡器

（4）如何调整坐便器水箱的浮球？

坐便器水箱的出水量与浮球的高低有关。只要调整浮球的高度，就可以改变坐便器水箱的储水量。因此，调整坐便器水箱浮球的位置，可以省水。

如果水箱的出水量太大，可以将进水器上的定位螺丝顺时针转动，使浮球的位置下降。浮球的位置下降后，就可以使水箱的储水量降低，进而减少用水。

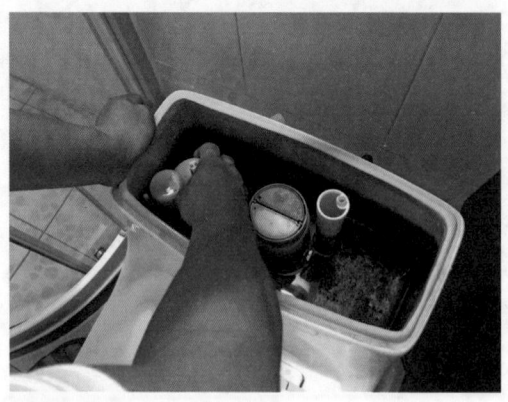

↑ 调整浮球

第十三章

灯具、电器
安装与验收

　　安装工程属于装修中的后期项目，灯具、电器安装更是放在了洁具安装的后面，以避免一些事故的发生。灯具、电器的安装较为简单，但是其中有很多操作的细节需要注意。

一、灯具、电器安装基础知识

1. 灯具安装注意事项

（1）吊灯的安装高度

吊灯不能安装得过低，使用吊灯的房间要有足够的高度。吊灯无论安装在客厅还是餐厅，都不能太低，以不阻碍人的正常视线或令人觉得刺眼为宜，一般吊杆都可调节高度。如果房间的高度较低，使用吸顶灯会更显明亮、大方。

（2）灯具安装的底盘需固定牢固

注意底盘的固定牢固、安全，灯具安装最基本的要求是必须牢固。安装各类灯具时，应按灯具安装说明的要求进行。如灯具的重量大于 3kg ，应采用预埋吊钩或从房顶用膨胀螺栓直接固定支吊架的方法安装。

2. 电器安装注意事项

（1）禁止带电操作

为杜绝触电现象，家电的安装必须在断电的前提下进行，不能带电操作。在安装电器之后，经过检查并且没有发现问题才能连通。

（2）计划供电最高负荷

家电的品种、数量数不胜数。每家每户都有很多电器设备，这样很容易造成线路过载。为保证用电安全和电器设备的正常使用，在安装电器设备前需要计划好供电的最高负荷。此外，对于每台电器设备都应设置单独的电源插座，一定不能让几台电器设备共享一个多头插座，否则会造成线路过载，还会影响电器设备的使用性能。

（3）安全第一

为保证供电线路的安全，应该在配电箱的开关处安装烙丝。当线路的电流过大时，烙丝会被烙断，从而切断电源，避免事故的发生，保护线路和电器设备的安全。烙丝的规格必须符合线路保护的要求，不可随意加大，更不可用其他导线代替。此外，在分户端最好安装漏电保护开关。

二、灯具、电器现场安装

1. 灯具现场安装

（1）吊灯、吸顶灯安装

步骤一 对照灯具底座画好安装孔的位置，打出尼龙栓塞孔，装入栓塞。

步骤二 将接线盒内的电源线穿出灯具底座，用线卡或尼龙扎带固定导线，以避开灯泡发热区。

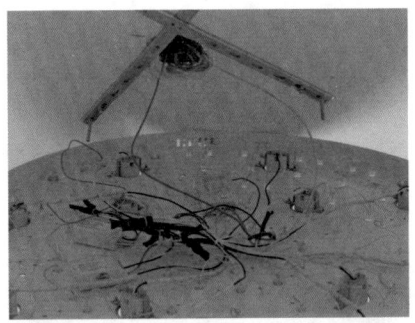

步骤三 用螺钉固定好底座。

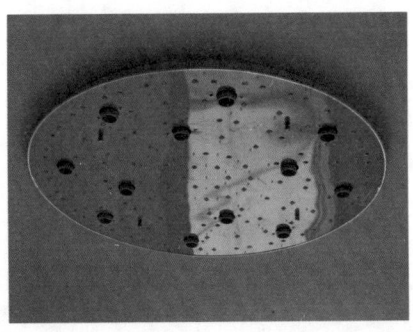

步骤四 安装灯泡。

步骤五 测试灯泡。

步骤六 安装灯罩。

步骤七 完成效果。

（2）射灯、筒灯安装

步骤一 开孔

根据设计图纸在吊顶画线，并准确开孔。孔径不可过大，以避免出现后期遮挡困难的情况。

步骤二 接线

将导线上的绝缘胶布撕开，并将导线与筒灯相连接。

步骤三 安装测试

根据说明书安装灯具，安装完成后开关筒灯，测试其是否正常工作。

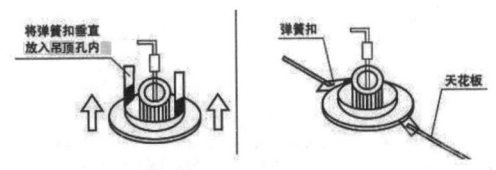

↑ 筒灯安装细节示意

（3）灯带安装

步骤一 将吊顶内引出的电源线与灯带电源线的接线端子可靠连接。

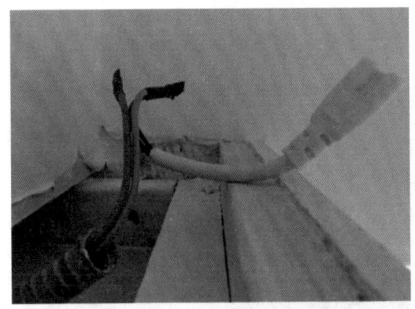

步骤二 将灯带电源线插入灯具接口。

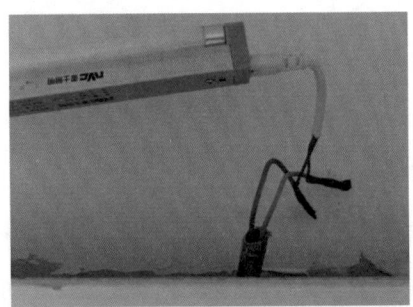

步骤三 将灯带推入安装孔或者用固定带固定。

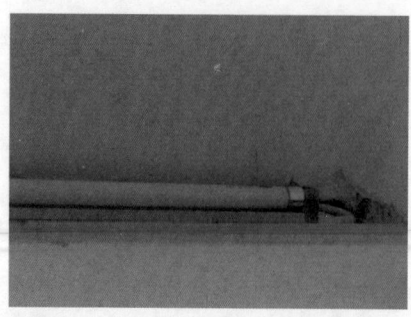

步骤四 调整灯带的边框。

步骤五 完成效果。

2. 电器现场安装

（1）空调安装

步骤一 固定安装面板

① 将空调室内机背面的安装面板取下，然后将安装面板放在预先选择好的安装位置，此时应保持安装面板水平，并且要留下足够的与顶棚及左 / 右墙壁的距离，再确定打固定墙板孔的位置。

② 用钻头直径为 6mm 的电锤打好固定孔，然后插入塑料胀管，用自攻螺钉将安装板固定在墙壁上。固定孔应为 4 ～ 6 个，需要用水平仪确定安装面板的水平度。

步骤二 打孔

① 打孔时使用电锤或水钻，应根据相应的机器种类和型号选择钻头。使用电锤打孔时要注意防尘；使用水钻打孔时要做好保护措施，以防止水流到墙上。打孔时应尽量避开墙内、外有电线或异物及过硬的墙壁。孔内侧应高于孔外侧 5 ～ 10mm 以便排水，从室内机侧面出管的过墙孔应略低于室内机的下方。

↑打孔

② 用水钻打孔时应用塑料布贴于墙上，或采用其他方法防止水流在墙上；用电锤打孔时应采取无尘安装装置。打完过墙孔后，在孔内放入穿墙保护套管。

步骤三 安装连接管

调整好输出、输入管的方向和位置。将室内机输出、输入管的保温套管撕开 10 ～ 15cm，以便与连接管连接。连管时先连接低压管，再连接高压管，将锥面垂直顶至喇叭口，用手将连接螺母拧至螺栓底部，再用两个扳手固定、拧紧。

步骤四 包扎连接管

包扎连接管时要按照电源线、信号线在上方，连接管在中间，水管在下方的顺序进行包扎。具体操作时，要先确定好出水位置并连接排水管。当排水管不够长时需加长排水管，此时应注意排水管加长部分要用护管包住其室内部分，排水管接口要用万能胶密封。排水管在任何位置都不得有盘曲，伸展管道时可用聚乙烯胶带固定 5 ～ 6 个部位。

步骤五 安装空调箱体

将包扎好的管道及连接线穿过穿墙孔，要防止泥沙进入连接管内，并保证空调箱体卡扣入槽。用手晃动时，空调箱体上、下、左、右不能晃动。最后，需要用水平仪测量室内机是否水平。

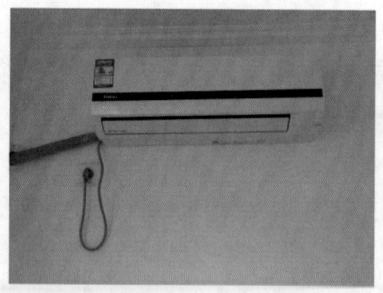

↑安装空调箱体　　　　　　　　　　↑完成效果

（2）壁挂电视安装

步骤一 确定安装位置

壁挂电视的安装高度应以观看者坐在椅子或沙发上，眼睛平视电视中心或稍下方为宜。通常电视的中心点应距离地面 1.3m 左右。

步骤二 固定壁挂架

根据电视的安装位置，标记出壁挂架的安装孔位，然后在标记的孔位钻孔，再利用螺丝钉等固定壁挂架。

步骤三 固定电视

有些电视的后背需要先组装好安装面板，然后将电视挂到壁挂架上；有的则可以将电视直接挂到壁挂架上，再用螺丝钉等紧固即可。

三、灯具、电器安装验收与常见问题

1. 现场验收

①检查空调是否漏电。操作正规的安装人员在安装空调前会对用户的电源进行检查，如果不符合要求，则会建议用户更改。

②检查空调的品牌、型号、规格与数量是否与约定的一致。

③检查空调及其零部件的表面有无损坏、锈蚀等情况。

④检查空调软管连接处的长度，长度应不大于 150mm。检查软管连接是否牢固，是否存在瘪管和强扭现象。

⑤检查空调有无漏水现象。空调安装完成，立即试机（制冷）。如果在运行了一定时间后没有水滴漏下，则基本不会出现漏水问题。

⑥挂起电视后，需用水平尺测量，并调节挂架螺钉，使电视显示屏完全处于水平位置。

⑦平板电视整机位置的安装，平移误差应小于 1cm，左、右倾斜度误差应小于

1°。此外，还应按照使用说明书的要求进行试机。

⑧第 1 次使用电热水器时要特别注意，先将冷、热水调节阀的热水阀打开，再将热水龙头打开，然后将通向热水器的自来水阀门打开，水进入热水器，排出空气，待淋浴花洒或热水龙头有水流出，表示热水器已充满水，这时将热水龙头关闭。

⑨检查电热水器的电、气接头是否在热水器安装位置的 1m 范围内。检查有无设置单独使用的三相插座，2500W 以下的功率应选配 10A 插座，2500W 以上的功率应选配 16A 插座。

⑩检查电热水器的安装位置是否留有足够的维修空间，其右侧（电器元件部分）需与墙面至少距离 30cm，以便于日后检修。

⑪反复使用抽油烟机的开关，检查它的灵活度；用手触摸开关的外表，感觉是否有轻微的漏电；运行抽油烟机，静听是否有杂音，特别是两个气扇。

2. 常见问题解析

白炽灯有哪些常见故障？

白炽灯受电源波动及周围环境的影响较小，安装方便，价格较低，所以在家庭中广泛应用。白炽灯常见故障及检修方法如下表所示。

故障现象	可能原因		检修方法
灯不亮		灯丝已断	更换灯泡
	电源熔丝烧断	①灯座内桩头两导线短路；②螺口灯座中心弹舌片与螺口部分碰连；③插销、开关及其他用电设备有断路现象；④线路混线或接地；⑤用电负载超过熔丝容量	①拆开灯座处理；②将中心弹舌片与螺口部分分开；③检查后修复；④消除线路短路点；⑤减轻负载或更换成合适的保险丝
	电源熔丝未断	①电源无电；②灯座内引入导线断路；③灯头与灯座内的触头接触不良；④开关故障；⑤熔断器接线桩头或插片接触不良	①检查电压；②拆开开关并连接好断线；③拆下灯泡仔细检查；④检修或更换开关；⑤处理接线桩头和插片
灯忽亮忽暗	①灯座与灯头接触不良；②灯座或开关的接线松动；③熔断器接线桩头或插片接触不良；④熔丝接触不良；⑤电源电压不正常或冰箱、电磁炉、电动机等大负载启用		①拆下灯泡仔细检查；②处理松动的接线；③处理接线桩头和插片；④拧紧螺钉，但不可拧得过紧

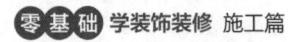

故障现象	可能原因	检修方法
灯过亮或烧毁	①灯丝局部短路; ②电源电压与灯泡电压不符; ③电源电压过高	①更换灯泡; ②换上与电源电压相同的灯泡; ③有可能外线路有故障,立即停用所有家用电器
灯光暗淡	①灯泡长时间使用,寿命已到; ②灯泡或灯具太脏; ③因线路受潮或绝缘损坏而有漏电现象; ④线路过长或导线截面积过小,线路上负载过重,压强太大; ⑤电源电压过低	①正常现象; ②清洁灯泡和灯具; ③检修线路,恢复绝缘; ④更换导线或减轻负荷; ⑤检查电压

第十四章

装修环保检测
与治理

　　家庭装修中，为保证装修的环保性，要特别注意装修施工方法及材料的选择。目前，家装建材中的有害物质种类繁多，不易被人们发现，只能通过专用的测量仪器才能检测出来。这些有害物质会对人们的健康造成严重的影响，人们一定要引起重视。

一、装修环保检测项目

1. 施工材料环保检测

施工材料进场前，总承包商应对装修材料进行封样，并向监理、业主提供环保性能检验报告，审批通过后方可入场，并经见证取样、复试合格后方可使用。总承包商提供的检验报告应在有效期内（有效期为一年），该检验报告及现场见证取样复试报告必须包含《民用建筑工程室内环境污染控制规范》（GB 50325—2013）所要求的环保监测项目及当地政府主管部门的规定。

> **施工阶段室内装修材料环保性能管控流程**
>
> **步骤一 施工封样**
> 提供的样块要附带环保指标齐全的检验报告，并见证取样送有资格的县市级检测机构复试，无合格检验报告或复试不合格的样块不能作为封样材料。
>
> **步骤二 材料进场检验**
> 材料进场后，由总承包商组织监理工程师、业主共同检查，签署验收单。
>
> **步骤三 材料见证取样**
> 取样已签署报验单的材料，由监理组织业主现场见证，按照国家规范按批次和数量抽样送检。
>
> **步骤四 样品送检**
> ①样品送检应由总承包商技术员和监理工程师负责。
> ②项目所在地如在省会城市，必须送至省级检测机构检测。
> ③项目所在地如在其他城市（县），必须送到有权威资质的市（县）级检测机构检测。
>
> **步骤五 材料使用审批**
> 送检样品复试合格后，由总承包商提出申请，监理方审核，业主审批后方可使用，项目公司审批人为工程部经理—工程副总—总经理。

2. 氡、氨、甲醛、苯、TVOC 污染物浓度检测

验收民用建筑工程时，必须进行室内环境污染浓度检测，检测项目为氡、氨、甲醛、苯、TVOC 五项指标。

五项指标的浓度限量		
	Ⅰ类民用建筑工程	Ⅱ类民用建筑工程
氡（Bq/m³）	≤ 200	≤ 400
甲醛（mg/m³）	≤ 0.08	≤ 0.1
苯（mg/m³）	≤ 0.09	≤ 0.09
氨（mg/m³）	≤ 0.2	≤ 0.2
TVOC（mg/m³）	≤ 0.5	≤ 0.6

污染物浓度检测点应按房间面积设置。当房间内有两个及以上检测点时，应按对角线、斜线、梅花状均衡布点，并取各点检测结果的平均值作为该房间的检测值。环境污染浓度现场检测点应距内墙面不小于 0.5m、距楼地面为 0.8~1.5m。检测点应均匀分布，并避开通风道和通风口。

房间使用面积 / m²	检测点 / 个
< 50	1
50~100	2
100~500	≥ 3
500~1000	≥ 5
1000~3000	≥ 6
> 3000	≥ 3/m²

在进行五项指标的浓度检测时，对采用自然通风的室内空间应在其对外门窗关闭 1h 后进行，并且装饰装修工程中完成的固定式家具（如固定壁柜、台、床等）应保持正常使用状态（如家具门正常关闭等）。

二、装修环保治理

1. 通风治理

长时间通风，时间为 6 个月以上。据室内环境专家测试，室内空气置换的频率，直接影响室内空气有害物质的含量。

2. 植物治理

在居室中摆放某些绿色植物（如吊兰、芦荟等），可以起到吸收有害气体的作用。

3. 甲醛清除剂 + 装修除味剂治理

将利用植物吸收甲醛的原理研制的甲醛清除剂涂刷在家具及人造板材制品的裸露表面，使其渗透到板材内部，与板材内部的游离甲醛产生聚合反应，以清除板材中的游离甲醛。此外，可以利用家具除味剂与装修除味剂产生的强氧化气体快速分解家具或室内空气中的甲醛、苯、氨等装修污染物质。但该工艺对施工的要求较高，要求在施工中必须对所有污染源进行处理，否则可能使治理后的甲醛浓度依然无法达到标准。

4. 纳米光触媒治理

利用纳米光催化材料通过光照射产生的自由基可以分解装修产生的甲醛、苯、氨等污染物质及病菌等致病微生物。该方法能够有效降低室内装修污染物质的浓度，但是在无光条件下无法发挥作用，并且难以处理家具的甲醛污染。此外，要用该工艺治理装修污染，要求污染物的浓度降到国家规定的标准以下，所需时间较长，特别是在超标较为严重的情况下。

5. 活性炭治理

利用活性炭吸附净化原理来吸附空气中的大分子气体悬浮颗粒，可以通过强制空气循环达到过滤、净化空气的目的。它能够持续不间断地吸附空气中的污染物质，不需要电源。但是它存在一个饱和问题，即活性炭吸附的污染物质越多，其吸附能力越差，以致失去吸附净化能力。

6. 空气净化器治理

空气净化器的种类较多，主要有活性炭吸附、臭氧分解、化学分解等，但这些都需要持续耗电。由于污染物质是不断持续释放的，一旦关闭电源，污染物质的浓度必然会持续升高。此外，空气净化器无法对家具内部进行处理。